中央宣传部　新闻出版总署　农业部
推荐“三农”优秀图书

新编21世纪农民致富金钥匙丛书

养羊与羊病防治

（第3版）

田树军　王宗仪　胡万川　主编

中国农业大学出版社
·北　京·

图书在版编目(CIP)数据

养羊与羊病防治/田树军,王宗仪,胡万川主编.—3版.—北京:中国农业大学出版社,2012.1(2020.9重印)
(新编21世纪农民致富金钥匙丛书)
ISBN 978-7-5655-0409-9

Ⅰ.①养… Ⅱ.①田…②王…③胡… Ⅲ.①羊-饲养管理②羊病-防治 Ⅳ.①S826②S858.26

中国版本图书馆CIP数据核字(2011)第187509号

书　　名　养羊与羊病防治(第3版)
作　　者　田树军　王宗仪　胡万川　主编

责任编辑　张秀环　　**责任校对**　王晓凤　陈　莹
封面设计　郑　川
出版发行　中国农业大学出版社
社　　址　北京市海淀区圆明园西路2号　　**邮政编码**　100193
电　　话　发行部 010-62818525,8625　　读者服务部 010-62732336
编辑部 010-62732617,2618　　出　版　部 010-62733440
网　　址　http://www.cau.edu.cn/caup　　**e-mail** cbsszs@cau.edu.cn
经　　销　新华书店
印　　刷　北京鑫丰华彩印有限公司
版　　次　2012年1月第3版　　2020年9月第8次印刷
规　　格　850×1 168　　32开本　　11.25印张　　275千字
定　　价　28.00元

第 3 版编写人员

主　编　田树军　王宗仪　胡万川

副主编　陈晓勇　金东航

参　编　敦伟涛　赵驻军　王迎春　郭军艾
许银梅　任亚琪　胡媛媛　祁　昕
黄志龙

第 2 版编写人员

主　编　田树军　王宗仪　胡万川

编　者　田树军　王宗仪　胡万川　李运起
李俊杰　张志胜　杜　勇　刘建辉
闫振富　崔雅莉　卢春莲　杨慧欣

第 3 版前言

中国是世界养羊大国，羊饲养数量持续位居世界第一，养羊已成为广大农牧民增加经济收入的重要途径之一，养羊产业也正在发生着巨大的变化，具体表现为：羊产品质量提高了，尤其是羊肉生产方面，小羊肉和肥羔肉产品量有所增高，羊产品生产正在向优质、高效、无公害方向发展；饲养方式逐渐摆脱传统的靠天养羊、粗放管理的低效生产模式，正在向规模化、集约化、工厂化的高效养羊方式迈进；养羊产业的科技含量日渐提升，广大养殖户学科技、用科技的热情高涨，科技促进养羊增效和增收的作用明显。为适应当前养羊业快速发展的形势，解决近年来我国养羊业出现的一些新问题，满足广大养殖者对科学养羊新技术的需求，我们对《养羊与羊病防治》第 2 版再次进行修订。

《养羊与羊病防治》第 1 版于 2000 年首次发行，经 3 次印刷共发行 14 000 册；第 2 版于 2004 年修订，截止 2009 年 6 月，经 4 次印刷共发行 14 500 册。该书得到广大读者的喜爱和好评，入选 21 世纪农民致富金钥匙丛书，被中央宣传部、新闻出版总署、农业部推荐为“三农”优秀图书。本次修订继承了第 1 版和第 2 版通俗易懂、注重科学性和实用性的特点，对全书内容进行了精炼和删减，同时还增加了发情控制技术、新发现羊病的防治等实用新技术。此外，我们对第 2 版中的错误进行了改正。本书包括饲养管理和疾病防治两大部分，涉及羊的品种、繁殖、营养与饲料、饲养管理、羊病的发生及传播、羊病预防、羊病诊断、用药方法、羊病防治等，内容较为全面。第一部分为饲养管理，包括羊的品种、羊的繁殖、羊饲料生产及其加工调制技术、羊的营养需要及日粮配合、羊的饲养技术、羊的生产管理技术，共 6 章；第二部分为疾病防治，包括羊病的发生及传播、羊病的预防、羊病的诊断技术、用药方法、羊的主要传染病、羊的主要寄生虫病、羊的主要普通病，共 7 章。

本书不仅适合畜牧技术人员、广大农牧民养羊专业户及从事养羊生产的管理人员阅读，还可作为农村科技培训教材、农业院校畜牧专业师生参考用书。在编著本书过程中，我们引用了国内外一些较先进的科技成果和文献图书资料，有些已注明出处，有些尚未加注出处，在此我们向原作者表示诚挚的歉意和谢意。由于编者水平有限，敬请读者对书中存在的缺点和不足之处给予批评指正。

编　者

2011 年 7 月

第 2 版前言

近几年,养羊业在我国大江南北正以前所未有的速度蓬勃发展。羊存栏数量方面,我国 2000 年羊存栏数达 2.8 亿只(占世界羊存栏数的 16%),居世界第一位;饲养方式方面,正在逐渐摆脱传统的靠天养羊、粗放管理的低效生产模式向规模化、集约化、工厂化的高效养羊方向迈进,养羊科技含量日渐提高;产品质量方面,正在向优质、高效、无公害方向迈进。为适应当前养羊业的发展需要,紧密联系养羊生产实际,解决近年来国内养羊及羊病防治上出现的一些新问题,更好地指导养羊生产,应广大读者的要求,我们对 2000 年出版的《养羊与羊病防治》一书修订后进行再版。

再版修订本仍保持了第一版重点突出羊的饲养技术和羊病防治技术,通俗易懂、科学性和实用性较强、内容较全面的特点,涉及羊的品种、羊的繁殖、羊饲料生产及其加工调制技术、羊的营养需要及日粮配合、羊的饲养技术、羊的生产管理技术、羊病的发生及传播、羊病的预防、羊病的诊断技术、用药方法、羊的主要传染病、羊的主要寄生虫病和羊的主要普通病等 13 部分。同时,再版修订本增加了许多新内容,如在羊的品种部分介绍了杜泊、特克塞尔两个肉用绵羊新品种;在羊的繁殖部分详述了目前在生产中广泛应用的人工授精技术,并且增加了羊的胚胎移植新技术;在羊饲料生产及其加工调制技术部分增加了羊场饲料计划的制定与实施技术;在羊的饲养技术部分,针对生产无公害羊肉的要求,对育肥羊的饲养技术进行了改写;在羊病防治部分,增添了影响羊正常繁殖的绵羊生殖道弯曲杆菌病、绵羊和山羊的地方性流产和较常见的非进行性肺炎,以及羊附红细胞体病的防治等内容;在羊病治疗药物方面，增添了一些较新的抗菌药物的使用方法，如红霉素、泰乐菌素、先锋霉素、恩诺沙星等，以便于读者在临床实践中选用，同时也删除了那些毒性较大的已被禁止在生产中使用的药物。此外，我们对第1版中的一些印刷错误也进行了认真修改。限于篇幅，本书未涉及羊的产品、羊的育种及羊场建设方面的内容，如需要请读者参考其他养羊书籍。

本书不仅适合畜牧技术人员、广大农牧民养羊专业户及从事养羊生产的管理人员阅读，还可作为农村科技培训教材、农业院校畜牧专业师生参考用书。在编著本书过程中，我们引用了国内外一些较先进的科技成果和文献图书资料，有些已注明出处，有些尚未加注出处，在此我们向原作者表示诚挚的谢意和歉意。最后，我特别感谢中国农业大学出版社的信任和厚望。但由于编者水平有限，书中缺点和不足之处，敬请读者批评指正。

编　者

2003年10月

目　　录

第一部分　饲养管理

第二部分　疾病防治

第一部分

饲 养 管 理

第1章 羊的品种

羊的品种很多,全世界现有绵羊品种 600 多个,山羊品种 150 多个。我国现有地方、培育及外来绵羊品种 50 多个,山羊品种 30 多个。究竟饲养什么品种的羊为好,要根据各地的自然条件、饲养管理条件,各品种羊的生物学特性,以及市场情况和经济效益进行全面考虑。

绵、山羊品种按生产方向(主要产品)可进行以下分类:

- 羊品种
  - 绵羊品种
    - 细毛羊
    - 半细毛羊
    - 肉用绵羊
    - 粗毛羊及裘羔皮羊
  - 山羊品种
    - 奶山羊
    - 绒山羊
    - 肉用山羊
    - 兼用山羊

我国现有的绵羊品种中，属于细毛羊品种的有新疆毛肉兼用细毛羊、东北细毛羊、甘肃高山细毛羊、内蒙古细毛羊、敖汉细毛羊、中国美利努羊、澳洲美利努羊、波尔华斯羊、德国美利努羊、斯达夫洛羊等；半细毛羊品种有茨盖羊、青海高原毛肉兼用细毛羊、考力代羊、罗姆尼羊、林肯羊、边区莱斯特羊等；肉用绵羊有萨福克羊、无角道赛特羊、特克赛尔羊、杜泊绵羊、法国夏洛来羊等；粗毛羊及裘羔皮羊有蒙古羊、乌珠穆沁羊、巴音布鲁克羊、哈萨克羊、阿勒泰羊、和田羊、西藏羊、大尾寒羊、小尾寒羊、同羊、湖羊、中国卡拉库尔羊、滩羊等。我国现有的山羊品种中，属于奶山羊品种的有莎能奶山羊、吐根堡奶山羊、西农莎能奶山羊、关中奶山羊、崂山奶山羊等；属于绒用山羊的有内蒙古白绒山羊、辽宁绒山羊、河西绒山羊、新疆绒山羊、西藏山羊等；毛用山羊有安哥拉山羊；肉用山羊有南江黄羊、波尔山羊；兼用山羊品种有燕山山羊、太行山羊、中卫山羊、济宁青山羊、成都麻羊、马头山羊、黄淮山羊、隆林山羊、雷州山羊等。为了便于对羊的品种进行选择，下面将我国现有的主要绵、山羊品种逐个进行简要介绍。

❶ 细毛羊品种

这类羊以生产同质细毛为主要产品。其特点是头部较宽，鼻梁较平直，公羊多有螺旋形大角，母羊很少有角；耳较小、稍平伸；颈部较长，多有横褶皱或纵皱襞；胸部发育较好，肋骨稍外弓，胸深而宽，背腰比较平直；尾细而长，超过飞节以下，不蓄积脂肪，为长瘦尾；四肢强健；被毛为白色，细度在 60 支纱以上，毛长 7 cm 以上，具有整齐的弯曲，富有油汗，多为白色或乳黄色。羊毛密度大，为闭合型毛被，由于羊毛的长度、细度和弯曲度基本上一致，所以其外毛丛呈平顶形，内毛丛为圆柱形，而且无季节性脱毛现象。羊毛着生良好，头毛至两眼连线或口角，为帽状或毛脸，四肢毛达腕关节和飞节,甚至达管部(毛腿),腹毛呈毛丛结构。产原毛量高,一般为其体重的10%以上。

根据体型外貌和生产性能,又可分为3类:

毛用细毛羊　纯属美利奴型。其皮肤和骨骼相当发达,肌肉和脂肪不发达。皮肤宽松,体表多有明显的小褶皱。公羊颈部有2～3个横褶皱;母羊有宽松的纵皱襞。头和四肢满布绒毛,腹毛良好。毛密、弯曲明显、油汗最多,净毛率低。体格和体重较小。适于饲养在大陆性干旱草原地区。如西班牙美利奴羊、苏联美利奴羊、德国萨克逊羊等品种。

毛肉兼用细毛羊　属美利奴型。皮肤骨骼适度发达,肌肉脂肪比较发达,体躯比较丰满,公羊颈部有1～3个横褶皱。头、四肢和腹毛良好,体格体重较大。羊毛较密,油汗适中,净毛率较高。适于饲养在大陆性气候不太剧烈的地区。如新疆细毛羊、东北细毛羊等品种。

肉毛兼用细毛羊　该类型羊含有早熟肉用半细毛羊血液,早熟性好,生长快,公、母羊多无角,骨骼发育适中,肌肉脂肪发达,体躯很丰满,体宽而深,没有或很少有皮肤褶皱。体重大,毛长,羊毛密度小;头、四肢和腹毛着生较差,油汗适中,净毛率较高;具有明显的肉用体型,产肉性能较好。适于温暖稍湿润地区,要求饲料条件较高。如德国肉毛兼用细毛羊(又称德国美利奴)和泊列考斯细毛羊。

○ 新疆毛肉兼用细毛羊(又称新疆细毛羊)

主产区为新疆天山北坡、准噶尔盆地西部、阿尔泰山西段和天山南坡西段的半湿润、半干旱地区。中心产区为伊犁哈萨克自治州。主要育成于巩乃斯种羊场,为我国育成的第一个细毛羊品种。

公羊大多数有螺旋形角,颈部有1～2个横褶皱,母羊无角,颈部有1个横褶皱或较宽松的纵皱襞。体躯无褶皱,皮肤宽松,体躯较长，胸部宽深，背腰宽平，后躯丰满。头毛着生至两眼连线，前后肢至腕、飞节或以下，腹毛良好。毛被同质，闭合性好。公羊体高约 75.3 cm，母羊约 66 cm；体重相应约为 93 kg 和 46 kg。剪毛量分别约为 12.2 kg 和 5.5 kg，最高剪毛量为 21.2 kg 和 11.7 kg。毛长分别约为 10.9 cm 和 8.8 cm。细度以 64 支为主。油汗为白色或淡黄色，净毛率 50%以上。2.5 岁羯羊屠宰率约为 49.5%，净肉率约为 40.8%。公、母羊长到 1.5 岁左右配种，经产母羊产羔率约为 139%。

新疆细毛羊适应性强，体质结实，放牧性能好。已推广到 20 多个省区，为中国发展细毛羊及育种工作起了重要作用。

○ 东北细毛羊

分布于东北三省西北部平原地区和部分丘陵地区。辽宁小东、吉林双辽和黑龙江银浪 3 个种羊场为主要育成基地。

东北细毛羊体躯长，后躯丰满。公羊有螺旋形角，颈部有 1～2 个横褶皱，母羊无角，有纵皱襞。被毛白色，密度中等。头毛着生至两眼连线，前后肢达腕、飞节，腹毛良好。油汗为白色或淡黄色。公羊体高约 74.3 cm，母羊约 67.5 cm。体重相应为 78.9～87.9 kg 和 44.9～49.1 kg。剪毛量分别约为 13.4 kg 和 6.1 kg。毛长约为 9.33 cm 和 7.37 cm。细度 60～64 支。净毛率为 35%～40%。成年公羊屠宰率约为 43.6%，净肉率约为 34%。经产母羊产羔率为 120%～130%。

东北细毛羊适应性强，耐粗饲，生长发育快。

○ 内蒙古细毛羊

育成于内蒙古锡林郭勒盟的草原地带，分布于正蓝、太仆寺、多伦、镶黄、西乌等旗(县)。

该羊结构匀称，体质结实，胸部宽深，背腰平直，后躯丰满。头毛至两眼连线，四肢至腕、飞节，腹毛良好。公羊多有螺旋形角，颈部有1～2个横褶皱，母羊无角，有纵皱襞。公羊体高约77.7 cm，母羊约65.2 cm。体重相应约为91.4 kg和45.9 kg。剪毛量分别约11 kg和5.5 kg。毛长分别为8～9 cm和7.2 cm。细度为60～64支。油汗为白色或浅黄色。净毛率为36%～45%。3.5岁羯羊屠宰率约44.9%，4.5岁约为48.4%，产羔率110%～128%。

该羊放牧能力强，适合干旱草原大群放牧，饲养粗放。

○ 甘肃高山细毛羊

育成于甘肃省的皇城滩和松山滩的高山草场，分布于甘肃省的牧区、半农半牧区和农区。

公羊有大螺旋角，颈部有1～2个横褶皱，母羊无角或有小角，颈部有纵皱襞。胸部宽深，背腰平直，后躯丰满。头毛至两眼连线，前肢毛至腕关节，后肢达飞节以下。被毛白色。公羊体高约76.5 cm，母羊约67.5 cm。剪毛后体重相应约为75 kg和40 kg。剪毛量分别约为7.5 kg和4.3 kg。毛长分别约为8.2 cm和7.6 cm，细度为60～64支。净毛率约为40%。屠宰率约为45%。经产母羊产羔率约为110%。

该品种羊的育成，为中国高寒地区绵羊改良工作提供了经验。

○ 敖汉细毛羊

产于内蒙古赤峰市南部的半农半牧区。分布于敖汉、赤峰、喀喇沁和宁城等旗(县)，后被引入到辽宁、吉林、黑龙江、北京、山西、河北、广西、江西、安徽和新疆等地。

该羊体躯宽、深而长，结构匀称。公羊有螺旋形角，颈部有1～2个横褶皱，母羊多无角，有纵皱襞。头毛至两眼连线，四肢毛至腕、飞节，腹毛良好。公羊体高约79.2 cm，母羊69 cm。剪毛后体重相应约为 91 kg 和 50 kg 剪毛量分别约为 16.64 kg 和 6.9 kg。毛长相应为 9.8 cm 和 7.8 cm，细度 64 支。净毛率 34%。成年羯羊屠宰率约为 46%。经产母羊产羔率约为 133%。

适应当地风沙气候，抓膘能力强，繁殖率较高。

○ 中国美利奴羊

由内蒙古嘎达苏，新疆巩乃斯、紫尼泉及吉林查干花 4 个种羊场育成。分布于这些场的附近地区。

该羊体型呈长方形，胸宽而深，鬐甲平宽，背长而直，后躯丰满，肷部皮肤宽松。公羊有螺旋形角，母羊无角。公羊颈部有 1～2 个横褶皱，母羊有发达的纵皱襞。羊毛密度大，被毛有明显的大、中弯曲。头毛密而长，着生至两眼连线，四肢至腕、飞节，腹毛好。公羊体高约 72.5 cm，母羊 66 cm。体重相应约为 91.8 kg 和 43.1 kg。剪毛量，公羊为 16～18 kg，特、一级母羊分别为 7.21 kg 和 6.41 kg；育成公羊为 8～10 kg，母羊 4.5～6 kg。公羊毛长 11～12 cm，母羊 9～10 cm；育成公羊毛长 12～13 cm，母羊 10～11 cm。细度 64 支，白油汗，净毛率 50%以上。2.5 岁羯羊屠宰率约 44.2%，净肉率约 34.8%。母羊产羔率 117%～128%。中国美利奴羊适应性强，全年放牧，冬春季补饲，对我国改进现有细毛羊的体型、毛长、净毛率、羊毛弯曲、油汗品质和腹毛等均有显著效果。

中国还育成青海细毛羊、陕北细毛羊、鄂尔多斯细毛羊、山西细毛羊、军垦细毛羊和河北细毛羊等品种。其体型外貌及主要生产性能均符合细毛类型羊的共同特性，故不再详述。

○ 澳洲美利奴羊

澳美羊为世界最著名的细毛羊品种，体型呈长方形，腿短，体宽，背平直，后躯丰满。公羊分有角和无角，母羊均无角。公羊颈部有 1～3 个横褶皱，母羊有发达的纵皱襞。头毛至两眼连线，四肢毛达腕、飞节，腹毛好。也有毛脸和毛腿羊。被毛密度大，细度均匀，白色油汗，弯曲均匀，光泽好。一般分为3种类型：

细毛型　公羊体重60～70 kg，母羊38～42 kg。剪毛量相应为7.5～8.5 kg和4～5 kg。毛长7～10 cm，细度64～80支，净毛率63%～68%。

中毛型　公羊体重65～90 kg，母羊40～44 kg。剪毛量相应为8～12 kg和5～6 kg。毛长9～13 cm，细度60～64支，净毛率62%～65%。

强毛型　公羊体重70～100 kg，母羊42～48 kg。剪毛量相应为8.5～14 kg和5～6.5 kg。毛长9～13 cm，细度58～60支，净毛率60%～65%。

澳美羊对中国美利奴羊的培育及改良各地现有细毛羊效果显著。

❷ 半细毛羊品种

这类羊以生产同质半细毛为主，产肉性能也很好，具有早熟性。特点是公、母羊多无角，体躯宽广而较深，多为圆筒体型，全身皮肤无褶皱，面部及四肢下部绒毛少或无绒毛，毛丛较松，油汗较少。羊毛细度一般为46～58支，毛长在9 cm以上，净毛率高，无季节性脱毛现象，尾为长瘦尾。可分为2种类型：毛肉兼用型，以生产半细毛为主产品，羊肉生产也较好，这种羊对生态条件要求不高，与毛肉兼用细毛羊相似，如茨盖羊等；肉毛兼用型，以生产羊肉为主产品，生产羊毛也较好，肉用体型明显，适于气候较温和、饲料条件较好的地区饲养，如罗姆尼羊、林肯羊、边区莱斯特羊、考力代羊等品种。

○ 茨盖羊

为古老培育品种，饲养在前苏联、罗马尼亚、南斯拉夫、保加利亚及蒙古等国。该羊体格大，体质结实，耐苦性强，泌乳性能好，对饲料条件要求不高。公羊有角，母羊无角。胸深，背腰宽平，皮肤无褶皱。公羊体重 89～90 kg，母羊 50～55 kg。剪毛量相应为 6～8 kg 和 3.4～4.0 kg。毛长 8～9 cm，细度 46～56 支，净毛率 50%。产羔率 115%～120%。屠宰率 50%～55%。

我国内蒙古、青海、甘肃、四川和西藏地区均有饲养。茨盖羊是培育甘南半细毛羊、青海半细毛羊和内蒙古半细毛羊等品种的主要父系之一。

○ 青海高原毛肉兼用半细毛羊

产于海拔 3 000 m 的青海湖畔和柴达木盆地。公、母羊均无角，颈部无褶皱。头毛至两眼连线，四肢下部无绒毛。体躯宽深，背腰平直，四肢较短。被毛白色。公羊体重约 80 kg，母羊约 48 kg。剪毛量相应约为 5 kg 和 2.8 kg。毛长 9～10 cm，细度 50～60 支，净毛率约 55.2%。屠宰率约 45%。育成母羊繁殖成活率约为 70%。

○ 考力代羊

原产地新西兰。头宽，额上覆盖同质毛，腹部和四肢毛着生良好。公、母羊均无角，颈短而宽，背腰宽平，后躯发育良好，肌肉丰满。公羊体重 100～115 kg，母羊 60～65 kg。剪毛量相应为 10～12 kg 和 5～6 kg。毛长 12～14 cm，细度 50～56 支，净毛率 60%～65%。产羔率 125%～130%。

我国引入该羊历史较早，在山东、贵州用其改良蒙古羊和藏羊效果很好。考力代羊也是培育东北半细毛羊和安徽半细毛羊的主要父系之一。

○ 罗姆尼羊

原产于英国，现分布在英国、新西兰、澳大利亚、阿根廷、乌拉圭、前苏联和美国等许多国家。公羊体重100～120 kg,母羊60～80 kg。剪毛量相应为6～8 kg和3～4 kg。毛长13～18 cm,细度48～50支,净毛率60%～70%。产羔率约120%。胴体重:公羊70 kg,母羊40 kg;4月龄公羔22.4 kg,母羔20.6 kg。分3种类型:英罗四肢高,体躯长而宽,后躯比较发达,头型狭长,头和四肢毛较差,放牧性能好;新罗肉用体型好,四肢短,背腰宽平,体躯长,头和四肢毛良好,放牧游走能力较差;澳罗介于上述二者之间。

我国青海、内蒙古、甘肃、山东、江苏、四川、河北、云南等省区均有饲养,在沿海及西南各省区适应性较好。改良粗毛羊效果好。

○ 林肯羊

原产地英国,分布于世界许多国家。该羊体躯高大,体质结实,结构匀称,背腰平直,腰臀部宽广,四肢较短。公、母羊均无角,头较长,颈短,前额有丛毛下垂。公羊体重120～140 kg,母羊70～90 kg。剪毛量相应为8～10 kg和6～6.5 kg。毛长20～30 cm,细度36～44支,净毛率60%～65%。毛被呈辫形结构,大弯曲,光泽强。胴体重,公羊82 kg,母羊51 kg,4月龄公羔22 kg,母羔20.5 kg。产羔率约为120%。

在内蒙古、山东、四川和云南等省区饲养,与细毛杂种羊杂交效果显著。

○ 边区莱斯特羊

产于英国。公、母羊均无角,鼻梁隆起,两耳直立,头及四肢下部无羊毛覆盖,体躯长,背腰宽平。公羊体重90～140 kg,母羊60～80 kg。剪毛量相应为5～9 kg和3～5 kg。毛辫长20～25 cm,细度44～48支,净毛率65%～80%。产羔率150%～200%。

我国内蒙古、青海、甘肃、四川、云南饲养该品种羊,对藏羊和新藏杂种羊改良效果很好。

❸ 肉用绵羊品种

这类羊具有典型的肉用体型，头短宽，颈粗短，四肢短，低身广躯，胸宽而深，背腰宽平，臀腿部肌肉丰满，肢间距离宽。皮肤无褶皱，被毛多为白色，个别品种羊在头、耳和四肢有杂色，羊毛较短，为同质毛。具有产羔率较高、生长发育快、成熟早、产肉性能好的特点。适于气候较温暖、饲料条件较好的地区饲养。

○ 萨福克羊

原产英国东南部萨福克州，用南丘羊与旧型黑头有角的洛尔福克羊杂交育成。体型较大，头较长，耳长，颈长而粗，胸宽，背腰和臀部宽长而平，肌肉丰满，后躯发育好。头和四肢毛为黑色。公羊体重 80～100 kg，母羊 65～70 kg。剪毛量相应为 5～6 kg 和 2.5～3 kg，被毛白色，毛长 8～9 cm，细度 50～58 支，产羔率 130％～140％。

该羊为中毛型肉用羊，多被用来作为经济杂交的终端品种，生产肥羔。我国已有引入。

○ 无角道赛特羊

原产于澳大利亚和新西兰。公、母羊均无角，颈粗短，胸宽深，背腰平直，躯体呈圆筒状，后躯丰满，四肢粗短，被毛白色。成年公羊体重 85～115 kg，母羊 55～80 kg。有全年繁殖的能力，产羔率 120％～160％，是安排全年均衡生产羔羊肉的理想品种之一。据报道，与小尾寒羊杂交，杂一代 6 月龄胴体重达 24.6 kg，屠宰率 54.5％。该品种具有早熟、生长发育快，全年发情、耐热及适应干燥气候的特点。在澳大利亚，道赛特羊被广泛用于和美利努羊或美利努羊与长毛型半细毛羊（如边区莱斯特）的杂种羊进行杂交，专门生产羔羊肉。这样做，由于羔羊早熟，可以比用其他中毛型品种杂交羔羊提早几周上市。

○ 特克赛尔羊

原产于荷兰。在19世纪中叶，用林肯羊公羊和来斯特公羊与当地沿海低湿地区的一种晚熟但毛质好的马尔夫羊母羊杂交培育而成。成年公羊体重110～130 kg，母羊70～90 kg。羔羊生长快，在较好的草原放牧条件下断乳前羔羊日均增重330～425 g，4～5月龄体重可达40～50 kg，6～7月龄体重可达50～60 kg，屠宰率55%～60%。性成熟早，母羊7～8月龄可配种，全年发情，产羔率150%～160%。剪毛量5～6 kg，毛长10～15 cm，毛细50～60支。现被欧洲、亚洲、南北美洲、澳洲等几十个国家引入，作为优良品种和经济杂交生产肥羔的终端父本品种，对各国不同类型的自然环境均有良好的适应性。

○ 杜泊绵羊

原产于南非。由有角道赛特羊和波斯黑头羊杂交育成，最初在南非较干旱的地区进行繁殖和饲养，因其适应性强，早期生长发育快，胴体质量好而闻名。杜泊羊分为白头和黑头2种。

杜泊羊体躯呈筒形，无角，头上有短、暗、黑或白色的毛，体躯有短而稀的浅色毛（主要在前半部），腹部有明显的干死毛。成年公羊和母羊体重分别是在120 kg和85 kg左右。羔羊日增重在300 g左右，3～4月龄羔羊体重可达37 kg以上。肥羔胴体品质优良，生长良好的羔羊，其胴体品质在形状或脂肪分布方面均能达到优秀标准。

○ 法国夏洛来羊

产于法国夏洛来地区。该羊公、母均无角，头部无毛，呈粉红色或灰色，有黑色斑点。额宽，耳细长，体躯长，胸宽大，两肩紧凑，背部肌肉多，后躯很丰满，后腿裆宽。羊毛细短，为白色，在耳缘、四肢下部多有黄褐色粗毛。公羊体重 100～150 kg，母羊 75～95 kg，产毛 3 kg 左右，毛长 6～7 cm。屠宰率 55%以上。该羊生长发育快，10～30 日龄日增重，公羔 230～285 g，母羔 200～271 g；30～70 日龄日增重，公羔 278～325 g；母羔 274～279 g。70 日龄公羔重 22.3～26.5 kg，母羔重 21.2～24.9 kg。4～5 月龄羔羊胴体重 18～22 kg。繁殖率 150%～223%。

据报道，用夏洛来公羊与细毛杂种羊或土种绵羊进行经济杂交，生产肥羔效果很好，河北省定兴县夏洛来种羊场饲养该羊。

❹ 粗毛羊及裘、羔皮羊品种

粗毛羊外形粗糙，头盖骨和四肢骨特别粗大，鼻梁隆起，公羊有螺旋形大角，母羊多无角或有小角。胸部窄，肋骨开张差，腹大尻斜，皮厚毛粗，含干死毛较多，毛被呈毛辫形结构，分内外两层毛，外层毛为粗长的有髓毛，内层为两型毛和无髓毛，无髓毛较细，可达 70～80 支。头及四肢部多为刺毛，腹毛很差。毛色较杂，纯白者较少，有季节性脱毛现象。适应性很强，多饲养在四季寒暑变化剧烈的干旱草原或高寒地带。如藏羊、蒙古羊和哈萨克羊。其中，有几个品种虽具有粗毛羊的特性和特征，但比粗毛羊体小而细致，多数羊无角，耳大下垂，颈部较长，四肢和体质比粗毛羊弱，毛被为白色，绒毛多，有髓毛少，干死毛极少或无，有季节性脱毛现象，繁殖季节性不明显，可常年繁殖，具有多胎性，羔羊生长快，略具早熟性，适于饲养在气候温和的农区。如同羊、寒羊和湖羊等品种，以及细毛羊与粗毛羊的低代杂种羊。人们把这些羊称之为半粗毛羊。有些粗毛羊或半粗毛羊所生产的裘皮或羔皮品质较好，故又称之为裘、羔皮用羊，如滩羊、卡拉库尔羊和湖羊等品种。

○ 蒙古羊

原产于蒙古高原,分布于东北、华北和西北地区。蒙古羊具有典型的粗毛羊特征,头略显长,鼻梁隆起,耳大下垂。公羊有螺旋形大角,母羊多数无角。体躯稍长,背腰平直,胸部较深,肋骨开张不够。四肢较长而强健。短脂尾,呈扁圆扇形,尾尖多为"S"形。体躯被毛多为白色,头、颈及四肢多为黑色或褐色。公羊体高57～67 cm,母羊 56～65 cm。体重相应约为 59.7 kg 和 54 kg。剪毛量,公羊为 1.5～2.2 kg,母羊 1～1.8 kg。含干死毛 15%～35%。成年羯羊屠宰率 50%以上,净肉率 40%以上。1 年 1 胎,产羔率为 103%～105%。

蒙古羊生活力强,适于游牧,有耐干旱和寒冷特点,产肉脂性能好,抓膘能力强,耐粗放饲养。由于分布广,各地羊的外貌及体重等有较大的差异。

○ 乌珠穆沁羊

产于内蒙古锡林郭勒盟,属蒙古羊系。公羊有角或无角,母羊一般无角,头大小适中,额稍宽,鼻梁稍隆起,体格高大,体躯较长、宽而深,肉用体型较明显,四肢粗壮,尾肥大。被毛纯白者少,多为黑头或头颈部黑色。公羊体高约 71 cm,母羊 65 cm。公羊体重约 74 kg,母羊 58 kg。6 月龄公羊体重 33.5～50 kg,母羊 25～31 kg。剪毛量,公羊 1.3～2.4 kg,母羊 0.9～1.7 kg。含干死毛,公羊 30%,母羊 9%。成年羯羊屠宰率 54%,净肉率 37%。6 月龄羯羊平均屠宰率 50%,净肉率 33%。1 年 1 胎,产羔率 100%。

该羊适于天然草场终年大群放牧,耐粗饲,对寒冷地区有很好的适应性。抓膘能力强,为优良肉脂用羊。

○ 巴音布鲁克羊

产于新疆和静县巴音布鲁克区。属蒙古羊系。头较窄而长,耳大下垂，公、母羊都有角，四肢较高，短脂尾。头和颈部为黑色，体躯白色。公羊体高 73～81 cm，母羊 65～78 cm。体重相应为 65～74 kg 和 33～54 kg，剪毛量约为 2 kg 和 1.5 kg。成年羯羊屠宰率 46.6%，净肉率 33.7%，6 月龄羯羊屠宰率 44%。1 年 1 胎，产羔率 102%～103%。

该羊适于高寒干旱草原饲养。含干死毛较多，属肉脂用羊。

○ 哈萨克羊

产于新疆天山北麓、阿尔泰山南麓，分布于新疆及甘肃、青海部分地区。头中等大小，耳下垂，鼻梁隆起。公羊有大角，母羊无角或有小角，背腰宽平，躯干较深，后躯高于前躯，四肢高，骨骼粗壮。脂臀尾，尾似臀端的延续，有尾沟而无尾尖，呈"W"形。被毛多为棕红色，也有的头和四肢为黄色，纯白者极少。公羊体高约 71.6 cm，母羊 68.5 cm。春季体重相应约为 60 kg 和 46 kg。剪毛量分别约为 2.6 kg 和 1.9 kg，含干死毛各约为 21%和 13%。成年羯羊屠宰率 47.6%，1.5 岁羯羊 46.4%。1 年 1 胎，产羔率约为 102%。

常年放牧，可远程游牧，抓膘快，对四季变化剧烈的环境适应性强。

○ 阿勒泰羊

产于新疆北部阿勒泰地区，属哈萨克羊系。其体型外貌与哈萨克羊相似。体格大，公羊体高约 76 cm，母羊 71 cm。秋季体重，公羊约 93 kg，母羊 68 kg。剪毛量分别约为 2 kg 和 1.6 kg，含干死毛 28.7%。成年羯羊屠宰率 53%，1.5 岁羯羊为 51%左右。早熟性好，5 月龄羯羊体重约 36 kg，胴体重约 19 kg，屠宰率约 53%，适合肥羔生产。1 年 1 胎，产羔率约 110%。该羊适应性强，常年放牧，很少补饲，为我国著名肉脂用羊。

○ 和田羊

产于新疆南疆地区，分布于于田、洛浦、和田、墨玉、民丰、策勒、皮山等县，为地毯毛用羊。体型小，公羊多有大角，母羊半数有角，鼻梁隆起，耳大下垂，体躯窄，胸深不足，肋骨开张小，四肢高。有短瘦尾和圆盘状脂尾两种。被毛较长，春毛长约 18 cm，秋毛长约 11 cm，有弯曲，干死毛很少。毛色杂，有全白、全黑或体躯有杂色、头和四肢有杂色。公羊体高约 66 cm，母羊 60 cm。春季剪毛后体重，公羊约 36 kg，母羊 34 kg。春秋季体重相差 25%～30%。剪毛量，公羊约 1.6 kg，母羊 1.2 kg。成年母羊屠宰率 42%左右。平均产羔率 102.5%。

对于荒漠、半荒漠草原，气候干旱、炎热多风地区有良好的适应性。

○ 西藏羊

原产西藏高原，分布于西藏、青海、甘肃、四川及云贵高原部分地区。分布广、类型多，有高原型、雅鲁藏布型、三江型、山谷型和腾冲型等。以高原型数量最多，占 74%。

高原型又称草地型，公、母羊均有角，公羊角粗大，呈螺旋状向两侧伸展，母羊角扁平而较小，呈捻转着向外平伸。体格较大。短瘦尾，尾长 12～15 cm，不蓄积脂肪。体躯毛被多为白色，头及四肢有杂色。毛较长，一般 20～30 cm，最长达 50 cm，呈毛辫结构，光泽好，为优质地毯毛。公羊体重 40～59 kg，母羊 32～47 kg。公羊体高 66～72 cm，母羊 63～70 cm。产毛量分别约为 1.3 kg 和 0.9 kg。屠宰率，羯羊为 46%，母羊为 39.4%。1 年 1 胎，每胎产 1 只羔。

雅鲁藏布型羊体形小，公羊多有角，母羊多无角，体躯呈圆筒状。四肢较短，尾短小。被毛多为白色，同质性好。公羊体重约

31 kg，母羊 28 kg，剪毛量分别约为 1 kg 和 0.6 kg。三江型羊体躯为长方形，公、母羊均有角，毛色杂，全白者少。公羊体重约 40 kg，母羊 34 kg。剪毛量相应约为 1.1 kg 和 1 kg。毛较长，公羊 16.5 cm，母羊 13.7 cm。山谷型羊体格小，体躯呈圆筒状。公羊角短小，母羊多无角。毛色全白或体躯全白者占 64%。公羊体重约 20 kg，母羊 19 kg。产毛量 0.5 kg，干死毛多。屠宰率 48.7%。腾冲型羊体躯较长，公、母羊均无角，四肢粗壮，瘦尾长 15～22 cm。毛色杂，纯白者少。公羊体重约 52 kg，母羊 51 kg。产毛量约 1.3 kg，毛长 5～5.5 cm，同质性好。公羊屠宰率约为 43%，母羊 41%。产羔率约为 101%。

○ 大尾寒羊

产于河北、山东、河南等省。产于河北、山东的公、母羊均无角，产于河南的公、母羊均有角。鼻梁隆起，耳大下垂，前躯发育欠佳，后躯较好。四肢粗壮，蹄为蜡黄色。脂尾肥大，长过飞节，甚至拖及地面。尾尖向上翻转，紧贴于尾中沟部。毛色纯白，干死毛极少。毛被可分为同质毛、异质毛和裘皮型三种。公羊体高 71～74 cm，母羊 64～66 cm。公羊体重约 72 kg（最高 105 kg），母羊 52 kg。尾重，公羊 15～20 kg（高达 35 kg），母羊 4～6 kg（高达 10 kg 以上）。公羊平均产毛量 3.30 kg，母羊平均产毛量 2.7 kg。裘皮品质好，毛股洁白，花穗清晰，弯曲明显。2～3 岁公羊屠宰率 62%～69%，净肉率 46%～57%。周岁公羊相应为 55%～64%和 46%～48%。早熟性好，常年繁殖，1 年 2 胎或 2 年 3 胎，胎次产羔率为 185%～205%。

适合舍饲或放牧，耐热性较好。

○ 小尾寒羊

产于河北、山东、河南、安徽和江苏省。

河北小尾寒羊体格中等，公、母羊均无角，短脂尾，呈圆扇形。毛色纯白，毛质好，干死毛少。公羊体高约 67 cm，母羊 61 cm。体重相应为 42～50 kg 和 37 kg。剪毛量分别约为 2.8 kg 和 2.4 kg。当年公羊屠宰率 55%，净肉率 43.6%。第一胎产羔率 150%，第二胎 170%，第三胎 197%，第四胎 210%。

山东小尾寒羊体形高大，公羊有大螺旋形角，母羊有小角或姜角。被毛白色，有同质毛、粗毛和裘皮型 3 种类型，粗毛类型含干死毛较多。尾为短脂尾，尾尖向后往上钩。公羊体高 90～115 cm，母羊 75～80 cm。公羊体重 90～150 kg，母羊 60 kg。周岁公羊体重约 80 kg，屠宰率 55.6%，净肉率 46%。剪毛量 2.1～3.5 kg。常年繁殖，1 年 2 胎或 2 年 3 胎，胎次产羔率为 270%。

小尾寒羊适于小群放牧、拴牧、牵牧或舍饲，不宜大群放牧和爬坡远牧。具有产羔多、生长快、体重大、早成熟、肉质好、羊毛及裘皮品质好、耐粗饲等特点。

○ 同羊

产于陕西省渭南、咸阳等地区。公、母羊均无角，个别公羊有栗状角痕，颈长，腹部大，整个体躯呈酒瓶状。尾有短脂尾和长脂尾 2 种类型。被毛白色，毛质较好。公羊体重约 44 kg，母羊 39 kg。剪毛量各约为 1.4 kg 和 1.2 kg。羯羊屠宰率 57.6%，净肉率 41%，肉质好。产羔率低，多产单羔。

○ 湖羊

产于江苏、浙江两省沿太湖区域。湖羊头狭长，鼻梁隆起，耳大下垂，公、母羊均无角。颈细长，体躯长，胸部狭窄，四肢细，尾呈圆扇形。被毛白色。公羊体高约 65.8 cm，母羊 61 cm。体重相应约为 48.7 kg 和 36.5 kg。剪毛量分别约为 1.65 kg 和 1.2 kg。以生产皮板轻薄、毛色洁白光润、呈波浪状花纹的羔皮而驰名中外。1～2 月龄之裘皮为袍羔皮，是制裘佳品。成年羊屠宰率为 40%～50%。可常年繁殖，繁殖率为 229%。

湖羊多为舍饲，对炎热、潮湿、光暗的环境有良好的适应性。产羔率高，羔皮和裘皮品质好，羊肉品质也很好。

○ 中国卡拉库尔羊

主要饲养在新疆及内蒙古自治区。该羊头稍长，鼻梁隆起，耳大下垂，公羊多有螺旋形角，母羊多无角。尾肥厚，基部宽大，尾尖呈"S"状弯曲，下垂至飞节。毛色多为黑色，少数为灰色和彩色。羔羊初生时毛色深，随年龄增长而逐渐变浅。黑色羊逐渐变为黑褐色，成年羊成为灰白色；灰色羊变成浅灰色和白色；彩色羊变成棕白色。但其头部、四肢、腹部和尾端的刺毛仍然保持初生时的毛色。

成年公羊体高约 74 cm，母羊 66 cm。体重相应约为 71 kg 和 46 kg。剪毛量分别约为 3 kg 和 2 kg。成年羊屠宰率 50%，1.5 岁羯羊为 44%。产羔率为 105%～115%。其主要产品为生后 3 天内宰剥的羔皮，具有独特类型的美丽毛卷，以平轴卷和鬣形卷为佳。1 月龄剥取的二毛裘皮光泽好，花穗清晰，美观，耐磨。

○ 滩羊

产于银川市附近各县，分布于宁夏及甘肃、内蒙古、陕西省等与宁夏相邻近地区。滩羊鼻梁稍隆起，耳有大、中、小 3 种。公羊有螺旋形角，母羊多无角或有小角。体格中等，长脂尾，尾根部宽大，尾尖细，呈三角形下垂至飞节以下。被毛纯白，但头部有褐、黑、黄色斑块。毛股明显，呈毛辫结构，无干死毛。公羊体重 30～63 kg，母羊 23～52 kg。剪毛量相应为 1.6～2 kg 和 1.3～1.8 kg。毛长分别为 8～15.5 cm 和 8.5～14 cm。二毛皮是滩羊的主要产品，毛色洁白如玉，毛长且呈波浪形弯曲，以

“串”字花、小“串”字花和软大花为优良花穗，毛皮轻柔，是中国独特的裘皮，享誉国内外。成年羯羊屠宰率45%，母羊40%。产羔率101%～103%。

另外，我国还有产于兰州市郊区的兰州大尾羊，其产肉性能及羊肉品质好，适合舍饲。还有产于青海省的贵德黑裘皮羊和产于甘肃省的岷县黑裘皮羊，以生产黑色二毛皮为主要产品。

中国的山羊品种资源很丰富，除奶山羊和皮用山羊之外，北方的山羊多以生产羊绒、羊肉和板皮为主，南方的山羊则以生产羊肉和板皮为主要产品，有些品种生产笔料毛。

❺ 奶山羊品种

奶用山羊多为培育品种，头部较长，干燥清瘦，颈部细长，体躯长而呈楔形，背部较平，肷窝深大，腹部大且多下垂，斜尻，乳房发达，四肢较长。被毛稀少、粗直而无绒毛。泌乳期为6～10个月，产奶量高，最低为其体重的10倍，即400～500 kg，最高达2 000 kg以上。

○ 莎能奶山羊

原产于瑞士，现分布在世界各国。莎能奶山羊为白色或浅黄色，多数羊无角，体躯呈楔形。被毛短，为有髓发毛，皮肤呈粉红色，颜面、耳和乳房及尾部的无毛部分有黑灰色斑点。耳长直立，颈下多有一对肉垂，体躯深长，背平直，四肢长，乳房多为圆形，发育充分。公羊肩、背、腹和股部有长毛，颌下有长髯。公羊体高约85 cm，体长100 cm，母羊体高75 cm，体长82 cm。公羊体重约90 kg，母羊60 kg。产羔率180%～230%。泌乳期为8～10个月，年产奶600～1 200 kg，最高达3 080 kg，乳脂率3.3%～4.4%。

该羊对亚热带及温带气候适应性很好，可放牧或舍饲。对饲料条件要求较高。中国引进较早，用其改良当地山羊，对体质体重、泌乳性能及产羔率和提高产肉性能均有显著效果。

○ 吐根堡奶山羊

原产于瑞士，现分布在世界许多国家。其体躯呈楔形，公、母羊无角，颌下有髯。毛色为浅或深褐色，分长毛和短毛 2 种，颜面两侧各有一条白色或灰色条纹，耳为浅灰色，沿耳根至口角成一块白斑，从颈部至尾部有条白色背线，四肢下部、腹部及尾部两侧呈灰白色。白腿及浅色乳镜为其特征。乳房发达呈方圆形。公羊体高约 80 cm，体长 95 cm，母羊相应为 75 cm 和 90 cm。公羊体重 60～70 kg，母羊 45～55 kg。每胎产 2～3 只羔。年产奶量 600～1 200 kg，最高达 3 160 kg。乳脂率为 3.0%～7.5%。我国早年曾引入该羊，近年四川省又引入，用以改良当地山羊。

○ 西农莎能奶山羊

其基本特征与瑞士莎能奶山羊相同。现已从西北农林科技大学分布到全国 29 个省市、自治区。该品种羊具有“头长、颈长、体长、腿长”四长特征，毛短色白，皮肤粉红，眼大、鼻直，嘴齐，耳长向前方伸。多数羊无角有髯，颈下有一对肉垂。公羊体高约 89 cm，体长 95 cm，体重约 94 kg，母羊相应为 75 cm、84 cm 和 65 kg。母羊 8～10 月龄配种，一胎产 2～3 羔。10 个月泌乳期产奶 800 kg 左右，最高个体产奶达 1 863.3 kg。

○ 关中奶山羊

产于陕西关中平原，为西农莎能奶山羊与当地原有杂种奶山羊杂交类群。其外貌特征与莎能羊基本相似。公羊体高约 80 cm，体重 80 kg，母羊相应为 70 cm 和 48 kg。成熟早、多产双羔，8 个月泌乳 500～600 kg，乳脂率 3.6%～3.8%。

○ 崂山奶山羊

产于山东崂山一带，为莎能奶山羊与当地山羊杂交种。耐粗饲，好管理，适应性较强。具有莎能羊特征，但体躯较短，背腰不够平，乳房形状不一。公羊多有长毛。公羊体高约80 cm，母羊60～70 cm。公羊体重80 kg以上，母羊45～50 kg。7～8个月泌乳量为450～700 kg。繁殖性能较好，多产双羔。

我国还有不少奶山羊品种类群，如山东文登、河南开封，河北唐山、山西洪洞、吉林延边、黑龙江和广州等地的奶山羊均为莎能羊的后裔或杂交种，体型外貌和产奶量均较好。

❻ 绒用山羊品种

中国的绒山羊多为绒肉兼用型。公、母羊多有角，被毛多为白色，分内外两层毛，外层为粗直而长的有髓毛，内层为细软而较短的无髓毛，又称绒毛。绒毛及其制品通称为开士米，具有绢丝样光泽，细而结实，柔软而轻巧，是制造高级精纺毛织品的优良原料。以中国的白绒山羊为最优，绒毛洁白，细度为14～15.5 μm。由于品种和产地不同，其体型外貌和体尺体重、生产性能等方面有较大差别。主要品种有内蒙古白绒山羊、辽宁绒山羊、河西绒山羊，以及新疆山羊和西藏山羊。其他地方品种虽然也产绒，但产绒量低，品质不一，毛色较杂，除少量白绒外，多为青绒和紫绒。

○ 内蒙古白绒山羊

内蒙古的绒山羊资源非常丰富，不仅数量多、质量好，而且品种类型也多，有分布于巴彦淖尔盟的二狼山羊，伊克昭盟的阿尔巴斯山羊，阿拉善左旗的阿拉善山羊，还有锡林郭勒盟的乌珠穆沁山羊和哲里木盟及赤峰市的罕山羊。

前 3 种类型羊，公、母均有角，背腰平直，体躯深而长。被毛白色，分长毛型和短毛型 2 类。长毛型分布在山区，体型大，胸宽而深，四肢较短，毛长 15～20 cm，又分为细长毛和粗长毛两类；短毛型分布在梁地、沙漠、滩地，体质粗糙，髯短，额毛少，毛短而粗，一般为 8 cm，绒毛短而较密。

公羊体高 65.4(55～77) cm，母羊 56.4(40～65) cm。公羊体重 47.8(26.5～75) kg，母羊 27.4(17.5～46.5) kg。抓绒量，公羊 385 g，母羊 305 g；绒毛长度各为 7.6 cm 和 6.6 cm；绒毛细度各为 14.6 μm 和 15.6 μm。公羊剪毛量 570 g，母羊 257 g。成年羯羊屠宰率 46.9%，母羊 44.9%。1 年产 1 次羔，产羔率 103%～105%。

乌珠穆沁型白绒山羊具有体大、抓膘快和早期生长快的特点。公羊秋季体重约 68.9 kg，抓绒后体重 50.3 kg，母羊 41.4 kg。特一级公羊抓绒量 640.8 g，母羊 488 g。羊绒细度 15.62 μm。产羔率 110%以上。罕山型白绒山羊正在培育之中，个体产绒量已接近 400 g。

○ 辽宁绒山羊

产于辽东半岛，分布于盖县、岫岩、复县、庄河、凤城、宽甸、辽阳及丹东市。该羊体质结实，头小，有额毛和髯，公、母羊都有角。颈宽厚，背平直，后躯发达，四肢粗壮。被毛白色。公羊体高 63.6 cm，母羊 60.8 cm。体重相应为 51.7 kg 和 44.9 kg；产绒量各为 570 g 和 490 g；绒长为 5.91 cm 和 5.27 cm；细度为 16.47 μm 和 17.1 μm。粗毛产量，公羊 470 g，母羊 400 g。公羊最高产绒量在 1 000 g 以上。成年公羊屠宰率 50.9%，母羊 53.2%；净肉率各为 36.3%和 34.2%。产羔率 110%～120%。

用该羊改良当地山羊效果好，一代杂种羊产绒量比当地羊提高 1～2 倍，体重和产肉性能也有所提高。

○ 河西绒山羊

产于甘肃省河西走廊。该羊体质结实,公、母羊均有角,四肢粗壮,后肢多呈“X”状,被毛多为白色,也有黑色、青色、棕色和杂色羊。公羊体高约 60.3 cm,母羊 58.1 cm。体重相应约为 38.5 kg 和 26 kg。产绒量各为 323.5 g 和 280 g;绒长为 4.9 cm 和 4.3 cm;细度为 15.6 μm 和 15.7 μm。产粗毛量,公羊为 316.7 g,母羊 382.6 g。成年母羊屠宰率为 43.3%～44.3%。1 年产 1 胎,多为单羔。

○ 新疆山羊

产于新疆,以喀什、和田、塔里木河流域、阿勒泰、昌吉和哈密地区为多。头较大,耳小半下垂,半圆形角或直角。有额毛和髯。以白色为多,也有黑色、灰色、褐色和花色羊。阿勒泰地区公羊体重约为 59.5 kg,母羊 34 kg;阿克苏地区公羊 32.6 kg,母羊 27.1 kg。抓绒量,哈密地区公羊 310 g,母羊 196 g;阿勒泰地区分别为 232 g 和 178 g;阿克苏地区约为 154 g。羊绒细度 14 μm。羯羊屠宰率 40%～41.3%。产羔率 106.5%～138.6%。

○ 西藏山羊

产于青藏高原,分布于西藏,四川省甘孜、阿坝和青海省玉树、果洛等地。该羊体小,额宽.耳长,有角,有额毛和髯。毛色杂,黑色和青色羊各占 30%,体躯白而头和四肢花色羊占 20%,其他为杂色羊,有少量全白羊。公羊体重约 24 kg,母羊21.6 kg。产绒量各为 211.8 g 和 183.8 g。羊绒细度各为 15.69 μm 和 15.73 μm。成年羯羊屠宰率 48.3%。产羔率 110%,多为 1 年 1 胎。

❼ 肉用山羊品种

我国的肉用山羊品种也多也不多，多的是所有山羊都可以肉用，但肉用性能不高，而专门肉用的山羊品种并不多。

○ 南江黄羊

产于四川省南江县，以成都麻羊（又称铜羊）为主要父本，与当地黑山羊杂交培育而成。分有角和无角 2 种类型。公、母羊均有髯，部分羊颈下有肉垂。头大小适中，耳长大，耳尖微垂，鼻梁稍隆起，公羊颈粗短，母羊颈细长，背腰平直，前胸深广，尻部倾斜，四肢粗壮，蹄为黑黄色。全身被毛呈黄褐色，毛短紧贴皮肤，富有光泽，内层为细而短的灰色绒毛。颜面毛色黄黑，鼻梁两侧有一对黄白色条纹，从头顶沿背脊至尾根有一条黑色毛带（称为背线）。公羊前胸、颈下有黑黄色长毛，四肢上端着生黑色粗长毛。

成年公羊体高 75 cm，体重 60 kg，母羊分别为 66 cm 和 41 kg。12 月龄羯羊屠宰率 49%，净肉率 36%。成年羯羊屠宰率 55.65%，净肉率 40.12%，胴体重 26.18 kg，净肉重 21.81 kg。板皮品质好，皮张面积大，厚薄均匀，富有弹性。产羔率，大群平均 194.62%，经产母羊为 205.2%。泌乳性能好，5 个月产奶量为 127～245 kg。

该羊体质健壮，采食能力强，善登山坡，喜食高草，耐寒冷耐粗放饲养，适应范围广，用其改善当地羊效果好，已推广至全国 15 个省饲养。

○ 波尔山羊

20 世纪育成于南非，现分布至世界许多国家。该羊具有良好的肉用体型，体躯呈长方形，背腰宽厚而平直，肌肉丰富。被毛白色，头耳棕色，从额中至鼻端有一条白色毛带。耳长大，头粗壮，颈粗厚，前额隆起与鼻和向后弯曲的粗壮圆角弧度相连。公羊角宽，弯曲向外，母羊角小而直立。皮肤松软，有较多的褶皱。毛短而有光泽。四肢较短。

初生重，公羔平均4（最高6.5）kg，母羔3.6（最高6.9）kg。90日龄断奶重，公羔21.9（最高41.5）kg，母羔20.5（最高33）kg。324日龄体重，公羊50.2（最高80.5）kg，母羔38.4（最高61）kg。成年羊体重，公羊84.5（最高90）kg，母羊75.5（最高80）kg。肉用性能好，41 kg活重的羊，屠宰率为52.4%，未去势公羊为56.2%。繁殖性能好，6月龄性成熟，秋季为性活动高峰期，春羔当年即可配种，1年2次或2年3次繁殖，胎次产羔率为207.8%。据统计，母羊产单羔者占7%，双羔占65%，三羔占26%，四羔占2%。

我国江苏省溧水县，陕西省咸阳，广东省、山东省和河北省已引入该羊，并已产生与当地羊杂交的后代，改良效果非常好。这对我国提高山羊产肉性能和培育肉用山羊品种将产生重大作用。

○ 安哥拉山羊

原产地土耳其安哥拉高原，为毛用山羊。在南非、阿根廷、美国、欧洲和澳洲饲养较多，近年中国已有引入，饲养在山西、陕西、甘肃和内蒙古等省区。该羊全身白色，头部有深色斑点。公、母羊均有白色扁平角，公羊角大。面部平直，耳大下垂，头轻而干燥，颈部细短。被毛同质，毛股长18～25 cm，最长达35 cm，此有螺旋形弯曲或波浪形弯曲，光泽强烈，被称为马海毛。公羊体高60～65 cm，母羊51～55 cm。公羊体重50～60 kg，母羊32～42 kg。产毛量，公羊4～7 kg，母羊2～4 kg。直径为35～52 μm。

用该羊与本地山羊进行杂交，改良效果好。杂一代产毛量提高33%～80%，二代67%～220%，三代220%～326%。

❽ 兼用山羊品种

这类山羊多为地方品种，选育程度不高，主要以产肉为主，肉皮兼用，但产肉性能并不高。有待选育提高或进行改良。

○ 燕山山羊

产于河北省承德、张家口、唐山、秦皇岛及北京、天津市山区各县。主要毛色为黑色和白色，有部分杂色羊，分有角和无角羊。无角羊个体大，产肉多，少蹭树，适宜山林地区饲养。公羊体高约65.4 cm，母羊59.4 cm；体重各为54.5 kg和41.5 kg。产绒量为240 g和114.4 g。绒毛长3～5 cm。产粗毛量，公羊518 g，母羊251 g。屠宰率48.4%。年产羔率为163.9%。

○ 太行山羊

产于太行山区晋、冀、豫三省相邻各县。公、母羊多有角，颈粗短，胸深而宽，背腰平直，四肢强健。毛色杂，多为黑色，也有褐、青、灰、白和花色羊。公羊体重36.7 kg，母羊32.8 kg；产绒量各为275 g和160 g。剪毛量各为400 g和350 g。2.5岁羯羊屠宰率52.8%，净肉率41.4%。产羔率103%～143%。

○ 中卫山羊

产于宁夏西南部和甘肃省中部各县。体格中等，身短而毛色深，近似方形。公、母羊多有角，额部有丛毛下垂，颌下有髯。被毛洁白，也有纯黑色的。公羊秋季体重44.6 kg，母羊34.1 kg。抓绒量，公羊164～240 g，母羊140～190 g，产粗毛量各为400 g和300 g。主产品是二毛皮(称沙毛皮)，光泽强，毛股花穗清晰，穗长弯曲多，颇似滩羊二毛皮。成年羊粗毛长可达24.8 cm，颇似马海毛。羯羊屠宰率 45%。产羔率 103%。

○ 济宁青山羊

产于山东省济宁和菏泽市各县。体格小,结构匀称,额部有旋毛和淡青色白章。公、母羊均有角有髯。毛色为“四青一黑”,即嘴唇、角、背和蹄为青色,两前膝为黑色。按被毛可分为长毛型和短毛型。公羊体重 28.8 kg,母羊 23.1 kg。抓绒量 30~100 g。公羊产粗毛 230~330 g,母羊 150~250 g。以初生 1~3 天剥取的羔皮为主要产品,称为青山羊猾子皮。毛被由白毛和黑色毛纤维混生组成,含黑毛 30%~50%者为正青色,含 50%以上者为铁青色,含 30%以下者为粉青色。毛皮的花形以波浪状和流水状为多,与小湖羊羔皮的花形相似。成年羯羊屠宰率 56.5%,净肉率 35.9%。1 年 2 胎或 2 年 3 胎,每胎产羔率为 294%。

青山羊适应性强,耐粗饲,繁殖率高,羔皮品质好,遗传性稳定。

○ 成都麻羊

产于四川成都平原。头大小中等,两耳侧伸,额宽而微突,公、母羊多有角有髯,部分羊颈下有肉垂。全身被毛为棕黄色,毛短而有光泽。每根毛纤维的上、中、下段毛色不同,毛尖为黑色,中段为棕黄色,根部为黑灰色。腹部毛色较浅。从角基中点至背脊直至尾根处有一条黑色背线,从鬐甲向两前肢也有一条黑色毛带。在颜面两侧各有一条浅黄色毛带,形似画眉鸟。

公羊体高 65.5 cm,母羊 61 cm。体重各为 43 kg 和 32.6 kg。羯羊屠宰率 54.3%,净肉率 38%,周岁羯羊各为 49.7%和 35.1%。肉质好,皮板质量好。产奶性能较好,5~8 个月产奶量 150~250 kg。1 年 2 胎或 2 年 3 胎,每胎产羔率 206%。已推广至不少省区,表现出良好特性。

○ 马头山羊

产于湖南、湖北西部山区。该羊体躯呈长方形，公、母羊多无角，两耳向前略下垂，有髯，部分羊颈下有肉垂。被毛短，有光泽，冬季有少量绒毛，额和颈部有粗长毛。以白色为主，也有黑色、麻色和杂色羊。

公羊体重 43.8 kg，母羊 33.7 kg。羯羊屠宰率 62.6%，净肉率 44.5%。肉质好，板质好，羊毛为制笔和毛刷原料。1 年 2 胎或 2 年 3 胎，每胎产羔率 192%～200%。

○ 黄淮山羊

产于黄淮平原广大地区，分布于河南、安徽及江苏部分地区。该羊体型结构匀称，骨骼较细，面部微凹，有髯，有角或无角。颈中等长，胸宽深，体躯呈圆筒形。毛被白色，毛短有丝光，绒毛少。

公羊体重 33.9 kg，母羊 25.7 kg。7～10 月龄羯羊体重 21.9 kg，胴体重 10.9 kg，屠宰率 49.3%。皮板呈蜡黄色，细致柔软，弹性好，为制革优质原料。1 年 2 胎或 2 年 3 胎，每胎产羔率238.7%。

○ 隆林山羊

产于广西隆林、田林、西林等县。有角，有髯，少数羊有肉垂，角为白色或黑色，体躯呈方形，毛色杂。公羊体重 57 kg，母羊 45 kg，羯羊 72 kg，屠宰率 57.8%，肉质好，泌乳量高。1 年 2 胎或 2 年 3 胎，每胎产羔率 195%。

○ 雷州山羊

产于广东雷州半岛及海南岛。该羊额稍凹，有角，有髯。被毛为黑色、麻色或杂色，额、背、腹和尾部有长毛，无绒毛。公羊体重

54 kg,母羊 47.7 kg。羯羊屠宰率 50%～60%。常年繁殖,每胎次产羔率 150%～200%。皮板品质好。

比较好的山羊品种还有产于四川凉山彝族自治州的建昌黑山羊,产于四川东部(现为重庆市)及陕西、湖北、贵州等省的板角山羊,产于陕南汉水流域的陕南白山羊,宜昌白山羊,贵州白山羊,福建东南沿海平原的福清山羊,还有长江三角洲白山羊。

第2章 羊的繁殖

羊的繁殖过程包括生殖细胞(精子和卵子)的形成、交配、受精、妊娠、分娩和泌乳。只有通过繁殖,才能增加羊只数量,提高质量。因此,我们要了解和掌握羊繁殖的基本规律,正确运用配种技术,在保证羊只正常发情和多排卵的基础上,提高受胎率和产羔率,提高繁殖成活率。

❶ 羊的繁殖规律及特点

○ 性成熟及适宜初配年龄

羔羊生长到一定年龄,生殖机能达到比较成熟的阶段,生殖器官已经发育完全，并出现第二性征，能产生成熟的生殖细胞（精子或卵子），而且具有繁殖后代的能力，此时称为性成熟。由于绵、山羊的品种、遗传、营养、气候和个体发育等因素，性成熟的年龄也有较大的差异。一般绵、山羊公羊在6～10月龄，母羊在6～8月龄，体重达成年体重的70％左右性成熟。早熟品种4～6月龄性成熟，晚熟品种8～10月龄性成熟。公羊性成熟的年龄要比母羊稍大一些。我国的地方绵、山羊品种4月龄时就出现性活动，如公羊爬跨、母羊发情等。但由于公、母羊的生殖器官尚未完全发育成熟，过早交配对本身和后代的生长发育都不利。绵、山羊的一般初配年龄在12月龄左右，早熟的品种、饲养条件较好的母羊可以提前配种。因此，羔羊断奶以后，公、母羊要分开饲养，防止早配或近亲交配。

○ 发情与发情周期

发情是母羊的一种性活动现象，发情周期指母羊性活动表现为周期性。

1. 发情

母羊发情表现出兴奋不安，对周围外界的刺激反应敏感，山羊常表现出鸣叫，举尾弓背，食欲减退，频频排尿，喜欢主动寻找和接近公羊，并摆动尾巴，当公羊追逐或爬跨时站立不动；外阴充血肿胀，松软，阴蒂充血勃起，阴道黏膜充血潮红，湿润并有黏液分泌，子宫颈口松弛，开张并充血肿胀。

由于其他因素如繁殖季节、营养不良、内分泌失调、疾病和环境突然变化等母羊表现为较正常发情不同的表现，如安静发情即几乎没有发情表现；短促发情即发情时间很短；断续发情，即发情时断时续；孕期发情即怀孕期发情。

2. 发情周期

母羊从上一次发情开始到下一次发情开始的时间，或者从上一次发情结束到下一次发情结束的时间称为发情周期，绵羊的发情周期平均为 17 天，山羊的发情周期平均为 21 天，发情周期可分为发情前期、发情期、发情后期和休情期。发情前期是指母羊卵巢上开始有卵泡发育，但此时母羊无发情表现；发情期又叫发情持续期，此时卵泡发育并能达到成熟，母羊发情表现明显，性欲旺盛，愿意接近公羊；发情后期卵子排出并开始形成黄体，性欲减退，发情表现消退；休情期母羊精神状态正常。绵羊和山羊发情周期及发情持续期的比较见表 2-1。

表 2-1　绵羊和山羊发情周期及发情持续期的比较

种类	发情周期/天	平均范围/天	发情持续期/h
绵羊	17	14～19	24～36
山羊	21	18～22	26～42

○ 排卵与受精

1. 排卵

排卵是指卵泡破裂排出卵子的过程。绵羊和山羊均属自发性排卵动物，即卵泡成熟后自行破裂排出卵子。卵子从卵巢排出后开始进入输卵管，在输卵管管壁纤毛摆动和肌肉活动的作用下向受精部位壶腹部行进。排卵时间，绵羊在发情开始后 20～39 h；山羊在 24～36 h。3～5 岁是母羊一生中排卵的高峰期，为母羊的最佳繁殖年龄。在养羊生产上，利用配种前 1 个月给母羊补饲高水平的日粮，有助于同期发情并增加排卵数，提高产羔率。

2. 受精与适时配种

受精是指精子和卵子在输卵管壶腹部相融合形成受精卵的过程。交配或输精后 12～24 h 可在母羊输卵管壶腹部发现大量精子，卵子排出后 6～12 h 可到达受精部位，精子和卵子在此部位保持受精能力的时间为 12～16 h。母羊较适宜的配种时间应在发情开始后 12～24 h。在实际生产中，一般上午发现发情母羊，下午4～5时进行第一次交配或输精,第二天上午进行第二次交配或输精;如果下午发现发情母羊,则在第二天上午8～9时进行第一次交配或输精,下午进行第二次交配或输精。

○ 妊娠

1. 妊娠期

受精后就是妊娠的开始,从精子和卵子在母羊生殖道内形成受精卵开始,到胎儿产出时所持续的时间称为妊娠期。绵羊的妊娠期为146～157天,平均为150天;山羊的妊娠期为146～161天,平均为152天,妊娠期因品种、年龄、胎次和单双羔等因素而有差异。一般本地羊比杂种羊妊娠期短,青壮年羊比老、幼龄羊短,产多羔母羊比产单羔母羊妊娠期短。

2. 妊娠期母羊形态和生殖器官的变化

母羊妊娠后,随着胚胎的出现和生长发育,母体的形态和生理发生许多变化。

(1)身体的变化。母羊怀孕后,新陈代谢旺盛,食欲增进,消化能力提高。怀孕母羊由于营养状况的改善,表现为体重增加,毛色光亮。青年母羊除因交配过早或营养水平很低外,妊娠并不影响其继续生长,在适当的营养条件下尚能促进生长。若以同龄及同样发育的母羊试验,营养充足,怀孕母羊的体重显著增加;营养不足,则体重反而减少,甚至造成胚胎早期死亡。尤其是在妊娠期的最后2个月,营养水平的高低直接影响胎儿的发育。妊娠末期,母羊因不能消化足够的营养物质满足迅速发育胎儿的需要,致使消耗妊娠前半期储存的营养物质,在分娩前常常消瘦。因此,母羊在妊娠期要加强营养,保证母羊本身生长和胎儿发育的营养需要。

(2)卵巢的变化。母羊受孕后,胚胎开始形成,卵巢上的黄体成为妊娠黄体继续存在,从而中断发情周期。

(3)子宫的变化。随着怀孕时间的延长,在雌激素和孕酮的协同作用下，子宫逐渐增大，使胎儿得以发育。子宫的变化有增生、生长和扩展3个时期。子宫内膜由于孕酮的作用而增生，主要变化为血管分布增加、子宫腺增长、腺体卷曲及白细胞浸润；子宫的生长是从胚胎附植后开始，主要包括子宫肌肥大、结缔组织基质的广阔增长、纤维成分及胶原含量增加；子宫的扩展，首先是由子宫角和子宫体开始的。母羊在整个怀孕期，右侧子宫角要比左侧大得多。怀孕时子宫颈内膜的脉管增加，并分泌一种封闭子宫颈管的黏液，称为子宫颈栓，使子宫颈口完全封闭。

(4)阴户及阴道的变化。怀孕初期，阴唇收缩，阴户裂禁闭；随着妊娠期进展，阴唇的水肿程度增加，阴道黏膜的颜色变为苍白，黏膜上覆盖由子宫颈分泌出来的浓稠黏液；妊娠末期，阴唇、阴道变为水肿而柔软。

(5)子宫动脉的变化。由于子宫的生长和扩展，子宫壁内血管也逐渐变得较直，为了供应胎儿需要的营养，血管变粗，血量增加，动脉血管内膜的褶皱增高变厚。因动脉血管和肌肉层的联系疏松，上述变化，使血液流过时造成的脉搏从原来清楚的跳动变成间隔不明显的颤动。这种间隔不明显的颤动，叫做怀孕脉搏。

○ 繁殖季节

绵羊和山羊的共同繁殖特征是繁殖有较明显的季节性，属季节性多次发情。在野生状态下，母羊的繁殖期很短。由于人为地选择和淘汰，母羊的繁殖期大大延长，形成特有繁殖季节。繁殖季节出现的早晚与饲料条件、营养状况、妊娠、分娩、泌乳、育羔、光照和品种等有密切关系。

受环境因素的调节，母羊一般在夏、秋、冬3个季节有发情表现。从晚冬到第二年夏天的这段时间，母羊一般不表现发情。

粗放条件下饲养的绵、山羊，其发情季节性明显；饲养条件好的绵、山羊，一年四季都可以发情。公羊性活动以秋季最高，冬季最低。精液品质受季节因素和气候变化的影响,持续或交替的高温、低温变化,会减少精子的总数,降低精子的活动力和正常精子的比例。因此,公羊的利用期最好选择秋季和春季为宜。

○ 种羊的利用年限

羊的寿命一般为13～15年,其有价值的利用年限较短,8岁以后繁殖力降低,10岁以后失去繁殖能力。繁殖力丧失的早晚与饲养管理水平和利用强度等有关。在生产上一般利用到7岁,个别价值较高的羊个体可以利用到9岁。

❷ 羊的配种方法

羊的配种方法有自然交配、人工辅助交配和人工授精3种。自然交配只限于一些条件较差的生产单位和农村使用。因为自然交配需要的公羊较多,不能记录羔羊的系谱,也容易传播一些疾病。在育种场人工辅助交配和人工授精用得较多。

○ 自然交配

自然交配有2种形式,一种是平时公、母羊分开饲养,在配种季节按每100只母羊放入3～4只公羊的比例组群,进行自然交配。另一种是平时公、母羊混群放牧。自然交配的优点是在羊群较大的牧区和半农半牧区可以节省人力和设备。其缺点是系谱不清,不能避免近亲交配,无法了解与配公羊的后代品质;无法控制母羊的确切配种时间和产羔时间,容易发生小母羊早配现象;需公羊的头数多,经常发生争斗,不仅公羊的体力消耗较大,同时也影响母羊的采食和抓膘。若采用这种方法配种,最好做到平时公、母羊不混群,只在配种季节内放入公羊。

○ 人工辅助交配

人工辅助交配就是全年都把公、母羊分群饲养或放牧。在配种期内，用试情公羊找出发情母羊，再与选出的公羊交配。饲养在农区的羊，多采用这种配种方式。在农区，平时公、母羊分开饲养，公羊通常养在种畜户，母羊发情时，即用指定的公羊配种。这种方式的优点是：交配由人工控制，知道配种日期和与配种公羊号，可以进行选种选配，预测产羔日期；减少种公羊的体力消耗，提高种公羊的利用率。在母羊群不大、种公羊数量较多的羊场，可以采用人工辅助交配。

○ 人工授精

其优点是可以充分应用优秀的种公羊，加快遗传进展。在生产上是最佳的配种方法，特别是在杂交羊生产中，从异地引入种公羊数量较少，采用其他配种方法根本不能满足杂交改良需要时，采用人工授精是一种极为有效的配种方法。人工授精也是育种羊场配种的首选方法。对于人工授精的操作技术，我们将在下面进行详细介绍。

❸ 人工授精技术

○ 人工授精技术在生产中的意义

1. 提高种公羊的配种效率，扩大配种母羊的头数

人工授精不仅有效地改变了羊的交配过程，更重要的是能够大大提高优秀种公羊的配种效率。公羊交配 1 次的射精量为 0.8～1.8 mL，每毫升精液中含有 25 亿～40 亿个精子，人工授精每只母羊输精剂量要求含有效精子数 0.85 亿～1 亿，如果以种公羊每

次采精量平均为1 mL计算，这样种公羊自然交配1只母羊的精液就可给20～40只母羊配种。

2. 加速杂交改良，促进育种进程

由于人工授精极大地提高了公羊的配种能力，从而使优秀种公羊配种母羊的只数大大增加，扩大良种遗传基因的影响，加速育种工作的进程。

3. 降低饲养管理费用

由于每头种公羊可配的母羊数增多，相应减少饲养公羊头数，降低了饲养管理费用。

4. 可防止各种疾病，特别是生殖道传染病的传播

由于采用人工授精技术使公、母羊不接触，且人工授精有严格的技术操作规程要求，使参加配种的公、母羊之间避免发生疾病的传播。

5. 提高母羊的受胎率

人工授精能克服公、母羊自然交配中因体格相差太大而不易交配或生殖道某些异常不易受胎的困难，又可便于发现繁殖障碍，以便采取相应的治疗措施减少不孕。人工授精所用的发情母羊，事先要经过发情鉴定，掌握配种适宜时机，所用的精液均经检查合格。因此，可使母羊的配种受胎率得到提高。

6. 扩大种公羊配种地区范围

保存的种公羊精液，尤其是冷冻精液，便于携带运输，可使母羊配种不受地区的限制和有效地解决无种公羊或种公羊不足地区的母羊配种问题。

该技术适于在养羊场、养羊大户、养羊专业村和广大牧区推广应用，是实现高效生产的一项重要繁殖技术。

○ 人工授精站的建设

1. 人工授精站建筑要求

人工授精站主要建筑包括采精室、输精室、检精室、母羊待配

圈、种公羊及试情公羊棚圈等。站内房屋多少与平面布置，可根据不同条件确定。采精室和输精室面积为 30～40 m^2，要求地面平整，采精室水泥地面应加防滑垫，室内光线充足，备有采精架和输精架，并附设喷洒消毒和紫外线照射杀菌设备。检精室要求面积为 8～10 m^2，要求屋顶、墙壁平整清洁，室温应保持在 18～25℃，并附设喷洒消毒和紫外线照射杀菌设备。室内应避免有各种药物的气味和煤气等，特别是用过的酒精棉球应放到有盖的容器内，防止其挥发而影响精子的活力。

2. 人工授精所需仪器、设备、物品及药品

人工授精站应准备的仪器、设备、物品及药品见表 2-2。

表 2-2　羊人工授精站所需主要仪器设备

序号	名称	规格	单位	数量
1	显微镜	300～600 g	架	1
2	蒸馏器	小型	套	1
3	天平	0.1～100 g	台	1
4	假阴道外壳		个	4
5	假阴道内胎		条	8～12
6	假阴道塞子(带气嘴)		个	6～8
7	玻璃输精器	1 mL	支	8～12
8	输精量调节器		个	4～6
9	集精杯		个	8～12
10	金属开膣器	大、小 2 种	个	各 2～3
11	温度计	100℃	支	4～6
12	寒暑表		个	3
13	载玻片		盒	1
14	盖玻片		盒	1～2
15	酒精灯		个	2
16	玻璃量杯	50 mL、100 mL	个	各 1
17	玻璃量筒	500 mL、1 000 mL	个	各 1
18	蒸馏水瓶	500 L、1 000 mL	个	各 1

续表 2-2

序号	名称	规格	单位	数量
19	玻璃漏斗	8 cm、12 cm	个	各 1～2
20	漏斗架		个	1～2
21	广口玻塞瓶	125 mL、500 mL	个	4～6
22	细口玻塞瓶	500 mL、1 000 mL	个	各 1～2
23	玻璃三角烧瓶	500 mL	个	2
24	洗瓶	500 mL	个	2
25	烧杯	500 mL	个	2
26	玻璃皿	10～12 cm	套	2
27	带盖搪瓷杯	250 mL、500 mL	个	各 2～3
28	搪瓷盘	20 cm×30 cm	个	2
29	搪瓷盘	40 cm×50 cm	个	2
30	钢精锅	27～29 cm，带笼屉	个	1
31	高压锅	28 cm	个	1
32	血球计数板		套	1
33	手握计数器		个	2
34	热水瓶	51 b、8 b	个	各 2
35	长柄镊子		把	2
36	剪刀	直头	把	2
37	吸管	1 mL	支	2
38	广口保温瓶	手提式	个	2
39	玻璃棒	0.2 cm、0.5 cm	支	200
40	药勺	角质	个	2
41	试管刷	大、中、小 3 种	个	各 2
42	滤纸		盒	2
43	擦镜纸		张	100
44	手刷		个	2～3
45	纱布	医用	kg	1
46	脱脂棉	医用	kg	1～1.5
47	试情布	30 cm×40 cm	条	30～50
48	搪瓷脸盆		个	4
49	手电筒	带电池	个	3
50	器械箱		个	2

续表 2-2

序号	名称	规格	单位	数量
51	耳号钳		把	2
52	耳标			若干
53	采精架		个	1
54	输精架		个	2
55	酒精	95%、500 mL	瓶	6～8
56	氯化钠	化学纯,500 g	瓶	1～2
57	碳酸氢钠或碳酸钠		kg	2.5～3
58	白凡士林		kg	1
59	高锰酸钾	500 g	瓶	1
60	碘酊	500 mL	瓶	1
61	新洁尔灭	500 mL	瓶	2
62	来苏儿	500 mL	瓶	2～3
63	碘酒		mL	200～300
64	其他			

○ 羊的人工授精技术

1. 采精

(1)采精前的准备。

①采精室(场)的准备。采精室地面用0.1%新洁尔灭溶液或3%～5%煤酚皂(来苏儿)或石炭酸溶液喷洒消毒,夜间打开紫外线灯消毒,工作服可在夜间挂在采精室进行紫外线消毒。

②台羊或采精台的准备。采精时,用发情良好的母羊作活台羊效果最好,有利于刺激种公羊的性反射。活台羊最好是健康、体壮、大小适中、性情温顺且发情征状明显的母羊。用不发情的母羊作台羊不能引起公羊性欲时,可先用发情的母羊训练公羊,然后再用不发情的母羊做台羊。也可利用假台羊采精,这种方法既方便又安全可靠,假台羊可用木材或金属材料制成,要求大小适宜,坚

实牢固，表面柔软干净，尽量模拟母羊的轮廓和颜色（图 2-1）。经过训练的公羊也可作台羊。采精前，将活台羊牵入采精架加以保定，然后彻底清洗其后躯，特别是尾根、外阴、肛门等部分，外阴部用 2%来苏儿消毒，并用干净抹布擦干。

图 2-1　假台羊

注：左为轻便的假母羊；右为底面观，显示采精用的假阴道

③公羊的准备。采精公羊要求符合种用标准。选择体质结实，结构匀称，生产性能高，生殖器官发育正常，有明显品种特征，精液品质良好的公羊作为种羊。种公羊除经外貌鉴定外，尚需根据父母、祖代系谱及后裔进行测定。选择个体育种值高的作为主配公羊。人工授精用的种公羊经综合鉴定，均应达到一级以上。种公羊的等级一般应高于母羊的等级。种公羊应重点加强饲养管理，除留作试情公羊外，对劣质公羊要全部去势。

公羊的准备还包括公羊的性准备。种公羊采精前性准备的充分与否，直接影响着精液的数量和质量。因此，在临采精前，均须以不同诱情方法使公羊有充分的性欲和性兴奋。一般采取让公羊在台羊附近停留片刻，进行几次假爬跨或观看其他公羊爬跨射精等方法，可增加性刺激强度，使公羊表现出较强烈的性行为。

利用假台羊采精，要事先对种公羊进行调教，使其建立条件反射。调教的方法有：在假台羊的后躯涂抹发情母羊的阴道黏液和尿液，公羊则会受到刺激而引起性兴奋并爬跨假台羊，经过几次采精后即可调教成功；或在假台羊旁边牵一发情母羊，诱使公羊进行爬跨,但不让其交配而把其拉下,反复多次,待公羊的性冲动达高峰时,迅速牵走母羊,令其爬跨假台羊采精;也可将待调教的公羊拴系在假台羊附近,让其目睹另一头已调教好的公羊爬跨假台羊,然后再诱其爬跨。在公羊调教过程中,要反复进行训练,耐心诱导,切勿施用强迫、恐吓、抽打等不良刺激,以防止性抑制而给调教造成困难。获得第 1 次爬跨采精成功后,还要经过几次反复,以便使公羊建立巩固的条件反射。此外,还要注意人、畜安全和公羊生殖器官的清洁卫生。

(2)采精方法(假阴道)。

①假阴道的准备。第一步是安装假阴道。检查所用的内胎有无损坏和沙眼。安装时先将内胎装入外壳,使光面朝内,并要求外露的两端等长,然后将内胎一端翻套在外壳上,依同法套好另一端,此时勿使内胎有扭转情况,并使其松紧适度,然后在两端分别套上橡皮圈固定之。用长柄镊子夹上 70%酒精棉球消毒内胎,从内向外旋转进行消毒,待酒精挥发后,再用生理盐水棉球多次擦拭。将消毒好的集精杯用生理盐水棉球多次擦拭,然后安装在假阴道的一端,如图 2-2 所示。第二步是灌注温水。左手握住假阴道的中部,右手用量杯或吸水球将温水(50～55℃)从灌水孔灌入,水量为外壳与内胎间容量的 1/2～1/3。实践中常以竖立假阴道,水达灌水孔即可。最后装上带活塞的气嘴,并将活塞关好。第三步是涂抹润滑剂。用消毒玻璃棒取少许经消毒的凡士林在假阴道装集精杯的对侧端涂抹一薄层,涂抹深度以假阴道长度的前 1/3～1/2 处为宜。第四步是检查假阴道温度、吹气加压。用消毒的温度计插入假阴道内检查温度,以采精时达 39～42℃为宜。若温度过高或过低,可用冷水或热水加以调节。当温度适宜时向夹层注入空气,使涂凡士林一端的内胎壁愈合,口部呈三角形裂隙为宜。最后用纱布盖好入口,准备采精。

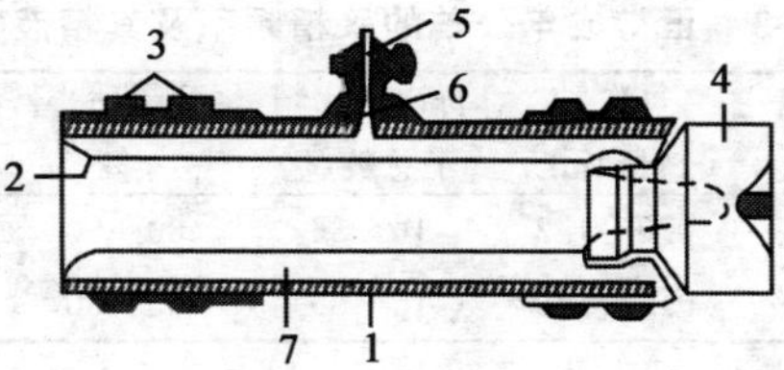

图 2-2　羊采精用假阴道

1. 外壳　2. 内胎　3. 固定胶圈　4. 集精杯

5. 气嘴　6. 灌水孔　7. 温水

②采精技术。采精人员右手握住假阴道后端，固定好集精杯（瓶），并将气嘴活塞朝下，蹲在台羊右后侧，让假阴道靠近母羊的臀部，在公羊跨上母羊背侧的同时，将假阴道与地面保持 35°～40°角迅速将公羊的阴茎引入假阴道内，切勿用手抓碰摩擦阴茎。若假阴道内温度、压力、润滑度适宜，公羊爬跨台羊后急速用力向前一冲即已射精，此时，顺公羊动作向后移下假阴道，集精杯一端向下，迅速将假阴道竖起，然后打开活塞上的气嘴，放出空气，取下集精杯，用集精杯盖盖好，做好标记，送精液检验室待检。

(3)采精频率。合理安排采精频率是维持公羊健康和最大限度采集精液的重要条件。采精频率要根据公羊精子产生的数量、储存量，每次射精量、精子活率、精子形态正常率和饲养管理水平等因素来决定。随意增加采精次数，不仅会降低精液品质，而且会造成公羊生殖机能降低和体质衰弱等不良后果。在生产上，公绵羊和公山羊射精量少而附睾储存量大，由于配种季节短，每天可采精多次，连续数周，不会影响精液质量，绵、山羊的适宜采精频率见表 2-3。对于常年采精公羊，采精频率通常为每周 2 天采精，每天采精 2 次。生产上所采精液样品中如出现未成熟精子、精子尾部近头端有未脱落的原生质滴、种公羊性欲下降等，都说明公羊采精次数过高，这时应立即减少或停止采精。

表 2-3 正常成年公羊的采精频率及其精液特性

品种	每周采精次数	每次射精量/mL	每次射出精子总数/亿	精子活率/%	正常精子数/%
绵羊	7～25	0.8～1.2	16～36	60～80	80～95
山羊	7～20	0.5～1.5	15～60	60～80	80～95

2.精液品质检查(评定)

(1)精液的外观检查。

①精液量。射精量是指公羊1次采精所射出精液的容积,可以用带有刻度的集精瓶(管)直接测出,绵、山羊公羊射精量如表2-3所列。当公羊的射精量太多或太少时,都必须查明原因。若射精量太多,可能是由于副性腺分泌物过多或其他异物(尿、假阴道漏水)混入所致;如过少,可能是由于采精技术不当、采精过频或生殖器官机能衰退所致。凡是混入尿、水及其他不良异物的精液,均不能使用。

②色泽与气味。正常精液呈乳白色或浅乳黄色,其颜色因精子浓度高低而异,乳白程度越重,表示精子浓度越高。若精液颜色异常,表明公羊生殖器官有疾病。如精液呈淡绿色表示混有脓汁;呈淡红色是混有血液;呈黄色是混入尿液等,诸如此类色泽的精液,应该废弃或停止采精。

精液一般无味。有的带有动物本身的固有气味,如羊精液略有膻味。任何精液若有异味,如尿味、腐败臭味时,应停止使用。

③云雾状。羊正常精液因精子密度大而呈混浊不透明状,肉眼观察时,由于精子运动翻腾滚滚如云雾状。精液混浊度越大,云雾状越显著,乳白色越浓,表明精子密度和活率也越高。

(2)显微镜检查。

①精子活率检查。精子活率是指精液中呈前进运动精子所占的百分率。只有具有前进运动的精子才可能具有正常的生存能力和受精能力。精子活率与母羊的受胎率密切相关,是目前评定精

液品质优劣的重要指标之一。一般鲜精子活率在0.6以下不可用于配种。

常用的检查方法是目测评定法，通常采用光学显微镜放大200～400倍，对精液样品进行目测评定。可在普通的玻璃片上滴一滴精液，然后用盖玻片均匀盖着整个液面，做成压片检查标本放在显微镜下目测评定。也可采用精液检查板法，精液检查板是由日本西川义正等人设计的，可使被检查的精液样品厚度均匀地保持在50 μm，因此观察时不易产生误差。使用时将精液滴在检查板中央，过量的精液将会自动流向四周，再盖上盖玻片，即制成检查标本。羊的原精液密度大，可用生理盐水、5%的葡萄糖溶液或其他等渗稀释液稀释后再进行制片。

精子的活动受室内温度影响极大。温度高了，活动加快；温度低了，则活动减弱。因此，检查时要求室温应保持在18～30℃之间，显微镜放在周围温度为37～38℃的保温箱内或恒温台上进行。

精子运动方式可分为直线前进运动、旋转运动、摆动运动3种，精子的直线前进运动最有利于受精。评定精子活率时就是以精液中精子直线前进运动的百分比来衡量。

②精子密度检查。精子密度通常是指每毫升精液中所含精子数。根据精子密度可以计算出每次射精量中的总精子数，再结合精子活率和每个输精量中应含有效精子数，即可确定精液合理的稀释倍数和可配母羊的只数。因此，精子的密度也是评定精液品质优劣的主要指标。但一般只需在采精后对新鲜的原精液作1次性密度检查即可。

目前测定精子密度的主要方法有目测法、血细胞计数法和光电比色测定法。目测法(又称估测法)——是在检查精子活率时同时进行，在显微镜下可根据精子稠密程度，分为密(25亿以上/mL)、中(20亿～25亿/mL)、稀(20亿以下/mL)3级，如图2-3所示。“密”指在视野中精子之间距离小于一个精子的长度;“中”指在视野中精子之间距离大约等于一个精子的长度;“稀”指在视野中精子之间距离大于一个精子的长度。

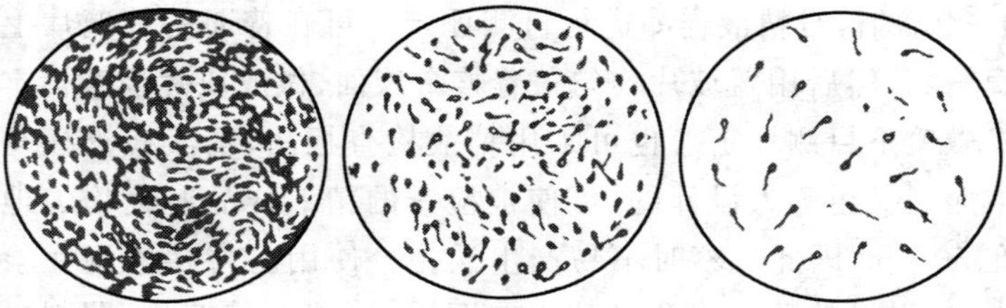

图 2-3　羊精子密度示意图

血细胞计数法——采用该法计算精子与计算血液中红细胞、白细胞的操作方法相类似。这是一种比较准确地测定精子密度的方法,且设备比较简单,但操作步骤较多,故一般也只对公羊精液品质作定期检查时采用。其操作方法如下:用红血细胞吸管吸至“0.5”刻度,然后再吸入 3%氯化钠溶液至“100”刻度,稀释 200 倍。以拇指及食指分别按住吸管的两端,充分摇动使精液和 3%氯化钠溶液混合均匀,然后弃去吸管前端数滴,将吸管尖端放在计算板与盖玻板之间的空隙边缘,使吸管中的精液流入计算室,充满其中。在 400～600 倍显微镜下观察,用计数器数出 5 个大方格内精子数。计算时以精子头部为准,在方格四边线条上的精子,只计算上边和左边的,避免重复。选择的 5 个大方格,应位于一条直角线上或四角各取一个,再加上中央一个。求得 5 个大方格的精子总数后,乘上 1 000 万,即可得每毫升精液所含精子数。

光电比色计精子密度测定法——美国 Sa Lisbury 等 1943 年以后研究应用此法,其原理是精子密度越高,其精液越浓,以至透光性越低,从而使用光电比色计通过反射光或透射光能准确地测定精液样品中的精子密度。目前世界各国已较普遍应用于牛、羊精子密度的测定。其优点是准确、快速、使用精液量少，仪器价格一般，经久耐用，操作简便，一般技术人员均可掌握。其方法是事先将原精液稀释成不同倍数，并用血细胞计计算其精子密度，从而制成已知系列各级精子密度的标准管，然后使用光电比色计测定其透光度，根据透光度求出每相差1％透光度的级差精子数，编制成精子密度查数表备用。一般检测精液样品时，只需将原精液按1∶(80～100)的比例稀释后，先用光电比色计测定其透光值，然后根据透光值查对精子密度查数表，即可从中找出其相对应的精子密度值。

③精子形态检查。精子的形态正常与否与受胎率有着密切的关系。如果精液中形态异常的精子所占的比例过大，不仅影响受胎率，甚至可能造成遗传障碍，所以有必要进行精子形态的检查。特别是冷冻精液，对精子的形态检查更有必要。精子形态检查有畸形率和顶体异常率2种检查指标。

畸形精子一般分4类：头部畸形，如头部巨大、瘦小、细长、圆形、轮廓不明显、褶皱、缺损、双头等；颈部畸形，如颈部膨大、纤细、曲折、不全，带有原生质滴、不鲜明、双颈等；体部畸形，如体部膨大、纤细、不全，带有原生质滴、弯曲、曲折、双体等；尾部畸形，如尾部弯曲、曲折、回旋、短小、长大、缺损、带有原生质滴、双尾等。正常精子及各类型畸形精子如图2-4所示。一般头、颈部畸形较少，体、尾部畸形较多。精液中有大量畸形精子出现，可能是因为精子在生成过程中受到破坏，或副性腺及尿道分泌物有病理变化，或者是由于精液射出至检查或保存过程中，因没有遵守技术操作规程使精子受到外界不良影响。一般绵、山羊品质优良的精液，其精子畸形率不超过14％，普通的也不能超过20％，超过20％以上者，则会影响受胎率，不宜用做输精。畸形精子检查方法是：先将精液用生理盐水或稀释液适当稀释后，做涂片；干燥后，浸入96％酒精或5%福尔马林中固定2～5 min,用蒸馏水冲洗;阴干后可用伊红(美蓝、龙胆紫、红墨水也可以)染色2～5 min用蒸馏水冲洗即可,放在600～1 500倍显微镜下检查,检查精子总数不少于300个。畸形精子率的计算为畸形精子占计算总精子数的百分比。在日常精液检查中,不需要每天检查,只有在必要时才进行。

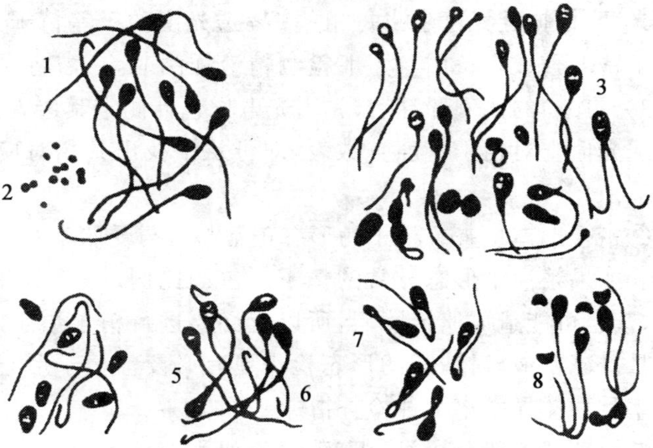

图2-4 畸形精子类型图

1.正常精子 2.脱落的原生质滴 3.各类畸形精子 4.精子头尾分离
5、6.带原生质滴精子 7.尾弯曲精子 8.脱落顶体

精子顶体异常率是影响绵、山羊冷冻精液人工授精受胎率的重要因素之一。同畸形率检查一样制成抹片,待自然干燥后在福尔马林磷酸固定液中固定15 min,水冲洗后用姬姆萨缓冲液染色1.5～2.0 h,再用水冲洗干燥后,用树脂封装,置于1 000倍以上普通显微镜下随机观察500个精子(最少不得少于200个),即可计算出顶体异常率。顶体异常一般表现有膨胀、缺损、部分脱落和全部脱落等情况(图2-5)。

3.精液的稀释

(1)精液稀释的目的。绵、山羊的精液密度大,一般1 mL原

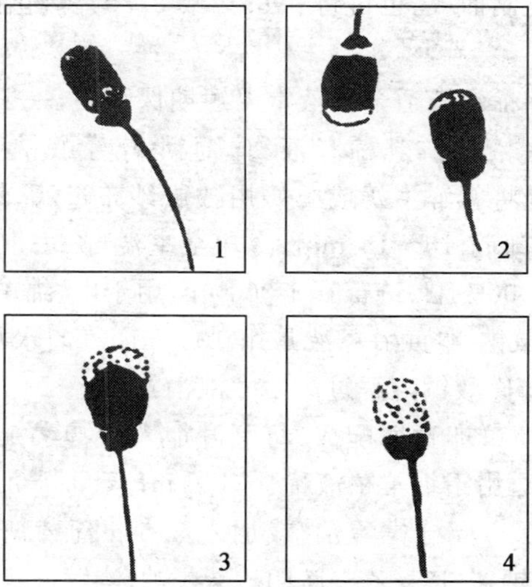

图 2-5　精子顶体异常图

1. 正常顶体　2. 顶体膨胀　3. 顶体部分脱落　4. 顶体全部脱落

精液中约有 25 亿个精子，但每次配种，只要输入有效精子数不少于 2 000 万个就可使母羊正常受胎。精液稀释不仅可以扩大精液量，增加可配母羊只数，更重要的是稀释液可以中和副性腺的分泌物，缓解对精子的损害作用，同时供给精子所需要的营养，为精子生存创造一个良好的环境，从而达到延长精子存活时间、便于精液的保存和运输的目的。

(2)稀释液的种类和配制方法。根据稀释液的性质和用途，稀释液可分为现用稀释液、常温保存稀释液、低温保存稀释液和冷冻保存稀释液 4 类。

现用稀释液以扩大精液容量、增加配种头数为目的，适用于采精后立即稀释并输精用。在牧场、农村饲养种公羊的单位开展人工授精可采用这种稀释液。现用稀释液以简单的等渗糖类和奶类物质为主体配制而成，也可将 0.85%或 0.89%氯化钠溶液高压灭菌后使用。

常温保存稀释液适合精液常温短期保存用，一般 pH 值较低。常温保存稀释液有鲜乳稀释液、葡萄糖-柠檬酸钠-卵黄稀释液。鲜乳稀释液是将新鲜牛奶或羊奶用数层纱布过滤，然后水浴加热至 92～95℃，维持 10～15 min，冷却至室温，除去上层奶皮，每毫升加青霉素 1 000 IU、链霉素 1 000 μg，用于山、绵羊精液的稀释。葡萄糖-柠檬酸钠-卵黄稀释液是用 100 mL 蒸馏水加 3 g 无水葡萄糖、1.4 g 柠檬酸钠溶解过滤后煮沸消毒 15～20 min，降至室温加入 20 mL 新鲜卵黄而配成，每毫升加入青霉素 1 000 IU、链霉素 1 000 μg，适用于绵羊精液稀释；100 mL 蒸馏水加 5 g 乳糖、3 g 无水葡萄糖、1.5 g 柠檬酸钠、或加入 5.5 g 葡萄糖、0.9 g 果糖、0.6 g 柠檬酸钠、0.17 g 乙二胺四乙酸二钠，溶解过滤消毒冷却后每毫升加青霉素 1 000 IU、链霉素 1 000 μg，适用于山羊精液稀释。

低温保存稀释液适于精液低温保存用，其成分较复杂，多数含有卵黄和奶类等抗冷休克作用物质，还有的添加甘油或二甲基亚砜等抗冻害物质。绵羊精液保存稀释液配方为 10 g 奶粉加 100 mL 蒸馏水配成基础液；取 90%基础液和 10%卵黄再加上 1 000 IU/mL 青霉素和 1 000 μg/mL 双氢链霉素制成稀释液。山羊精液保存稀释液配方为：葡萄糖 0.8 g，二水柠檬酸钠 2.8 g，加蒸馏水 100 mL 配成基础液，取 80%基础液、20%卵黄、青霉素 1 000 IU/mL、双氢链霉素 1 000 μg/mL，配成稀释液。徐刚毅等用葡萄糖-卵黄-柠檬酸低温保存稀释液保存波尔山羊精液 49 h 后活力仍可达 60%。茆干达等对影响波尔山羊精液低温保存效果因素研究结果表明，卵黄的加入不利于精液的保存，组分为不含卵黄的 Tris-柠檬酸稀释液低温保存的精子有效存活时间显著好于含有卵黄的葡萄糖-乳糖-柠檬酸钠-卵黄及葡萄糖-柠檬酸钠-乙二胺四乙酸铵-卵黄低温保存稀释液；同时研究结果还表明，在稀释液中添加50 μg/mL,恩诺沙星比添加青、链霉素对精液保存效果要好;此外,还发现在稀释液中添加抗氧化剂褪黑激素和SOD可延长精子存活时间。可见羊低温保存稀释液的配方仍待进一步深入研究。

冷冻保存稀释液一般含有低温保护剂(卵黄、牛奶或脱脂奶粉)、抗冻保护剂(甘油、乙二醇等)、维持渗透压物质(糖类、柠檬酸钠、Tris、EDTA、柠檬酸等)、抗生素(青、链霉素或硫酸庆大霉素等)及其他添加剂。配制方法根据制作冷冻精液剂型的不同,将其分为4种不同的类型,即基础液、Ⅰ液、Ⅱ液和稀释液。制作颗粒冷冻精液需配制基础液、Ⅰ液、Ⅱ液3种,制作细管冷冻精液需配制基础液、稀释液2种。

(3)稀释方法和倍数。

①稀释方法。精液稀释的温度要与精液的温度一致,在20～25℃时进行稀释。将与精液等温的稀释液沿精液瓶壁缓缓倒入,用经消毒的细玻璃棒轻轻搅匀。如作20倍以上高倍稀释时,应分2步进行,先加入稀释液总量的1/3～1/2作低倍稀释,稍等片刻后再将剩余的稀释液全部加入。稀释完毕后,必须进行精子活力检查,如稀释前后活力一样,即可进行分装与保存。

②稀释倍数。精液进行适当倍数的稀释可以提高精子的存活力。绵、山羊的精液一般稀释比例为1∶(20～40);精子密度在25亿以上的精液可以1∶(40～50)的比例稀释。根据试验,以1∶10稀释的常温山羊精液受胎率达95.16%,甚至以1∶20、1∶30、1∶40、1∶50、1∶80、1∶100等6种稀释比例,输精后的情期受胎率均在80%以上。其中1∶(20～40)的情期受胎率达91.74%～97.23%,1∶(50～100)的情期受胎率达81.82%～89.38%。

4.精液的保存和运输

(1)精液的保存。精液保存可暂时抑制或停止精子的运动,降低其代谢速度,减缓其能量消耗,以达到延长精子存活时间而又不至于使其丧失受精能力。精液的保存方法,一般可按保存温度分为常温（15～25℃）保存、低温（0～5℃）保存、冷冻（－79℃或－196℃）保存等。

①常温保存。常温保存温度为15～25℃，允许温度有一定的变动幅度，所以也称变温保存或室温保存。常温保存无需特殊的温控和制冷设备，比较简便。特别是绵羊精液采用常温保存，比低温或冷冻保存的效果相对较好。一般绵、山羊精液常温保存48 h后，活率仍可达原精液活率的70%。其缺点则是保存时间较短。保存方法是将稀释后的精液装瓶密封，用纱布或毛巾包裹好，置于温度为15～25℃中避光保存。通常采用隔水保温方法处理。也可将贮精瓶直接放在室内、地窖或自来水中保存。

②低温保存。是将按低温保存稀释后的精液置于0～5℃的低温条件下保存。一般是放在冰箱内或装有冰块的广口保温瓶中冷藏。在这种低温条件下，精子活动受到抑制，降低其代谢和能量消耗，抑制微生物生长，以达到延长精子存活时间的目的。当温度回升后，精子又恢复正常代谢机能并维持其受精能力。

低温保存精液的方法，首先是进行降温处理。精子发生冷休克的温度是0～10℃。稀释后的精液，为避免精子发生冷休克，必须采取缓慢降温方法，从30℃降至5.0℃时，每分钟下降0.2℃左右为宜，整个降温过程需1～2 h完成。方法是将分装好的精液瓶用纱布或毛布包缠好，再裹以塑料袋防水，置于0～5℃低温环境中存放，也可将精液瓶放入30℃温水的容器内，一起置放在0～5℃低温环境中，经1～2 h，精液温度即可降至0～5℃。最常用的保存方法是将精液放置在冰箱内保存，也可放入加冰块的广口瓶内保存；或者在广口瓶里盛有化学制冷剂（如尿素、硫酸铵等）的凉水内；还可吊入水井深处保存。无论哪种方法，均应注意维持温度的恒定。低温保存的精液在使用前要进行升温处理。升温的速度对精子影响较小，故一般可将贮精瓶直接投入30℃温水中即可。

③冷冻精液保存。精液的冷冻保存解决了精液长期保存和运

输困难的问题，可以极大地提高优良种公羊的利用率，加速良种推广步伐。将精液用冷冻稀释液稀释后经精液的平衡（1～5℃条件下静置平衡 2～4 h），然后用液态氮冻制颗粒或细管冻精，放在液氮贮精罐内备用。在储存期间，如不取用精液，不要随便打开罐盖。同时，还需定期检查罐内液氮消耗量，不足 60％时，即应及时补充液氮。

（2）精液的运输。对于冷冻精液可用液氮罐进行运输。但目前由于羊冷冻精液存在受胎率普遍偏低的问题，难以在生产中推广应用，故生产中目前仍以液态精液人工授精为主。但液态精液运输较冷冻精液运输更为困难。这里介绍一种用塑料细管盛装和运输液态精液的简便方法。运输精液的细管可用内径 0.3 cm、长 20 cm 的灭菌软塑料管，每管装稀释精液 0.44～0.5 mL，在酒精灯上将细管两端加热，待管端熔化时，用镊子夹一下，将两端密封。运输距离在 1～2 h 的路程时，可用干净的毛巾或软纸包起来，装在运输人衣袋内带走。输精时，将精液细管一端的封口剪开，沿阴道上壁插入母羊阴道底部，再将另一端剪开，精液就会流入发情母羊的阴道，保持 1～2 min 后放开母羊。应注意的是，不能沿阴道下壁插入，否则有可能将细管插入尿道。如果运输距离在 4～6 h 的路程时，就要将装有精液的细管放入盛有凉水和冰块的保温瓶中运输，到达目的地后，从保温瓶中取出细管，使温度回升，按上述方法输精。

液态精液运输时应注意以下事宜：盛装精液的器具应安放稳妥，做到避光、防湿、防震、防撞；运输途中，必须维持精液保存的温度恒定，切忌温度升降变化；运输精液应附有精液运输单，其内容包括发放的站名、公羊品种和羊号、采精日期、精液剂量、稀释液种类、稀释倍数、精子活率和密度等。

5. 母羊的发情鉴定

（1）外部观察法。主要观察母羊外部表现和精神状态，从而判断其是否发情和发情程度。发情母羊常表现为兴奋不安,对周围外界的刺激反应敏感,常鸣叫,举尾弓背,频频排尿,食欲减退,放牧的母羊离群独自行走,喜主动寻找和接近公羊,愿意接受公羊交配,并摆动尾部,后肢叉开,后躯朝向公羊,当公羊追逐或爬跨时站立不动。泌乳母羊发情时,泌乳量下降,不照顾羔羊。羊的发情期短,外部表现不明显,因此常结合试情法进行发情鉴定。

(2)试情法。此法是根据母羊对试情公羊的反应行为来判定是否发情。发情时,母羊通常表现为愿意接近公羊,弓腰举尾,后肢开张,频频排尿,有求配动作等;而不发情或发情结束后则表现为远离公羊,当强行牵拉接近时,往往会出现躲避行为,甚至踢、咬等抗拒行为。这种方法简易可行,有相当高的准确性,除此之外,试情公羊还能起促进母羊发情和排卵的作用。在配种期内,每天定时(清晨1次或上、下午各1次)将试情公羊放入母羊群中,让公羊自由接触母羊,将接受公羊爬跨或被试情公羊追赶的发情母羊及时抓出,但不让试情公羊与母羊交配。

试情公羊一般选用2～4岁体质健壮、性欲旺盛、无恶癖的非种用公羊。试情公羊的头数为母羊数的3%～5%。试情时可分批轮流使用。试情公羊处理可采用试情布法、切除输精管法、睾酮处理羯羊等。

试情布法是取长60 cm、宽40 cm的细软白布一块,四角缝上布带,拴在试情公羊腰部,将阴茎兜住,不影响公羊行动、爬跨和照常射精,但阴茎被试情布兜住,不能与母羊直接交配。每次试情完毕,要及时解下试情布,洗净晾干。

切除输精管法是选择1～2岁健康公羊,在4～5月份进行手术。

睾酮处理法是将由于睾丸被摘除而不再表现性行为的公羊利用注射或埋植睾酮方法加以处理,从而引发羯羊恢复雄性行为,但不具有精子发生过程,可以作试情公羊用,试情利用强度不如前2

种方法。可选择适宜的1岁以上羯羊，皮下注射150 mg丙酸睾酮，每周1次，连续3次。如果计划配种全期使用，每隔2周再补充注射1次，剂量仍为150 mg。

(3)阴道检查法。这种方法是应用阴道开张器或扩张筒插入母羊阴道，观察其阴道黏膜的色泽和充血程度、子宫颈的弛缓状态、子宫颈外口开口的大小和黏液的颜色、分泌量及黏稠度等，以判断母羊的发情程度。在检查时，器械要经灭菌消毒，插入时要小心谨慎，以免损伤阴道壁。由于基础学科的发展，阴道检查法所凭借的不少生理性状得到了科学的验证，如黏液的涂片结晶法已成为独立的发情鉴定方法。阴道的周期性充血认为是与排卵有一定联系。有的性状如子宫颈管开放程度的变化可作为很好的判断依据。再结合其他性状变化可以提高发情鉴定的准确性。但是这种方法因不能准确地判断母羊的排卵时间，只能是在必要时作为辅助性的检查手段。

6. 输精

(1)输精前的准备。

①母羊准备。将发情母羊两后肢搭在输精室内离地高度为50 cm左右的横杠式输精架上或站立在输精坑边。若无输精架或输精坑时可由工作人员保定母羊，其方法是工作人员倒骑在羊的颈部，用双手握住羊的两后肢飞节上部并稍向上提起，以便于输精。在输精前先用0.01%高锰酸钾或2%来苏儿消毒输配母羊外阴部，再用温水洗掉药液并擦干，最后以生理盐水棉球擦拭。

②器械准备。各种输精用具在使用之前必须彻底洗净消毒，用灭菌稀释液冲洗。玻璃和金属输精器，可置入高温干燥箱内消毒或蒸煮消毒。阴道开张器及其他金属器材等用具，可高温干燥消毒，也可浸泡在消毒液内或利用酒精火焰消毒。

输精枪以每头母羊一支为宜。当不得已数头母羊用一只输精枪时，每输完一头后，先用湿棉球(或卫生纸或纱布块)由尖端向后擦拭干净外壁，再用酒精棉球涂擦消毒，其管内腔先用灭菌生理盐水冲洗干净，后用灭菌稀释液冲洗方可再使用。

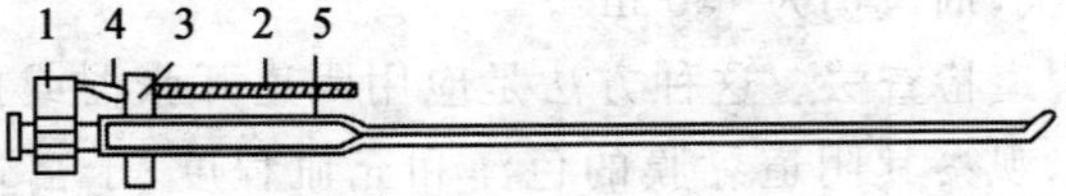

图 2-6　羊用注射输精器

1. 注射器活塞夹　2. 刻度板　3. 注射器圆筒夹　4. 螺旋转轮　5. 容量 2 mL 羊用导管注射器

③精液准备。用于输精的精液，必须符合羊输精所要求的输精量、精子活率及有效精子数等。

④人员准备。输精人员要身着工作服，手洗干净后以 75%酒精消毒，待酒精完全挥发干再持输精器。

(2)输精的要求。

①输精时间。母羊输精时间一般在发情后 10～36 h。在生产上，一般早晨发现母羊发情，可在当天下午输精；傍晚发现母羊发情，可于第二天上午输精。为提高母羊受胎率，可第 1 次输精后间隔 12 h 再输精 1 次，此后若母羊仍继续发情，可再输精 1 次。

②输精量。原精液可为 0.05～0.1 mL，稀释后精液或冷冻精液应为 0.1～0.2 mL。要求每个输精剂量中有效精子数应不少于 2 000 万个。

③输精方法。将发情母羊两后肢搭在输精室内离地高度 50 cm 左右的横杠式输精架上（图 2-7）或站立在输精坑边（图 2-8）。若无输精架或输精坑时可由工作人员保定母羊，其方法是工作人员倒骑在羊的颈部，用双手握住羊的两后肢飞节上部并稍向上提起，以便于输精。输精时将开膣器插入阴道深部，之后旋转 90°，开启开膣器寻找子宫颈口，如果在暗处输精，要用额灯或手电筒光源辅助。开膣器开张幅度宜小（2～3 cm），从缝里找子宫颈口

较容易;否则,开张越大,刺激越大,羊努责,越不易找到子宫颈口。子宫颈口的位置不一定正对阴道,但其在阴道内呈一小突起,附近黏膜充血而颜色较深。找到子宫颈口后,将输精器插入子宫颈口内 1～2 cm 处将精液缓缓注入。有些羊需用输精器前端拔开子宫颈外口上、下 2 片或 3 片突起皱襞方可将输精器插入子宫颈口内。若子宫颈口较紧或不正者,可将精液注到子宫颈口附近,但输精量应加大 1 倍。输完精后先将输精器取出,再将开膣器抽出。

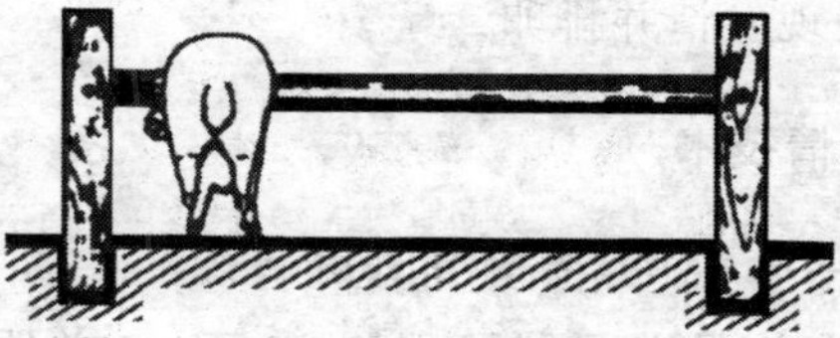

图 2-7　母羊在横杠式输精架上

图 2-8　对母绵羊进行凹坑输精示意图

注意,输精瞬间,应缩小开膣器开张程度,减少刺激,并向外拉 1/3,使阴道前边闭合,容易输精。输精完毕母羊在原保定位置停留一会儿再放开,将母羊赶走。输精总的原则要求做到"适时"、"深部"、"慢插"、"轻注"、"稍站"十字。

❹ 发情控制技术

发情控制技术包括同期发情技术和诱导发情技术。发情控制技术的目的是使母羊在特定的时间发情并进行配种。同期发情技术是通过人为干预母羊自然发情周期，使群体母羊发情同期化。诱导发情技术则是针对个体而言，人工诱导处于非繁殖季节（乏情季节）的母羊表现发情并排卵。

○ 同期发情技术

1. 孕激素＋孕马血清＋氯前列烯醇法

给空怀母绵羊阴道埋植孕酮栓 16 天，山羊阴道埋植孕酮栓 20 天，可于羊发情周期的任何一天埋植。将埋植之日作为 0 天，绵羊于孕酮栓埋植的第 14 天，山羊于孕酮栓埋植的第 18 天，每只羊肌肉注射孕马血清（PMSG）200～250 IU。在撤栓时每只羊颈部肌肉注射氯前列烯醇（PG）0.1 mg。此方法最大的优点是母羊发情集中程度高，绵羊撤栓 48 h 的发情率可达 90%，山羊可达 95%以上。

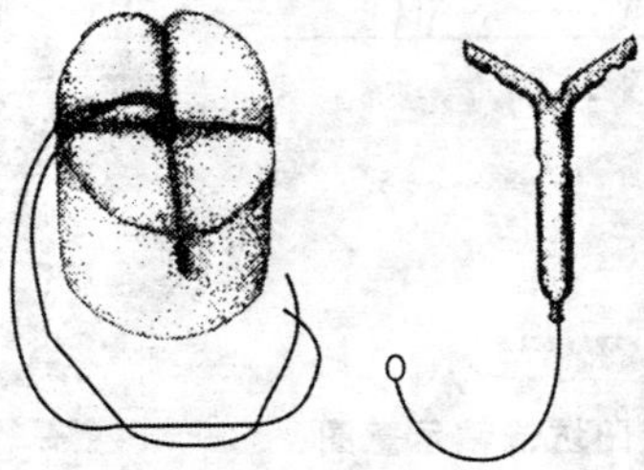

A.海绵栓　　B.CIDR

图 2-9　孕酮栓

目前所使用的孕酮栓主要有两种：一种是呈圆柱状的海绵栓（图 2-9A），一种是呈“Y”字形的 CIDR（图 2-9B）。CIDR 较海绵栓对孕酮具有更强的缓释作用，因此，用 CIDR 对绵羊、山羊进行同期发情处理均不需要中途换栓。但若是采用海绵栓对山羊进行同期发情，需要在埋栓 10 天时换栓一次，而绵羊由于埋植时间较山羊短，可以中途不换栓。但 CIDR 的价格较海绵栓高。

阴道栓可采用埋栓器将其送入母羊阴道内。埋栓器由一导入管和推杆组成外管前端截成斜面,并将斜面后端的管壁挖一缺口,以便于用镊子将海绵栓置于外管前端。推杆略长于导入管,是一个较导入管细的中空管。埋栓时,将送栓导入器浸入消毒液消毒,从导入管前端之后的缺口处将阴道栓放入导入管前端,具体操作程序见图 2-10。保定母羊呈自然站立姿势,将导入管连同推杆倾斜 20°,缓缓插入阴道 10～15 cm 处,用推杆将阴道栓推入子宫颈外口处。将导入管和推杆一并退出,细线引至阴门外,阴门外细线长度保留 15～20 cm(图 2-11)。如果连续给母羊埋栓,导入管抽出浸入消毒液消毒后可以继续使用。

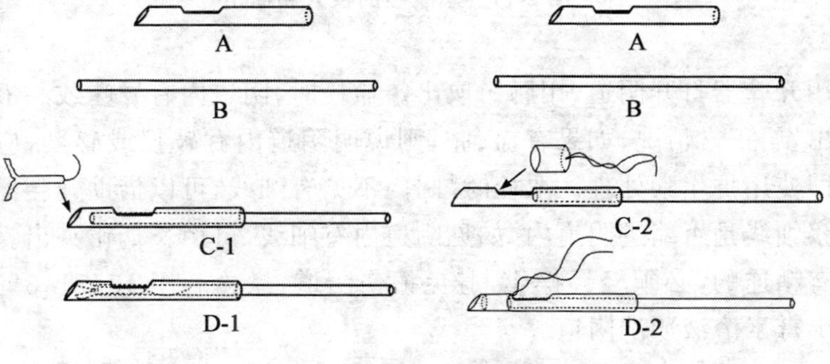

图 2-10　将孕酮栓装入埋植器

A. 导入管　B. 推杆　C. 指示孕酮栓放入导入管的方向　D. 孕酮栓装进导入管

也可使用肠钳埋栓,方法是将母羊固定后,用开腔器打开阴道,用肠钳将含有抗生素的自制阴道栓放入阴道内 10～15 cm 处,使阴道栓的线头留在阴道外即可。幼龄处女羊阴道狭窄,应用埋栓器若有困难,可改用肠钳法,甚至用手指海绵栓直接推入阴道内。埋栓时,应当避免现场尘土飞扬,以免污染阴道栓。母羊埋栓期间,若发现阴道栓脱落,要及时重新埋植。

撤栓时,用手拉住线头缓缓向后下方拉,直至取出阴道栓,或

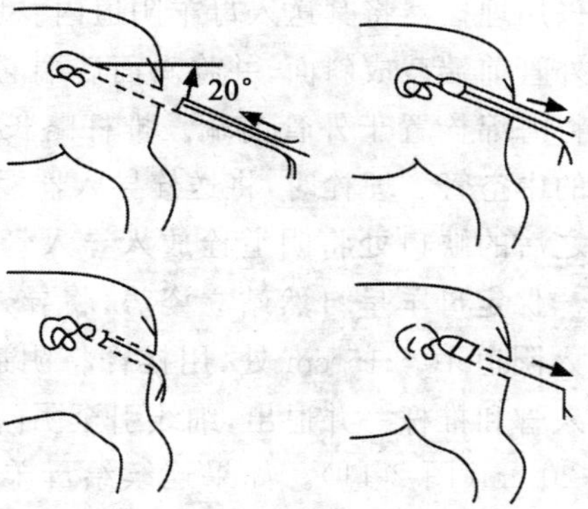

图 2-11 孕酮栓的植入和撤出

用开膣器打开阴道，用肠钳取出。撤栓时，阴道内有异味或黏液流出，属正常情况，如果有血、脓，则说明阴道内有破损或感染，应立即使用抗生素处理。取栓时，阴门不见有细线，可以借助开膣器观察细线是否缩进阴道内，如见阴道内有细线，可用长柄钳夹出。遇有粘连的，必须轻轻操作，避免损伤阴道，撤栓后用 10 mL 3%的土霉素溶液冲洗阴道。

2. 孕激素＋氯前列烯醇法

给空怀母绵羊阴道埋植孕酮栓 16 天，山羊阴道埋植孕酮栓 20 天。在撤栓(第 16 天)时颈部肌肉注射 PG，剂量为 0.1 mg/只。该法的母羊发情集中程度略低于孕激素＋孕马血清＋氯前列烯醇法，但由于该法未使用 PMSG，因此，药品成本低于孕激素＋孕马血清＋氯前列烯醇法。

3. 前列腺素法

方法是给每只母羊注射氯前列烯醇 0.05～0.1 mg，注射后 2～3 天母羊发情率可达 60%左右。为了提高母羊的同期发情率，第一次发情的母羊可不参加配种。可于第一次给母羊注射氯前列烯醇后 10～14 天再注射一次氯前列烯醇，注射剂量同第一次。于第二次注射后 2～3 天，母羊发情率可达 90%以上。需要注意的是，该法只对正处于繁殖季节（具有自然发情周期）的母羊有效，对处于非繁殖季节或乏情期的母羊没有效果。

另外，单纯给母羊注射雌激素，如雌二醇、雌酮、雌三醇以及合成激素己烯雌酚和苯甲酸雌二醇等，也可以诱导乏情母羊有发情表现。但采用这种处理而发情的母羊，卵巢上并不发生卵泡的破裂排卵，因而母羊配种或人工授精后的受孕率很低。若希望母羊同期发情后可配种受孕，不建议采用注射雌激素或三合激素进行同期发情处理。

○ 诱导发情技术

1. 生殖激素法

对于季节性或生理性乏情的母羊，诱导其发情可采用孕激素＋孕马血清＋氯前列烯醇法，具体方法与同期发情技术相同。为提高诱导发情母羊的配种受胎率，可于配种时肌注适量的 LRH-A_3 或 LH。

2. 公羊效应

此法是将公母羊在繁殖季节分群隔离饲养 1 个月之后再混群饲养，大多数母绵羊在放入公羊后 24 天，母山羊为 30 天可表现发情。此法较药物诱导发情的同期化程度相对低，但方法简单，且不增加药费开支。

❺ 胚胎移植技术

○胚胎移植的意义

羊胚胎移植技术，其目的是利用良种或优秀个体母羊作胚胎移植的供体进行超数排卵处理，使其尽可能生产多的胚胎，以生产性能差的品种母羊为胚胎移植的受体，通过“借劣质母羊之腹怀优秀个体之胎”，从而达到快速扩繁良种后代的目的。胚胎移植的好处在于它可以迅速扩大优良种羊的后代，提高群体品质；有利于种羊优良性状的保存，将活畜保种改为胚胎保种，保存时间长；减少种公羊后裔测定所需的时间，缩短世代间隔；减少活体运输的费用及危险，有利于种畜交流。

○胚胎移植的技术程序

1. 供、受体的选择与准备

供体母羊应具有优良的遗传特性和较高的育种价值，为空怀、健康的成年或周岁以上母羊，膘情适中，经血液检查和检疫证明确无布氏杆菌病、结核、副结核、蓝舌病、传染性鼻气管炎等疫病。生殖系统机能正常。若有卵巢炎、卵巢囊肿和子宫炎等疾病，或屡配不孕羊均不能用做供体。受体母羊应为数量大、价格便宜、体型较大的地方品种，要求个体健康、无生殖道疾病的成年经产母羊，且膘情较好。波尔山羊胚胎移植供、受体比例在 1∶15 左右，绵羊在 1∶10 左右。

2. 供体羊超数排卵

(1)超数排卵及其意义。在母羊发情周期某一时期，用外源促性腺激素对母羊进行处理，促使母羊卵巢上多个卵泡同时发育，并且排出多个具有受精能力的卵子，这一技术称为超数排卵，简称“超排”。

肉羊，特别是肉用绵羊，在自然状态下以单胎为多，双胎率及多胎率随品种的不同而有很大的差异。同时，供体羊通常都是通过选择的优良品种或生产性能好的个体，因此通过超数排卵，充分发挥其繁殖潜力，使其在生殖年龄尽可能多地留一些后代，从而更好地发挥其优良的生产性能，生产实践意义很大。

(2)超数排卵处理技术方案。胚胎移植的超数排卵应在每年最佳繁殖季节进行效果较好。对供体羊超数排卵开始处理的时间,应在自然发情或诱导发情的情期第12～13天进行,山羊可在第17天开始。超数排卵所用药物为促卵泡素(FSH)和马血清促性腺激素(PMSG),辅助激素常用孕酮、促黄体素(LH)、人绒毛膜促性腺激素(hCG)和促性腺激素释放激素(GnRH)。

3. 受体羊的同期发情

常用方法有孕激素阴道栓塞法和前列腺素注射法2种。

(1)孕激素阴道栓塞法。是将孕激素阴道栓放置于母羊子宫颈外口处,绵羊放置12～14天后,山羊放置16～18天后,取出阴道栓,2～3天后处理母羊发情率可达90%以上。

(2)前列腺素法。方法是间隔10～14天给母羊连续注射2次前列腺素,每次注射剂量为0.05～0.1 mg,第2次注射后2～3天母羊发情率可达90%以上。

4. 胚胎的收集

常用的胚胎收集方法为手术法,分为输卵管法和子宫法2种。

①输卵管法。以发情日为0天,在2～3天用手术法从输卵管收集胚胎。用7号针头带胶皮管作为冲卵管,将其一端由输卵管伞部的喇叭口插入2～3 cm深处,用纯圆的夹子固定,另一端接集卵皿。用20 mL或30 mL注射器,吸37℃冲胚液5～10 mL,在子宫角靠近输卵管的部位,将针头朝输卵管方向扎入,一人操作,一只手在针头后方捏紧子宫角,另一只手推注射器,冲胚液由子宫与输卵管结合部流入输卵管,经输卵管流入集卵皿(图2-12A)。

该法的优点是胚胎的回收率高,冲胚液用量少,检卵省时间。缺点是容易造成输卵管特别是伞部的粘连。

②子宫法。以发情日为0天,在6～7天用手术法从子宫收集胚胎。用手术法取出子宫,在子宫角基部扎孔,将冲卵管插入,用注射器注入4～8 mL气体,借助冲卵管气囊将冲卵管一端固定于

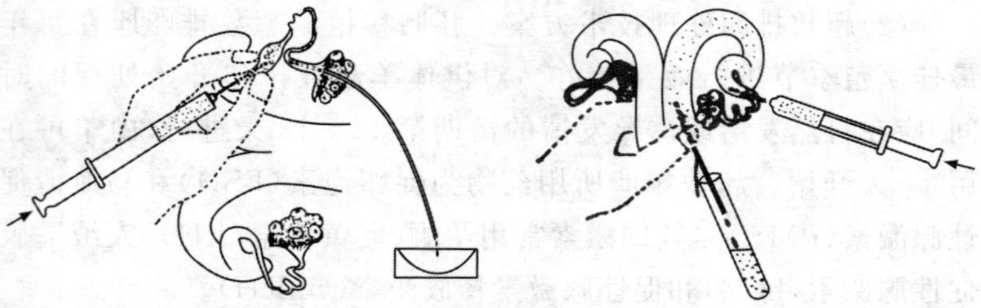

A. 输卵管法收集胚胎　　B. 子宫角法收集胚胎

图 2-12　手术法收集羊胚胎

宫角基部，另一端接集卵皿。在子宫角的尖端插入套管针，连接吸有 20～30 mL 经预热到 37℃ 冲胚液的注射器，并缓缓注入冲胚液，使胚胎随冲胚液流经子宫角后回流到集卵皿中。冲胚液回流彻底后，放掉冲卵管气囊内的气体，取出冲卵管。用同样方法冲洗另一侧子宫角。该法对输卵管损伤小，尤其不涉及伞部，但用冲胚液较多，检胚较费时。

5. 检胚

先将集卵杯倾斜，轻轻倒去上清液，留 10 mL 冲胚液，再用杜氏磷酸盐缓冲液（PBS）冲洗集卵杯，倒入表面皿镜检。随后准备 3～4 个培养皿，依次编号，倒入 10％或 20％牛血清 PBS 保存液，将培养皿放入培养箱待用。准备 300～400 mm 玻璃吸管和玻璃棒，消毒备用。

用 10 倍体视显微镜找到受精卵，先用玻璃棒消除卵周围的黏液，将胚胎吸至第一培养皿内，用吸管先吸少量杜氏磷酸盐缓冲液（PBS）后再吸卵，并在不同部位冲洗 3～5 遍，用同样方法在第二培养皿内处理，然后把全部卵移至另一培养皿内。

6. 胚胎鉴定

胚胎鉴定主要是鉴定卵是否受精、胚胎的发育阶段和胚胎的质量。未受精卵呈圆形，外周有一圈折光性强的透明带，中央为质地均匀、色暗的细胞质,透明带与卵黄膜之间的空隙很小。受精卵依据第二极体的出现和卵周隙的扩大进行判断。发育正常的胚胎透明发亮,卵周隙明显,分裂球大小均匀,非正常胚胎透明带和胚胎变形,有时透明带不明显,胚胎发暗,卵裂球界限不清或细胞萎缩。

胚胎一般分为A、B、C和D 4个等级。A级胚胎发育阶段与胚龄一致,胚胎形态完整,轮廓清晰,呈球形,分裂球大小均匀,结构紧凑,色调和透明度适中,无游离的细胞和液泡或很少,变性细胞比例<10%;B级胚胎发育阶段与胚龄基本一致,轮廓清晰,分裂球大小基本一致,色调和透明度及细胞密度良好,可见到一些游离的细胞和液泡,变性细胞占10%~30%;C级胚胎发育阶段与胚龄不太一致,轮廓不清晰,色调变暗,结构较松散,游离的细胞或液泡较多,变性细胞达30%~50%;D级胚胎有碎片的卵,细胞无组织结构,变性细胞占胚胎大部分,约75%。A、B、C级胚胎为可用胚胎,D级为不可用胚胎。

7.手术移植

(1)移植适宜时间。移植胚胎给受体,胚胎的发育必须和子宫的发育相一致。既要考虑供体和受体发情的同期化,又要考虑子宫发育与胚胎的关系。

(2)移植操作。受体羊的手术同供体。移植分为输卵管移植和子宫移植2种。由输卵管获得的胚胎,应由伞部移入输卵管中;经子宫获得的胚胎,应当移植到子宫角前1/3处。

移植胚胎注意要点:观察受体卵巢,胚胎移至有黄体或黄体发育较优的一侧子宫角内,两侧均无黄体的受体不移植。受体羊术后1~2情期内要注意观察返情情况,若返情则应进行配种。对没有返情的羊应加强饲养管理,保证母羊营养全面,尤其是对蛋白质的需要,以满足胎儿的生长发育。

❻ 同期分娩技术

母羊同期分娩可为集中产羔和羔羊的同期断乳、同期育肥、集中出栏的全进全出工厂化生产管理提供技术保障；也可通过将孕羊分娩时间控制在相对集中的时间内，以便进行必要的分娩监护和开展有准备的护理工作，减少或避免分娩母羊和新生羔羊可能发生的伤亡事故。例如，可以将分娩控制在工作和上班时间内，避开假日和夜间，便于安排人员进行接产和护理，也便于有计划地利用产房和其他设施。

○ 糖皮质激素法

在羊妊娠期的最后 1 周内，每只羊注射 12～16 mg 地塞米松或倍他米松或 2 mg 氟美松，可使多数母羊在注射后 40～60 h 内产羔。

○ 雌激素法

在羊妊娠期的 140～144 天，每只羊一次性肌肉注射雌二醇安息香酸盐 7.5～30 mg，可使 94％的羊在处理后第 2 天内分娩。

○ 前列腺素法

对妊娠 141～144 天的母羊，肌肉注射 $PGF_{2\alpha}$ 15 mg 或氯前列烯醇 0.1～0.2 mg，也可有效地诱发母羊在处理后 3～5 天产羔。

○ 雌激素与催产素配合使用

给怀孕 140 天左右的母羊下午肌肉注射己烯雌酚两次，前后间隔 5 h，每次剂量 4 mg，再间隔 9～10 h，每只肌肉注射催产素 20 IU。一般在注射催产素后 3～4 h 即开始产羔。若尚未分娩，需再注射催产素 20～30 IU，1 h 后即可产羔。

但需注意的是，可靠而安全的诱发分娩（不影响胎儿或羔羊的死亡）能够改变自然分娩的程度是有限的。可靠而安全的羊诱发分娩的处理时间是在正常预产期结束之前1周内。超过这一时限，会造成产死胎、新生羔羊死亡、成活率低、体重轻和母畜胎衣不下、泌乳能力下降、生殖机能恢复延迟等不良后果，时间提早越多，有害影响越大。因此，应用分娩控制技术必须以知道母羊确切的配种日期为前提。

❼ 性别控制技术

○ X精子和Y精子分离

公羊精液中含有X精子和Y精子，用X精子人工输精可使母羊产母羔，相反用Y精子人工输精则可使母羊产公羔。目前X、Y精子分离技术逐渐进入商业化应用阶段，产羔的性别准确率可达到90%以上，但利用性控精液人工输精的受胎率较常规冻精低，限制了性控精液在生产中的推广应用。

○ 胚胎性别鉴定

对羊的胚胎首先进行性别鉴定，然后利用胚胎移植技术将预知性别的胚胎移入母羊体内，可以使母羊实现全部生公羔或母羔。用于绵羊、山羊早期胚胎性别鉴定的方法有H-Y抗原法、Y-染色体特异性DNA探针杂交法、PCR法等。其中PCR法由于具有快速、灵敏度高、操作简便且准确（准确率达95%～100%）的特点，更适宜在生产中应用。

❽ 诱导双(多)羔技术

应用诱导双（多）羔技术可以使绒山羊、细毛羊等单胎羊品种实现一胎产双羔或多羔从而大幅度地提高母羊的繁殖力。在养羊生产上应用较多的诱导双(多)羔的方法有免疫法、促性腺激素法等。

○ 免疫法

1. 甾体激素免疫法

目前采用该法诱导产双(多)羔的产品较多。例如,“兰双”(代号:TIT)由中国农业科学院兰州畜牧与兽药研究所研制,“新双”(代号:XIC)由中国科学院新疆化学研究所研制,“澳双”由澳大利亚的公司生产。

应用双羔素对母羊进行免疫时,应严格按其使用说明书上给出的用法、用量和时间间隔进行操作,否则会严重降低免疫效果。双羔素一般采用颈部皮下注射,但油佐剂的双羔素因其会引起注射部位的疼痛,所以要尽量避免在颈部和臀部注射,否则会影响母羊的采食及运动。油佐剂的双羔素最好选择位于尾根下方、肛门上方凹陷处的后海穴处进行注射,进针角度与直肠平行略向上方,深度 0.5～1.0 cm 为宜,在该处注射不仅可以增进免疫应答,还可以节约药品的用量。

应用上述产品可使母羊的产羔率提高 10%～30%,其诱导产双(多)羔效果受羊的品种、年龄、膘情等影响。一般 3～6 岁的母羊效果较好,初产羊和 6 岁以上的母羊效果不太理想。应用“兰双”免疫东北半细毛羊,上等膘情试验组的繁殖率比下等膘情试验组高 27.7%,中等膘情试验组比下等膘情试验组高 18.3%。

2. 抑制素免疫法

抑制素免疫是诱导母羊双(多)羔的新途径。目前常用的抑制素的来源有所不同:有从性腺组织中提取的,有化学合成的,还有利用 DNA 重组技术生产的等。张居农等用抑制素主动免疫绵羊,使双羔率提高了 45%～55%。

○ 促性腺激素法

目前在生产中常用的诱导双(多)羔的促性腺激素主要有PMSG、FSH、LH、hCG等。PMSG因其半衰期长,处理时只需注射一次,特别是同抗PMSG配合使用以后,使PMSG的副作用大大降低,使其在生产实践中有了更多的应用。通常所说的"新八"就是一类促性腺激素复合制剂,其主要成分为人工合成的类下丘脑释放激素(LRH)、垂体促性腺激素FSH和LH以及绒毛膜促性腺激素(hCG)等,该产品是由新疆八一农学院研制而成的。

❾ 高频繁殖技术

高频繁殖也称为密集产羔体系,可打破羊季节性繁殖的特点,使母羊一年四季均能发情配种,大大缩短母羊的产羔间隔,让繁殖母羊每年最大效率的产羔,从而显著提高养羊经济效益。建立高频繁殖体系,需要借助羊发情控制技术、同期分娩和早期妊娠诊断等技术,实现母羊产后尽早发情、集中配种和集中产羔。高频繁殖体系目前有五种基本形式:

○ 一年两产体系

母羊产羔间隔时间为6个月。此体系可使母羊繁殖率增加25%~30%,达到母羊产羔的最大限度。但由于多数母羊产后的生理恢复时间都在1个月以上,故其应用目前尚需进一步探索。

○ 三年五产体系

由于母羊的妊娠期的一半是73天,正是一年的1/5,故可把一年分为5期。羊群可被分成三组,当体系开始时,第一组母羊在第一期产羔,第二期配种,第四期产羔,第五期再次配种;第二组母羊在第二期产羔，第三期配种，第五期产羔，第一期再次配种；第三组母羊在第三期产羔，第四期配种，第一期产羔，第二期再次配种。如此周而复始，产羔间隔 7.2 个月，对于一胎产 1 羔的母羊，一年可获 1.67 个羔羊，如一胎产双羔，可获 3.34 个羔羊。

○ **两年三产体系**

该体系可使羔羊生产效率比常规体系增加 40%。母羊每 8 个月产羔 1 次，这样 2 年正好产羔 3 次。母羊在产后 2 个月断奶并配种。为了达到全年均衡产羔、科学管理的目的，在生产中羊群可被分成以 8 个月为产羔间隔的相互错开的 4 组，即每 2 个月安排一次生产；如果母羊在其组内妊娠失败，则 2 个月后转入下一组参加配种。这样在羔羊育肥期相同时，每隔 2 个月就有一批羔羊屠宰上市。

○ **三年四产体系**

母羊产羔间隔为 9 个月，1 年有 4 组母羊产羔。做法是在母羊产羔后第四个月配种，以后几轮则是在第三个月配种，即 1 月、4 月、7 月和 10 月产羔，5 月、8 月、11 月和翌年 2 月配种，这样全群母羊的产羔间隔为 6 个月和 9 个月。

○ **机会产羔体系**

在条件有利时，如饲料和羊肉价格适宜，可安排母羊进行一次额外产羔。具体做法是母羊配种后，通过妊娠诊断，对空怀母羊进行一次额外配种。

⑩产羔和接羔

产羔和接羔是养羊生产的收获，要做好各项组织工作，配备技术力量及劳动力，准备好产羔舍及饲草饲料和各种用品，争取使羔羊生产率高、成活率高。

○ 做好准备工作

1. 制定预产计划

根据基础母羊数、配种受胎母羊数以及该品种的产羔率，估计出产羔总数量。根据配种记录，按 150 天妊娠期推算出每只母羊的预产日期；按产羔日期排表，定出开产日期和结束日期，填写每天预产母羊号，并统计每天预产母羊数量；按 10 天或 2 周划分出时间段，就知道每一时间段有多少只母羊产羔，产羔高峰在什么时间，便于调配劳动力和其他准备工作。

2. 储备饲草饲料

在夏秋季节，把羊场附近的牧地留作产羔母羊的专用场地，其面积和产草量要满足 1.5 个月的放牧需要，还要储备足够的青干草、青贮料、多汁饲料和精饲料供母羊及羔羊补饲用。对缺奶羔和多胎羔还应准备羊奶或牛奶，寒冷地区可准备冻奶，温暖地区供给鲜奶。

3. 做好用具药品准备

根据需要准备常用消毒药物、兽医药品、兽医器械等，还要准备好水桶、盆、毛巾、产羔记录表、照明设备、取暖设备、编号用具等。按产羔母羊数的 15%～20%准备产羔栏。

4. 准备产房和棚圈

在寒冷地区必须有产房，也可用羊舍代替。产房温度要求在 0～5℃，既保温又要通风良好，要防贼风，地面要干燥，垫清洁褥草，装配产羔栏。利用羊舍作产房要保留10～15 cm 厚的羊粪，在羊粪上面再铺垫草，有利于保温。做好消毒工作。

5. 劳动力调配及技术培训

每群羊除放牧员之外，视羊群大小再配备 1～2 人专管接羔、保羔、补饲和补乳等项工作。对工作人员要进行技术培训，明确工作任务和要求。要制定出工作日程和操作规则。

6. 加强饲养管理

加强临产母羊的饲养管理,做好保胎工作。

7. 配备专职兽医和畜牧人员

有条件的,要配备专职兽医和畜牧技术人员。

○ 母羊临产前的表现

临产母羊乳房膨大,乳头直立,能挤出少量黄色初乳。阴门肿胀,有时流出黏液,排尿次数增多。肷窝下陷,行动不便,起卧不安,不时回头顾腹,用前蹄刨地,食欲减退,反刍停止。在羊舍常独处墙角,独卧一边。放牧时溜边落后。当发现母羊卧地、四肢伸直努责或肷部下陷特别明显时,要立即送入产房。夜间要有专人定时巡视羊群,发现临产母羊。有条件的,可按预产期将临产母羊留舍饲养。

○ 产羔和接羔

母羊正常分娩时先看到羔羊的两前蹄、前肢和口鼻部,当头顶部露出后即可立即产出,这叫正产。若先出来两后肢则为倒产。产双羔时先产出一只,过 5～30 min 乃至几个小时再产出另一只。羔羊产出后要立即将其口、鼻和耳中的黏液捋出来,防止第 1 次深呼吸时吸入肺部造成异物性肺炎。可自然断脐或人工断脐,保留 8～10 cm 长,用手撕断,以 3%碘酒消毒。羔羊身上的黏液令母羊舔干,有利于调节羔羊体温和增强母羊恋羔性。如母羊不舔,可将羔羊黏液抹在母羊嘴上,或在羔羊身上撒些麦麸诱其舔干,天气寒冷时,待母羊舔干一部分后马上用软干草或毛巾将羔羊擦干,把母子关在一个产羔栏内,使羔羊立即吃到初乳。

○ 助产

遇到难产时要助产。一般初产母羊阴道狭窄或胎儿过大,或胎位、胎势不正时容易发生难产。如两前肢在前不见头部(头向背或腹部),或一肢和头部先出而不见另一肢,或只见一肢,或只见头而不见两肢,或只见臀部不见两后肢,或只见一后肢;有双羔同时进入产道;有时胎位不正,有横位或倒位。凡是长时间不能产出的均为难产。因此,在母羊产羔时要保持安静,不要人为干扰,否则会延长产羔时间。

助产时助产人员要剪指甲并磨平,用2%来苏儿液洗手,涂植物油或带胶皮手套。顺产难产时用一手握住两前肢的上部随母羊努责时向外拉,同时用另一手保护母羊会阴部,当头部将出时要推压尾根部,即可帮助胎儿产出。倒产时助产也如此,只要臀部拉出来即能产出。当羊膜过早破裂羊水流失而产道过干时,可抹些植物油润滑,产道狭窄时要帮助扩大。需要整复胎位和胎势时,应将羊的后躯部垫高,以减轻腹腔压力,将外露部分推回腹腔,用手伸入产道以中、食指探明胎位,帮助校正,然后找到两前肢或两后肢,随努责向外拉即可产出。必要时请兽医。

羊羔毛干后要及时称重,进行初生鉴定,做好各项记录工作。

胎衣在产后0.5～3 h脱出,要及时清理掉。

○ 母子产后护理

母羊产后口渴乏力,要饮给温水,最好加入一些食盐和麦麸,俗称"麸皮粥"。清洗母羊后躯部,剪去乳房周围的长毛,用温热消毒水清洗乳房并擦干,挤出几滴宿乳,然后帮助羔羊吃到初乳。同时要将被污染的垫草清除换上干褥草。对膘情好、奶水足的母羊在前3天只给优质干草,不喂精饲料和多汁饲料,防止消化不良或发生乳房炎。对多胎羔羊要分批轮流吮奶,先让体弱或体重小的羔羊吮奶,后让壮羔子吮奶。要让所生的羔羊都能吃到初乳,奶水不足的要补给羊奶或牛奶。

对多胎羔、缺奶羔、亡母羔要找保姆羊。选择产期相近的亡羔母羊、产单羔母羊或奶山羊为寄母。寄出前必须吃到初乳。对多胎羔要留弱寄强，把壮羔子寄养出去。寄养时要将羔羊的黏液或尿水抹到寄母的口鼻部，或将寄母的奶水、尿液抹到羔羊的尾臀部，使其气味相投达到领养的目的。如寄养不成功要强制吮奶。

对产出后的假死羔和冻僵羔羊要急救。对假死羔进行人工呼吸，对准其鼻孔有节奏地吹气，或倒提两后肢使其头部向下并用手轻拍胸部，促其复苏。对冻僵羔羊一经发现马上抱入热屋，放在热源附近或火炕上，也可放入 38～40℃热水盆中，头部外露，促体升温。在牧地上可将冻僵羔羊放入皮大衣或毡兜中，也可放在怀里贴身取暖。

总之，要采取一切措施抢救缺奶羔、多胎羔、假死羔和冻僵羔，尽量减少死亡。

⓫ 母羊繁殖成绩的计算方法

羔羊断奶后要及时根据各项记录总结这一繁殖年度的繁殖成绩，总结经验和存在的问题，分析原因，制定措施，为下一繁殖年度提高繁殖成绩打下基础。

1. 配种率

指本年度发情配种的母羊数占全部适合繁殖母羊数的百分率。例如，某羊场有 200 只适繁小尾寒羊母羊，有 190 只母羊发情配种，其配种率为 95%。计算公式：

$$配种率=\frac{配种母羊数}{适繁母羊^{①}数}\times 100\%$$

①适繁母羊指适合繁殖的母羊，又称为适龄母羊、可繁母羊、基础母羊。

2.受胎率

指受胎母羊数占配种母羊数的百分率。例如,190只配种母羊中有180只母羊受胎,其受胎率为94.74%。计算公式:

$$受胎率=\frac{受胎母羊数}{配种母羊数}\times 100\%$$

3.分娩率

指分娩母羊数占受胎母羊数的百分率。例如,180只受胎母羊中有5只流产、有5只死亡,只有170只受胎母羊产羔,其分娩率为94.4%。计算公式:

$$分娩率=\frac{分娩母羊数}{受胎母羊数}\times 100\%$$

4.产羔率

指产活羔羊数占分娩母羊数的百分率。例如,170只分娩母羊产出活羔羊510只,其产羔率为300%。计算公式:

$$产羔率=\frac{产活羔羊数}{分娩母羊数}\times 100\%$$

5.羔羊成活率

指断奶时存活的羔羊数占产活羔羊数①的百分率。例如,产活羔羊510只,死亡50只,到断奶时存活460只,其羔羊成活率为90.2%。计算公式:

$$羔羊成活率=\frac{存活羔羊数}{产活羔羊数}\times 100\%$$

6.繁殖率

指产活羔羊数占适繁母羊数的百分率。例如,产活羔羊数为

①产活羔羊指产出后能出气的羔羊。

510只，适繁母羊数为200只，其繁殖率为255%。计算公式：

$$繁殖率=\frac{产活羔羊数}{适繁母羊数}\times 100\%$$

7. 繁殖成活率

指断奶存活羔羊数占适繁母羊数的百分率。例如，断奶存活羔羊460只，共有200只适繁母羊，其繁殖成活率为230%。计算公式：

$$繁殖成活率=\frac{存活羔羊数}{适繁母羊数}\times 100\%$$

我们从前5项计算公式中可以看出：前一个公式中的分子即是后一个公式中的分母。因此，应当连续计算，不要缺项。这5项计算公式是计算和分析母羊繁殖成绩的基本项目。第6和第7项计算是全面反映总体繁殖成绩的计算项目。所列的计算公式是简便方法，其复杂计算方法如下：

繁殖率＝配种率×受胎率×分娩率×产羔率

繁殖成活率＝配种率×受胎率×分娩率×产羔率

羔羊成活率＝繁殖率×羔羊成活率

我们不难看出，繁殖率的高低受配种率、受胎率、分娩率和产羔率的制约，可以把这4项作为影响因子。如果这4项的数值均高，那么繁殖率就必然高，若其中有任何一项或几项较低，就会降低繁殖率。同理，繁殖成活率是受上述4项和羔羊成活率的制约的。我们通过分析某项数值较低的原因，采取切实措施加以改进，就能提高整个群体的繁殖效率。

此外，还可以计算母羊的情期受胎率、流产率、产死胎率、母羊死亡率、羔羊死亡率、双羔率等。

⑫ 提高母羊繁殖力的途径

1. 增加可繁母羊比例

每年都要整顿羊群，及时淘汰老龄羊和不孕羊，出栏不留种用的小公羊和小母羊，使可繁殖母羊的在群比例达到70%以上。可繁母羊所占比例越大，数量越多，对提高繁殖成绩越有利。

2. 加强饲养管理

在配种前抓好夏秋膘、增加营养。增加配种前体重，母羊发情整齐，排卵数量多、质量好，可以提高配种率、受胎率和多胎性。在妊娠期尤其是妊娠后期加强饲养管理，可以降低母羊的流产率、死胎率和死亡率，羔羊初生重大。加强哺乳期饲养管理，母羊泌乳力高，羔羊生长发育快，成活率高。

3. 选留多胎母羊及其羔羊

选留第1～2胎产羔多的母羊，其以后胎次的产羔率也比较高；再选留其所生的多胎羔羊留种，将来的多胎性也高。这是提高多胎性的重要途径。

4. 频密产羔

对常年繁殖的母羊要缩短空怀期，使母羊在6～7个月产1次羔，1年产2次或2年产3次。可以提早羔羊断奶，由4个月改为2～3个月断奶，使母羊早发情配种。还可以适当提早母羊的初配年龄，可使母羊一生的产羔数量增加。频密产羔是增加羔羊数量的有效方法，但对母羊和羔羊都必须加强饲养管理。

5. 导入多胎羊基因

选择多胎品种的公羊与单胎品种的母羊配种，其所生后代具有多胎性，可以提高以后的产羔率。在同一品种内，用多胎公羊作种羊也如此。

6. 适时配种和多次配种

母羊发情持续期短，要适时配种，防止漏过情期。实践证明，在配种季节开始后，第 1、2 情期的配种受胎率最高，其所生羔羊的双胎率也高。一些高产母羊排卵数量多，但不是同时成熟排出，而是陆续排出，故要进行多次配种或输精，可利用重复交配、双重交配和混合输精，使所排出的卵子都有受精的机会，就可以提高产羔率。

第 3 章　羊饲料生产及其加工调制技术

❶ 饲料分类

○ 粗饲料

指干物质中水分小于 60%，而粗纤维含量大于或等于 18%的饲料。如干草类(包括牧草)、农副产品类(包括荚、壳、藤、蔓、秸、秧)、干树叶类及干物质中粗纤维含量为 18%以上的糟渣类等。

○ 青绿饲料

指天然水分含量 60%以上的饲料。如鲜草类、鲜树叶类以及非淀粉质的块根、块茎、瓜果类。

○ 青贮饲料

指利用青绿饲料经过青贮方法保存的饲料。如玉米青贮、鲜草青贮等。

○ 能量饲料

指干物质中粗纤维含量低于 18%，粗蛋白质含量低于 20%，并且每千克干物质含消化能在 10.46 MJ 以上的饲料。其中消化能高于 12.55 MJ 的为高能量饲料。能量饲料包括谷实类、糠麸类、草子类及其他类。

○ 蛋白质饲料

指干物质中粗纤维含量低于 18%，粗蛋白质含量为 20%以上的饲料。如豆类、饼粕类、动物性饲料及其他类。

○ 矿物质饲料

包括工业合成的、天然的单一矿物质饲料，多种混合的矿物质饲料，以及配合有载体或赋形剂的痕量、微量、常量元素的饲料。

○ 维生素饲料

维生素饲料指工业合成或提纯的单一种维生素或复合维生素。

○ 添加剂

指不包括矿物质饲料和维生素在内的其他所有添加剂，如防腐剂、着色剂、香味剂、抗氧化剂、氨基酸、脂肪酸及各种药剂，如抗生素、激素、杀菌剂、驱虫剂等。

❷ 羊常用饲料

○ 羊常用饲料的营养特性

1. 粗饲料的营养特性

其共同特点是体积大，粗纤维含量高，有饱感，但营养价值低。在羊的饲料中占的比重大，通常作为基础饲料，其有机物质消化率在65%～70%。

(1)干草。干草是指青草(或其他青绿饲料植物)在未结籽前刈割下来,经晒干或其他方法干制而成。干草的营养价值取决于制作原料的种类、生长阶段和调制技术。一般豆科干草粗蛋白质含量较高,而有效能在豆科、禾本科和禾谷类作物调制的干草间没有显著差别。青绿饲料经干制后除维生素D增加外,干物质损失18%～30%。

(2)秸秆饲料。秸秆主要是农作物收获籽实后的副产品,种类繁多,资源极为丰富,但其适口性差,粗纤维可达30%～45%,有效能值低。该类饲料是目前我国羊的主要饲料,可以保证羊的干物质采食量。主要有玉米秸、麦秸、高粱秸、豆秸、谷草、稻草等。

玉米秸含粗蛋白质6%～8%,含粗纤维25%～30%,含粗脂肪1.2%～2.0%,含钙0.39%,含磷0.23%。虽然玉米秸的营养价值低,但由于其成本低,是羊的主要饲料。其外皮光滑,茎的上部和叶片营养价值较高,羊喜爱采食。

麦秸难消化,是质量较差的粗饲料。包括小麦秸、大麦秸和燕麦秸等。小麦秸含粗纤维可达40%,粗蛋白质仅为2.8%,并且含有硅酸盐和蜡质,适口性差,营养价值低。大麦秸适口性较好,含粗蛋白质4.9%,粗纤维33.8%。

稻草较其他秸秆柔软,适口性好,含粗蛋白质3.0%～5.0%,粗脂肪1.0%,羊的消化率为50%左右,消化能为7.61 MJ/kg。粗灰分较高,约为17%,其中硅酸盐的比例较大,钙、磷低,不能满足羊生长和繁殖的营养需要。

收获后的大豆、豌豆和蚕豆秸等,其叶片大部分脱落,秸秆含木质素较高,质地坚硬,作为羊的饲料时可将其粉碎与精料混饲效果较好。其粗蛋白质含量和消化率较禾本科秸秆高。

谷草在禾本科秸秆中品质最好,其质地柔软厚实,可消化粗蛋白质、可消化总养分均较高,是羊的优良粗饲料,将其铡碎与干草混饲效果更好。

(3)秕壳类饲料。常见的有谷壳、稻壳、花生壳、豆荚等。一般秕壳的营养价值高于秸秆。豆荚的营养价值较好,含无氮浸出物42%～50%,粗纤维33%～40%,粗蛋白质5%～10%,钙1.3%～1.6%,磷0.05%～0.06%。每千克的消化能为7.0～7.7 MJ(绵羊)。谷类的秕壳营养价值次于豆荚,但其来源广,数量大,应设法开发利用。

花生壳、棉籽壳、玉米芯和玉米穗包叶等也常作为羊的饲料。喂前进行粉碎并与精料、多汁饲料混用。棉籽壳含有棉酚,饲喂不能过量,以免引起羊中毒。

2.青绿饲料的营养特性

青绿饲料以富含叶绿素而得名。其水分含量高,陆生植物水分含量在60%～90%,水生植物高达90%～95%。因此,新鲜的青绿饲料干物质少,养分含量低,有效能值低。陆生植物每千克鲜草消化能为1.26～2.51 MJ,若以干物质计,消化能为每千克8.37～12.25 MJ。青绿饲料含有酶、激素、有机酸等物质有助于消化。羊对青绿饲料的消化率为75%～85%。

青绿饲料蛋白质含量高。按干物质计,禾本科牧草含蛋白质13%～15%,豆科牧草含蛋白质18%～24%。在粗蛋白质中蛋白氮占总氮量的50%～85%,品质较好,营养价值较高。但禾本科的青绿饲料中赖氨酸含量较低,豆科中含硫的蛋氨酸和胱氨酸不足。羊对青绿饲料中粗蛋白质的消化率可达80%。

青绿饲料含粗纤维少,木质化程度低,无氮浸出物较多。一般青绿饲料干物质中粗纤维15%～30%,无氮浸出物40%～50%。绵羊对已木质化的青绿饲料的消化率为32%～58%。

青绿饲料中矿物质占鲜重的1.5%～2.5%。占干物质的12%～20%,是羊获得矿物质的良好来源,其中钙占0.4%～0.8%、磷占0.2%～0.35%,含量丰富且比例适当。

青绿饲料含有丰富的维生素，特别是胡萝卜素，每千克含量为 50～80 mg。在正常采食情况下，放牧羊采食的胡萝卜素可超过其需要量的 100 倍。B 族维生素、维生素 E、维生素 C、维生素 K 也较丰富。但维生素 D 较缺乏。

（1）鲜草类。鲜草类包括天然牧草和栽培牧草 2 类。天然牧草种类繁多，主要有禾本科、豆科、菊科和莎草科 4 类。以干物质计，各种牧草以豆科牧草的营养价值较高；禾本科虽稍低，但其适口性好，再生力强，耐牧；菊科虽有特殊气味，但羊也喜食。栽培牧草主要有豆科和禾本科牧草 2 类，此外也包括青刈玉米、青刈燕麦和青刈菜类等青饲作物。由于栽培牧草产量高，营养价值高，故也是青绿饲料的重要来源。

（2）鲜树叶类。多数树木的叶子（包括青叶和秋后落叶）及其嫩杈和果实，均可作羊的饲料，其中优质紫穗槐叶、槐树叶、松针等还是羊的蛋白质和维生素的很好来源。树叶外观虽硬，但养分含量高，青嫩鲜叶很容易消化，可作羊的维持饲料和生产饲料。

（3）水生饲料。水生饲料主要是指水浮莲、水葫芦、水花生、绿萍等，被称为“三水一萍”。水生饲料茎叶柔软，细嫩多汁，营养价值较高，生长快、产量高，每亩年产量可达 10 t，具有不占耕地、利用时间长等优点。水生饲料含水量高达 90%～95%，干物质含量低。水生饲料易被蛔虫、姜片吸虫、肝片吸虫等寄生虫感染，直接饲喂羊易被感染，最好是经过青贮或制成干草后再利用。

（4）块根、块茎及瓜果类饲料。该类饲料体积大，含水量高达 75%～90%，含粗纤维粗蛋白质均较低，缺乏 B 族维生素，但适口性好，消化性也好，鲜用是羊冬季不可缺少的多汁饲料，也是补充胡萝卜素的重要来源。鲜用时若单独饲喂，干物质和采食量不能满足羊营养需要，必须与其他饲料配合使用。

3. 青贮饲料的营养特性

青贮饲料是指青绿饲料在密闭的青贮窖、塔、壕、袋中，利用乳酸菌发酵，或利用化学制剂调制，或降低水分而储存的饲料。青贮饲料能有效地保存青绿饲料的营养成分。一般青绿饲料，在成熟和干燥后，营养价值降低 30%～50%，青贮后则只降低 3%～10%，尤其能减少蛋白质和维生素的损失；青贮饲料能保存原青绿饲料的鲜嫩汁液，其含水量为 70%；青贮还可扩大饲料来源，一些羊不喜欢吃的野草、野菜、树叶等无毒青绿植物，经青贮发酵，则变成了羊喜食的饲料；青贮能杀死青绿饲料中的病菌、虫卵、破坏杂草种子的再生能力。青贮是经济而安全保存饲料的一种有效方法。青贮饲料较储存干草占用的空间小，一般 1 m^3 的青贮窖能存青贮饲料 450～470 kg，而 1 m^3 的干草垛只能存 70 kg 的干草。青贮饲料只要储存合理可长年使用，不会发霉变质。

4. 能量饲料的营养特性

(1)谷实类饲料。为最常用的能量饲料。谷实类饲料水分含量低，一般在 14%左右，干物质在 85%以上；无氮浸出物含量高，占干物质的 66%～80%，且主要是淀粉，占 82%～90%；粗纤维含量低，一般在 10%以下；消化率高，反刍动物在 90%左右，干物质的消化能高达 16 MJ/kg 以上，育肥净能高；粗脂肪含量为 3.5%左右，其中不饱和脂肪酸、亚油酸和亚麻酸的比例较高；蛋白质含量低，一般在 8.2%左右，而且必需氨基酸如赖氨酸、蛋氨酸和色氨酸含量很低，因而蛋白质品质差，蛋白能量比较低；在矿物质含量方面，钙含量低于 0.1%，且钙磷比例不合适，其所含的磷有相当部分为植酸磷；另外，维生素 A 和维生素 D 缺乏。黄玉米和粟谷中只含少量的胡萝卜素(1～66 μL/L)。B 族维生素较丰富。

①玉米。玉米是“饲料之王”，在我国种植面积很广，其产量高、用量大、有效能值高，是羊精料的主要来源。玉米蛋白质含量低、品质差，矿物质元素和维生素含量均很低，单独使用不能满足

羊的营养需要，在饲用时要与其他精、粗饲料混合使用。另外，玉米含有较多脂肪，且不饱和脂肪酸较多，磨碎后易氧化而酸败，不宜长期储存。在储存过程中由于水分高极易发霉变质，受黄曲霉菌感染，应引起高度重视。

②高粱。与其他谷实相比，其粗脂肪含量较高，有效能仅次于玉米、小麦；缺点是粗蛋白质含量低、品质差，矿物质和维生素不能满足羊的需要，钙少磷多，B族维生素含量与玉米相当，烟酸含量较多。高粱的种皮中含有较多的单宁，具有苦涩味，是一种抗营养因子，可降低能量和蛋白质等养分的利用，饲喂量不宜过大。高粱饲喂过多会引起羔羊便秘，日粮中不宜超过25%。

③大麦。大麦是一种很重要的能量饲料，粗蛋白质含量约为12.0%，品质也较好，赖氨酸含量在0.52%以上；粗脂肪含量少，不到玉米的一半；钙、磷含量较玉米高；胡萝卜素和维生素D不足，维生素B_1含量多，维生素B_2少，烟酸含量丰富。

④燕麦。燕麦含有较丰富的蛋白质，一般为10.0%左右，粗脂肪含量超过4.50%，但由于其外壳硬，粗纤维含量高，有效能值较低，植酸磷含量高，营养价值低于玉米。

⑤稻谷、糙米及碎米。稻谷是带外壳的水稻籽实，稻壳重占20%～25%，含大量粗纤维。稻谷粗蛋白质含量低，品质差，粗纤维含量高，有效能值在谷类籽实饲料中是最低的一种，与燕麦籽实相近。矿物质中含有较多的硅酸盐、植酸磷。糙米和碎米的有效能分别比稻谷高18%和25%，粗纤维和粗灰分也明显偏低。

(2)糠麸类饲料。糠麸类饲料是谷实类饲料的加工副产品，主要由籽实中的种皮、糊粉层和胚3部分组成。糠麸的营养价值与谷实的加工程度极相关，一般是种皮的比例越大，营养价值越低。粗蛋白质、粗脂肪、粗纤维的含量均比原籽实高，而无氮浸出物、消化率、有效能则低。钙、磷虽比谷实高，钙少磷多，植酸磷比例大。糠麸是B族维生素的良好来源，但缺乏必需氨基酸、维生素A及维生素 D。

①米糠。米糠是糙米(去壳后的谷粒)精制成大米时的果皮、种皮、外胚乳和糊粉层等的混合物,其营养价值视精米的加工程度而不同。米糠含粗蛋白质为 13%左右,且含有较高的含硫氨基酸,粗脂肪含量高,一般为 17%左右,且有较多的不饱和脂肪酸。有效能低于稻谷,富含铁、锰、锌。磷含量比钙多 20 倍以上,比例极不平衡。植酸磷比例大,不利于其他元素的吸收。

米糠在榨油后的副产品为米糠饼,其粗脂肪含量低于米糠,易保存,适口性和消化率均有改善。

米糠和米糠饼是羊的好饲料,但由于其粗脂肪含量高,喂量过多易引起腹泻,还会造成羊的脂肪变软、变黄,饲喂时须注意。

②麦麸。主要是小麦麸皮,其粗纤维含量高,有效能值低,属于低能量饲料。小麦麸含有丰富的铁、锌、锰。磷大部分是植酸磷,不利于矿物质的吸收。富含维生素 E、尼克酸和胆碱。麦麸适口性好,质地蓬松,具有轻泻作用,可以调节消化道的机能。大麦麸在能量、蛋白质、粗纤维含量上均优于小麦麸。

③其他糠麸:主要包括高粱糠、小米糠和玉米糠等。小米糠营养价值高;高粱糠的消化能和代谢能值均较高,但其中含有单宁,适口性差;玉米糠粗纤维含量较高。

5. 蛋白质饲料的营养特性

蛋白质饲料主要包括植物性蛋白质饲料、单细胞蛋白质饲料和非蛋白氮饲料。

(1)植物性蛋白质饲料。羊常用的植物性蛋白质饲料主要有饼粕类和糟渣类。饼粕类饲料是豆科和油料作物籽实制油后的副产品。由压榨法制油后的产品为油饼;用溶剂浸提油后的产品为油粕。饼粕饲料含有较高的蛋白质,一般为 30%～45%,且品质优良,脂肪含量较高,有效能值较高。无氮浸出物一般低于谷实类。其他成分含量较相应的籽实高,富含 B 族维生素,但缺乏胡萝卜素和维生素D。

①大豆饼(粕):是我国常用的一种植物性蛋白质饲料,含粗蛋白质42%～46%,且品质好,赖氨酸含量高达2.41%～2.47%,有效能值高,富含铁、锌,磷含量中有1/2为植酸磷。豆粕与豆饼比较,前者因含抗营养因子较多,适口性较差,饲喂时必须经适当热处理,但要注意不要过度加热,否则降低赖氨酸等必需氨基酸的有效性。一般加热温度在110℃左右为宜,加热的程度可用颜色来确定,正常加热的颜色为黄褐色,加热不足或未加热的颜色浅黄褐或灰白色,加热过度为暗褐色。

②棉籽饼(粕):是棉籽脱油后的副产品。棉籽脱壳后脱油的副产品为棉仁饼;未去壳的是棉籽饼。浸提法脱油后的副产品为棉籽粕。我国油脂厂在加工过程中,常把已脱掉的棉籽壳在榨油时加入1/3(占原含量),这种带有部分棉籽壳的油饼称为棉仁(籽)饼。其粗蛋白质含量为34%～36%。棉籽的棉仁色素腺体内含有毒的棉酚,在榨油过程中一部分留在饼粕中。在加热过程中,游离的棉酚大部分与蛋白质和氨基酸结合成"结合棉酚"。结合棉酚毒性较小。一般游离棉酚也不会对羊造成中毒,但如果饲粮构成仅为棉籽饼和低劣干草和秸秆,长时间摄食过量棉酚,也会引起羊中毒。棉酚干扰血红蛋白的合成,降低血红蛋白的携氧能力,因而中毒时出现贫血、呼吸困难,也影响繁殖机能,甚至不育。前联邦德国饲料法规定绵羊和山羊配合饲料中允许游离棉酚最高含量为500 mg/kg。若想增大棉籽饼(粕)在饲料中的比例则需对其进行脱毒处理。目前,推广种植的低酚棉,其棉籽中仅含极少量棉酚(0.02%左右),其棉饼可直接用做饲料。

③菜籽饼(粕):菜籽饼(粕)是油菜籽提取油脂后的副产品。饼和粕的粗纤维含量相似,为10%～11%,在饼(粕)类中含量较高,因此,其有效能值含量较低。含粗蛋白质30%～40%,赖氨酸含量介于豆饼和棉饼之间,蛋氨酸稍高于豆饼和棉籽饼。微量元

素中硒、锰、铁含量较高,铜含量较低,富含B族维生素,缺乏胡萝卜素和维生素D。

菜籽中含有硫葡萄糖苷类化合物,本身无毒,在榨油压饼时经芥子酶水解成噁唑烷硫酮、异硫氰酸酯、腈及丙烯腈等有毒物质,使菜籽饼(粕)具有辛辣味,可引起甲状腺肿大。此外,菜籽饼(粕)中还含有单宁、芥子碱、皂角苷等,影响适口性和蛋白质的利用效果。一般羊对菜籽饼的毒性不敏感,喂量可稍多些,但要同其他饲料配合使用。前联邦德国饲料法规定,配合饲料中,丙烯异硫氰酸盐和乙烯噁唑烷硫酮的最高允许量:山羊羔和绵羊羔为150 mg/kg,山羊、绵羊为1 000 mg/kg。

④花生饼(粕):为花生制油后的副产品,分为全部脱壳或部分脱壳花生饼。脱壳后榨油的花生饼粗蛋白质含量为44%~48%,有效能值也较高,这2项指标在饼(粕)类中属最高的一种。带壳的花生饼粗纤维含量在20%左右,粗蛋白质和有效能均较低。赖氨酸和蛋氨酸含量较低,精氨酸含量较高。矿物质元素中富含铁、钙,含磷较低。胡萝卜素和维生素D缺乏,维生素B_1和烟酸较多,核黄素较少。花生饼是优质的蛋白质饲料,适口性很好,有香味,去壳和带壳的均可作羊的饲料。但花生饼易感染黄曲霉菌,其产生的毒素对人、畜有强烈的致癌作用,一般加热蒸煮不能破坏其毒性,故在储存时切忌发霉。前联邦德国饲料法规规定的羊饲料中黄曲霉菌毒素B_1最高允许量:羔羊0.01 mg/kg,山羊和泌乳绵羊0.02 mg/kg。

⑤胡麻饼:又称亚麻饼,其适口性不佳,粗蛋白质与棉籽饼、菜籽饼相似,约含36%,赖氨酸和蛋氨酸含量中等。有效能值低于豆饼和花生饼,粗纤维含量较高。用胡麻饼喂羊时用量过多则使体脂变软,影响肉的品质。

⑥葵花籽饼(粕):其营养价值取决于脱壳程度和加工工艺。一般粗蛋白质含量22%~32%,干物质中粗纤维含量在20%左

右，各种氨基酸含量中等，富含铁、锰、锌和 B 族维生素。

⑦芝麻饼（粕）：粗蛋白质高达 40%，最大的特点是含蛋氨酸特别多，为 0.8% 以上，比大豆饼、棉仁饼、亚麻饼高 1 倍，但赖氨酸含量不足。

⑧糟渣类饲料：主要包括酒糟、玉米面筋、豆腐渣、粉渣和饴糖渣等。

⑨啤酒糟：又称麦糟，是啤酒生产中最大一宗下脚料。鲜啤酒糟含水分 75% 左右，粗蛋白 5%～5.5%，粗脂肪 2.5%，粗纤维 3.6%，无氮浸出物 11.8%，钙 0.07%，磷 0.12%；其干物质中粗蛋白 22%～30%，无氮浸出物 40% 以上，粗纤维 14%～18%，可作为羊的蛋白质饲料。

⑩白酒糟：白酒糟风干物中含有粗蛋白 15%～25%，粗纤维 15%～20%，粗脂肪 2%～5%，无氮浸出物 35%～41%，粗灰分 11%～14%，钙 0.24%～0.25%，磷 0.2%～0.7%，并有丰富的 B 族维生素。其营养成分与麦麸相近。

酒糟经过了高温蒸煮、微生物菌种糖化、发酵，所以晒干后质地柔软、卫生，适口性好。在制酒过程中，为增加胚料的透气性要加入 15%～20% 稻壳。这样，使酒糟中粗纤维含量偏高，影响单胃动物的消化吸收，但可以作为羊的良好饲料。需要引起注意的是，酒糟中残存有乙醇、游离乳酸等，长期大量饲喂易引起乙醇中毒。

（2）单细胞蛋白质饲料。指由单细胞有机体如酵母、细菌、真菌、微型藻类和某些原生物所获得的蛋白质用作饲料。该类饲料粗蛋白质含量丰富，一般为 30%～70%，品质较好，同时含有较多的维生素和矿物质，消化率高。但含有“三致”物质（致癌、致畸、致变），影响安全使用，适口性也不太好，一般喂量不超过日粮的 10%。该类饲料主要包括饲用酵母、石油酵母和藻类。

（3）非蛋白氮饲料。非蛋白氮饲料指尿素、双缩脲及某些铵盐等化工合成的含氮物的总称。其作用是作为瘤胃微生物合成蛋白质所需的氮源，从而补充蛋白质营养，节省蛋白质饲料。在非蛋白氮饲料中，尿素含氮量为46%，每千克尿素相当于7 kg豆饼的粗蛋白质含量。用适量尿素代替羊日粮中的蛋白质可以降低成本，提高生产性能。尿素喂量过大会发生中毒，一般尿素给量占日粮干物质的1%，或占混合精料的2%，但尿素氮的含量不超过日粮总氮量的25%～30%。对怀孕和哺乳绵羊每只每天可喂13～18 g，6个月以上的青年绵羊每天每只8～12 g，但对瘤胃机能尚未发育完全的羔羊不宜补饲。

美国近代提出用"尿素发酵潜力(UFP)"来估测日粮中尿素的适宜添加量。公式如下：

$$UFP=\frac{0.104\,4TDN-B}{2.8}$$

式中：TDN为饲料的总消化养分；B为每千克饲料(日粮)的降解蛋白克数；2.8是尿素的蛋白质当量(45%×6.25～46%×6.25)；0.104 4TDN为每千克饲料(日粮)干物质中可能生成微生物蛋白质的克数。如玉米TDN为90%，蛋白质为8.6%，其降解率为65%，则每千克玉米的降解蛋白质为86×65%=55.9 g，则尿素的发酵潜力为：

$$UFP=\frac{0.104\,4\times900-55.9}{2.8}=13.6(\mathrm{g})$$

即：每进食1 kg玉米的干物质，可添加13.6 g的尿素。尿素不宜单喂，应与其他精料搭配使用，也可调制成尿素溶液喷洒或浸泡粗饲料，或调制成尿素氨化饲料，或制成尿素饲料砖。为了降低尿素在瘤胃中水解生成氨的速度，可制成玉米尿素胶化饲料、磷酸脲、羟甲基尿素等非蛋白氮饲料。

8. *矿物质饲料的营养特性*

矿物质饲料主要用于补充钙、磷、钠、钾、氯、镁、硫这些常量元素，微量元素一般以添加剂的形式补充。

(1)食盐。羊主要以含钠和氯较少的植物性饲料为主，应补充食盐，以改善适口性，增加食欲。每千克食盐含钠 380～390 g，氯 585～602 g，喂量不宜过多，否则中毒，一般在羊的风干日粮中加 1%为宜。缺碘地区可补饲碘化食盐。

(2)含钙的矿物质饲料。

①石粉：主要指石灰石粉，为天然的碳酸钙，含钙 34%～38%，是补钙最廉价、来源最广的矿物质饲料。天然石粉要注意铅、汞、砷、氟的含量不要超过安全系数，此外大理石、白云石、石膏、熟石灰等均可作为补钙饲料。

②碳酸钙：饲料级轻质碳酸钙，是补钙矿物质饲料中含钙最高者。但因其成本高，生产中使用不多。

(3)含磷的矿物质饲料。当饲粮中钙的比例过高或钙、磷比例不当时，可用含磷的化合物来调节。常见的有磷酸氢钠(NaH_2PO_4)和磷酸氢二钠(Na_2HPO_4)。前者含磷 25.80%，钠 19.15%；后者含磷 21.81%，钠 32%～38%。在生产中要注意补充含磷化合物，可引起其他元素如钠的比例改变。

(4)含钙、磷的矿物质饲料。这种既含钙又含磷的矿物质饲料在生产中使用较多。通常与含钙的饲料共同使用，保证饲料正常钙磷比例。主要包括骨粉、磷酸钙盐(磷酸钙、磷酸氢钙、过磷酸钙和脱氟磷酸钙)。

骨粉是动物骨骼经高压蒸馏、脱脂、脱胶干燥后磨成的细粉。由于加工方法不同分为蒸骨粉和煮骨粉，其主要成分是磷酸钙，是含钙和磷较平衡的矿物质饲料。煮骨粉钙含量为 24.53%～25.40%，磷为 10.95%～11.65%；蒸骨粉钙含量为 30.71%～33.59%，磷为 12.90%～14.90%，氟含量为 3 569.0 mg/kg。氟含量远远超过了饲料的安全允许量，一般规定羊日粮干物质中含氟量不超过 30～60 mg/kg，使用时应当注意。另外，有些骨粉有异臭味,灰泥色的骨粉带大量致病菌,有的骨收购地喷洒敌敌畏等药剂,而使骨粉受污染,应用时应该认真检测。

(5)含硫的矿物质饲料。饲料中一般含有丰富的硫,不需补充,但在羊的脱毛期或利用非蛋白氮饲料时常需补硫。补充硫的最大来源是蛋氨酸,其次是硫酸盐,再次是硫元素。硫酸钠的硫,能被利用的只相当于蛋氨酸中硫的80%,而元素硫相当于硫酸钠中硫的1/2左右。据报道,在混合精料中补加1%左右的硫酸钠、硫酸钙等,可改善瘤胃中微生物的消化作用,提高干物质、粗纤维以及氯的利用率。根据现有资料尚难定出不同硫补充剂对绵羊的安全上限。用硫酸钠,认为0.4%是最大耐受量。

(6)含镁的矿物质饲料。对于早春放牧以及用玉米作为主要饲料补加非蛋白氮饲喂的羊,常需要补镁。一般用氧化镁、硫酸镁、磷酸镁和碳酸镁作为镁补充剂,可被绵羊很好地利用。

(7)含钾的矿物质饲料。谷物中钾含量多半超过0.4%(按干物质计算),而大多数的饲草则超过1%。因此,很少发生缺钾现象。但羔羊喂精料型日粮时,以及羊群冬季或旱季放牧在牧草成熟的草场上时要注意补钾。草原牧草成熟时钾含量降至0.2%以下。氯化钾和硫酸钾可以用作钾补充剂。

(8)饲料添加剂的营养特性。羊的饲料添加剂是为了满足羊的需要而在饲料(精料混合物、粗饲料、青饲料)的加工、储存、调配、饲喂过程中添加的微量或少量物质。

使用添加剂的目的是补充或平衡饲料营养,提高饲料的适口性和利用率,促进羊的生长和预防疾病,防止饲料在储存期质量下降,改进畜产品品质,提高羊的经济效益。

添加剂一般分为2大类:第一类是营养性添加剂,主要用于补充和平衡羊必需的成分,维持其生理功能。主要包括微量元素、维生素、氨基酸、天然矿物质添加剂等。第二类是非营养性添加剂,该类添加剂本身无营养价值,但可维持羊的健康,提高饲料及畜产品质量。主要包括保健助生长添加剂，瘤胃发酵及胃肠道消化生理调控添加剂，饲料储存、保藏添加剂，抗应激以及调味、着色剂等。

根据我国《兽医管理条例》规定，药品（含饲料药物添加剂）不得直接加入饲料中使用，必须将其制成预混剂（预混合饲料）。目前在我国暂行饲料工业标准中，将添加剂预混合饲料产品分为4类：矿物质预混合饲料、维生素预混合饲料、复合预混合饲料和药物预混合饲料。其各种产品的功能、用法、用量参照该产品说明。

❸ 羊常用饲料的加工调制

饲料调制是为了保证饲料的品质，减少营养损失，增加适口性，提高饲料的营养价值和利用率。对某些不能直接饲用的副产品，通过加工调制后可变成饲料，有利于开辟饲料来源。饲料经过加工调制后，应结合饲用特点进行利用。

○ 粗饲料的调制与饲喂方法

1. 干草的调制

青绿饲料的含水量一般为65%～85%，需要降低到15%～20%，才能抑制植物酶和微生物的活动，以达到储备干草的目的。

(1)田间干燥法：是调制干草最普通的方法。牧草刈割后，采用薄层平铺法曝晒4～5 h，使水分迅速降至38%后，虽然水分仍继续蒸发，但速度减慢，可集成小堆晒干。为了提高干燥速度，可用压扁机把牧草压扁、碾碎。有条件的地方还可利用田间干燥机械快速干燥。在调制干草的过程中，应尽量避免营养丰富的叶片脱落。

(2)人工干燥法：其办法是将鲜草置于45～50℃的小室内停放几小时，水分即可降至10.5%～12%，或在500～1 000℃温度下干燥 6 s,水分可降至 10%～12%。这种干燥方法可保存干草养分的 90%～95%。

(3)干草块:当牧草水分干燥至 15%左右时,用干草制块机制作干草块。其形状有砖状、柱状和饼状等。干草块的特点是保存养分性能好,单位体积重量大,在通风良好的情况下,能储存 6 个月,可作为羊的基础饲料。

此外,还可采用传统的草垛晒制干草的方法。

2. 秸秆调制

秸秆中纤维素含量较高,经过加工调制后,能改善原来的理化性质,改善适口性,提高采食速度和采食量,提高消化率,同时也是降低饲养成本提高养羊经济效益的好办法。

(1)机械处理法。

①铡短和粉碎:秸秆可切短至 2～3 cm 草段或用粉碎机碎成草粉,便于羊采食和咀嚼,可加快其通过瘤胃速度,采食量可增加 20%～30%,使羊消化吸收的营养总量增加。

②浸泡。秸秆铡短或粉碎后,用清水或淡盐水浸泡,使其软化,可增强适口性,提高采食量。但用此种方法调制的饲料,水分不能过大,应按用量处理,浸后 1 次性喂完。

③秸秆碾青。在晒场上,先铺上约 30 cm 厚的秸秆,再铺约 30 cm 的鲜苜蓿,最后在苜蓿上再铺约 30 cm 厚的秸秆,用石滚或镇压器碾压,把苜蓿压扁,汁液流出后被秸秆吸收。这样既可缩短苜蓿干燥时间,减少养分的损失,又可提高秸秆的营养价值和利用率。

④制作秸秆颗粒饲料。一种是将秸秆、秕壳和干草等粉碎后,根据羊的营养需要,配合适当的精料、糖蜜(糊精和甜菜渣)、维生素和矿物质添加剂混合均匀,用机器生产出不同大小和形状的颗粒饲料。秸秆和秕壳在颗粒饲料中的适宜含量为 30%～50%。这种饲料营养价值全面,体积小,易于保存和运输。另一种是秸秆

添加尿素。其做法是:将秸秆粉碎后,加入尿素(占全部日粮总氮量的 30%)、糖蜜(1 份尿素,5～10 份糖蜜)、精料、维生素和矿物质,压制成颗粒。这种饲料粗蛋白质含量提高,适口性好,减缓氨在瘤胃中释放的速度,可防止氨中毒,并能降低饲料成本和节约蛋白质饲料。

(2)秸秆的氨化处理。目前,处理秸秆所用的氨有气氨、液氨和固氨 3 种,但多用液氨。氨化秸秆的含水量应达到 20%～30%,可在壕、窖或塑料袋等容器内进行,也可堆垛处理。在容器内氨化,秸秆可铡短装入,按每 100 kg 秸秆洒入体积分数为 25% 的氨水 12～20 kg,也可按 110 kg 秸秆 30～40 kg 水和 2.0 kg 尿素配制的溶液洒入秸秆内后密封。对大捆或大堆的秸秆进行氨化处理,可用 0.15～0.2 mm 厚的聚乙烯薄膜或其他不透气薄膜将其覆盖严密,再通过带喷头的铁管从堆或捆的几个点注入氨水。温度保持在 20℃以上,暖季约 1 周,冷季 1 个月即可"熟化"利用。

(3)秸秆微贮。是利用筛选出来的专用优良菌种在适宜的厌氧环境下对秸秆中的粗纤维,尤其是对木质素的分解作用,可提高秸秆的消化率,提高蛋白质含量、维生素含量,改善适口性。微贮饲料可使羊采食的速度提高 40%～43%,采食量增加 20%～40%。青的或干的秸秆都能微贮。

制作方法:首先是菌种复活。以处理 1 000 kg 秸秆为例,具体做法是,将 3 g 活干菌溶于 2 kg 自来水中,在常温下静置 2 h。有条件的可先加 20 g 白糖于水中充分溶解,然后再加入活干菌溶解、静置 2 h,可提高菌种复活率。其次是菌液配制。将复活的菌液倒入充分溶解 0.8%～1.0%的食盐水溶液中拌匀,食盐水及菌液量的计算见表 3-1。配制好的菌液不能过夜。最后是秸秆入窖、菌液喷汤、压实及封窖。微贮窖可在取用方便、土质坚硬、排水良好、地下水位低的地方挖成土窖,或用砖、水泥砌成永久性窖。土窖在装窖前要先在窖底部和周围铺上一层塑料薄膜;装窖则是将粉碎的秸秆(2～3 cm)在窖铺放 20～30 cm 厚,均匀喷洒菌液水,压实后,再铺放 20～30 cm 秸秆,再喷洒菌液压实,直到高于窖口 40 cm。然后按每平方米 250 g 食盐均匀撒于上面,盖上塑料薄膜,再覆上 15～20 cm 的土层。

表 3-1 菌液配制

秸秆种类	秸秆重量/kg	发酵活干菌用量/g	食盐用量/kg	自来水用量/L	贮料含水量/%
稻麦秸秆	1 000	3.0	9～12	1 200～1 400	60～70
黄玉米秸	1 000	3.0	6～8	800～1 000	60～70
青玉米秸	1 000	1.5		适量	60～70

在装窖过程中,如果当天窖内没有装满饲料,可盖上塑料薄膜,第二天装窖时揭开塑料薄膜即可。分层压实和密封的目的都是为了使秸秆与外界空气隔绝,保证微贮窖内呈厌氧状态。在喷洒菌液和压实的过程中,要随时检查微贮料含水率是否合适,各处是否均匀一致。特别注意层与层之间水分的衔接,不得出现夹干层。含水率的检查方法是取秸秆试样,用双手扭拧。若有水往下滴,其含水量约为 80％以上;若无水滴,松开手后看到手上水分很明显,为 60％左右。微贮饲料含水量要求在 60％～70％最为理想。

3.粗饲料的饲喂方法

经调制的粗饲料主要用于舍饲羊或放牧羊群的冬、春季补饲。放牧羊每天晚上补饲 1 次。下雪和产羔期每天早晚各补饲 1 次,若饲草充足还可喂 1 次夜草。饲喂没有铡短的干草最好设置草架饲喂,饲喂铡短的粗饲料应在食槽上饲喂,以防止羊抢食而弄脏饲草,造成浪费。氨化秸秆,在饲喂前 2～3 天启封,必须等游离氨散发无氨味后才能饲喂。否则会造成氨中毒或羊眼被氨气熏蒸失明。微贮饲料开始饲喂时,应由少至多,使羊有一个适应过程(1～

2 周)，即逐渐增加饲喂量。取用微贮料时，每天用多少取多少，从上到下垂直逐段取用，每次取完后仍用塑料薄膜将取口封好。

还可用尿素溶液喷洒于粗饲料中喂羊，但要严格控制尿素的喂量。每 10 kg 体重每天可喂 2～3 g。成年羊每只日喂 10～15 g，育成羊每天可喂 6～10 g，分 2～3 次喂给，喂后不要立即饮水。饲喂尿素时，配合一定量的精料或容易消化的碳水化合物(如糖蜜)和适量的硫及磷能提高尿素的利用率。尿素连续喂效果才好，因为瘤胃微生物对尿素的利用有个适应过程，不宜中断，在每次开始饲喂尿素时，要有一个由少到多逐渐增加到最高喂量的过程。在饥饿状态下的羊，不要立即喂尿素，要先进行补饲，过几天后，再开始喂尿素比较安全。此外，尿素不要与豆饼、苜蓿混喂，因豆饼(包括大豆)、苜蓿中含有脲酶，对尿素有迅速分解的作用，因而易使羊氨中毒。如将豆饼经高温处理，脲酶破坏后，再喂则无害。

○ 青贮饲料的调制和饲喂方法

1. 青贮饲料的调制

青贮饲料可以很好地保存饲料的营养物质，是冬春季补饲用的主要青绿多汁饲料，对泌乳母羊特别是对常年舍饲羊更为重要。青贮可以较长时间保存饲料，称之为“饲料罐头”，还可作为灾荒年的救灾饲料。作为青贮用的原料很多，可以将全株玉米、玉米秸秆、高粱秸秆、葵花和洋芋的茎叶、青刈牧草、杂草、树木树叶，可饲用的小灌木各种薯蔓等作为青贮原料，也可将各种薯类如土豆、红薯等压碎作为青贮原料。

青贮窖址选择在地势高燥，地下水位低，土质坚实，排水良好，离羊舍较近的地方。窖形有圆形窖和长方形窖，可为土窖或用砖石水泥建成永久式窖。一般多为地下式或半地下式。窖的容积大小可根据需要量决定，可建大型窖，也可以多建几个小型窖。小型圆形窖的直径一般为 2 m，深 3 m；小型长方形窖长 5 m，宽 2.5 m，深 3 m。要求窖底平整，窖壁光滑，上下垂直或略有一定的坡度，防止坍塌。每立方米的贮量，玉米秸约为 430 kg，含水量多的叶菜类可达 600 kg。

(1)青贮原料的收割时期。全株玉米青贮在乳熟至蜡熟期收割；玉米秸青贮在籽粒达到完熟期而茎叶尚保持绿色时收割；甘薯藤青贮在霜前收割；天然牧草青贮在盛花期收割。

(2)青贮原料的铡短，装填与压紧。青贮原料铡短至 2～3 cm（牧草也可整株青贮）。装填时如原料太干，可加水或加入含水量高的青绿饲料；若太湿，可稍加晾晒或加入铡短的秸秆，再加入 1%～2%的食盐，要保持含水率在 65%～75%为宜。在装填前，底部铺 10～15 cm 厚的秸秆，然后分层装填青贮料。每装 20～30 cm，必须压紧 1 次，尤其要注意压紧四周，不留死角。

(3)青贮后的封顶。青贮原料高出窖（壕）上沿 0.6～1 m，在上面覆盖 1 层塑料薄膜，然后覆土 30～50 cm。封顶后经常检查，若有下陷和出现裂缝的地方要及时培土。四周应设排水沟，以防雨水进入。

由于农忙，收获玉米后一时来不及青贮的玉米秸秆，也可进行黄贮，即茎秆尚保持青绿色而叶片已变干变黄者，可作黄贮。制作黄贮时要适当加入水分，使含水量达到 70%左右。制作方法同上。经过黄贮的玉米秸秆比干玉米秸的适口性好，营养分损失少、利用率高。

近年来有不少地方制作半干青贮，其原料的含水率为 40%～55%。还有的进行加入添加剂青贮，如加入糖蜜、甜菜、乳酸菌制剂等，也可加入一定量的尿素。为了防腐，还可加入甲酸、丙酸、亚硫酸等。加入添加剂青贮，能使青贮料的营养物质含量得到提高。但由于加入添加剂数量很少，所以务必与青贮料混合均匀，否则影响青贮饲料的质量。

2. 青贮饲料的饲喂方法

青贮原料在窖内青贮 40～60 天便可完成发酵过程，此时即可开窖使用。开窖后，先除去泥土和霉层，然后从上到下垂直逐段取用，取后必须盖严，以免青贮料与空气接触时间过长而变质。青贮料应现取现用，不得提前取出，防止冰冻和变质。青贮原料应放在食槽内饲喂，切忌撒在地面上喂。若每天补饲 1 次，可在收牧时喂给，每只羊日喂量为 1.0～1.5 kg；若每天饲喂 2 次，则早、晚各饲喂 1 次，日喂量每只羊可达 3.0 kg。刚开始饲喂青贮料时，要由少到多逐渐增加到饲喂量，使羊有一个逐渐适应的过程。怀孕母羊产前 15 天停喂青贮饲料。

○ 块根、块茎饲料的调制和饲喂方法

块根、块茎饲料在饲喂前应洗净泥土，除去腐烂部分，切成小薄片或小长条，以利于羊采食和消化。不喂整块，以避免因羊抢食而造成食道梗塞。

饲喂方法：多与精料拌和饲喂，也可单喂。

○ 精饲料的调制和饲喂方法

1. 精饲料的调制

如果单独饲喂精料，可制成颗粒状(2.0 mm)或压扁。如果精料与粉碎的饲草混合拌喂，可增加羊对饲草的采食量。精料压扁是将精料如玉米、大麦或高粱等加入 16％的水，用蒸汽加热到 120℃左右，用压扁机压成片状，经干燥并配以所需的添加剂而制成。

饼粕类饲料是采用溶剂浸提法或压榨法榨油所生产的副产品。浸提法所得副产品叫粕类饲料，未经高温处理，须脱毒处理后才能做饲料。压榨法所得副产品叫饼类饲料，已经过高温处理，不需脱毒处理可直接做饲料，但由于经高温、高压处理，赖氨酸和精

氨酸之类的碱性氨基酸损失量大。

2.精饲料的饲喂方法

根据精饲料的种类,按羊的营养需要配合日粮。一般豆饼占精料量的1/3,每只羊喂量不超过200 g。精饲料的饲喂次数,一般日喂量在400 g以下,可在下午收牧后1次喂给;500～800 g分2次喂给,上、下午各1次;1 000～1 500 g分3次喂给,早、午、晚各1次。精料可与粉碎的草粉一起饲喂,喂前应拌入适量的水并混合均匀,以便羊采食。

第 4 章　羊的营养需要及日粮配合

绵羊和山羊所需要的营养物质，如能量、蛋白质、矿物质、维生素和水等，都赖以人类提供。合理供给羊所需要的营养物质，才能经济地利用饲草、饲料，生产出量多质优的产品。

❶ 羊的营养需要

羊的营养需要包括维持需要和生产需要。羊的维持需要，指维持其基本生命活动所需要的营养物质，表现在维持其正常消化、呼吸、循环、体温等生命活动。如果这种需要得不到满足，就得动用体内原有养分来补足亏损，从而出现体重减轻和其他各种不良后果。羊摄食营养首先满足维持需要，剩余的部分才用于生长、繁殖、泌乳、长肉和产毛等，这一剩余部分营养需要叫生产需要，其等于羊摄食营养的总量减去维持需要。生产需要才对人类真正有用，所以生产需要占总营养需要量的比例越高，饲料的转化率就越高，饲养效果越好。科学的日粮配合和良好的饲养管理措施可以降低维持需要，提高饲料的利用率和养羊的经济效益。

○ 对干物质的需要

干物质（DM）是羊对所有固形饲料养分需要量的总称，通常用干物质采食量(DMI)表示。羊干物质采食量占体重的3%～5%。干物质采食量的多少与羊品种、个体特点、饲料品质、饲喂方式及外界环境等因素有关。

干物质采食量是一个综合性营养指标,所以饲养羊时应严格控制干物质采食量。在配制羊日粮时应正确协调干物质采食量和养分浓度之间的关系。

○ 对水的需要

水对羊的生理机能起着重要作用,作为一种溶剂,溶解营养物质,把营养输送到全身,并将代谢废物排出;作为一种媒介物,使体液内各种物质溶液连续反应变化;通过呼吸等排出体内多余热量,对外界温度的突然变化反应慢,保持机体体温稳定;此外也有缓解关节摩擦等功能。一般除骨骼外,羊体内各个组织的水分占其重量的70%,当体内失去10%的水分时,羊即感到不适,失去20%～25%的水分时,就会危及生命。如果供水不足,使羊丧失食欲,影响体内代谢,生产性能下降。常见的羔羊下痢死亡,其直接原因就是严重脱水所致。

羊的需水量一般是风干饲料摄入量的2倍。这些水主要来自饮水,其次是饲料含水和代谢水。

○ 对能量的需要

羊为维持生命及开展各项活动,都要消耗能量。在营养学中,能量的衡量单位常用热量的单位,以前常用“卡”表示,实践中常用千卡(大卡)或兆卡(等于1 000千卡,亦称热姆),现在都用焦耳作为能量的单位。卡与焦耳换算关系为1卡(cal)等于4.184焦耳(J)。

羊机体开展机能活动所需的能量,主要来源于饲料中的3大有机物质——碳水化合物、脂肪、蛋白质,其中碳水化合物是能量的主要来源。脂肪的含能量虽是碳水化合物的 2.25 倍，但在饲料中含量低，除特殊情况外，一般不作为主要能源。肉羊增膘后形成的脂肪，不是直接来自饲料中的脂肪，而是靠日粮中碳水化合物为主转化过来的。蛋白质也能氧化供能，但从经济效益和资源上考虑一般不作为能量使用。

碳水化合物主要存在于植物性饲料中，是羊的饲料中所占数量最高的营养物质，通常占其干物质的 50%～70%。

1. 碳水化合物的种类及特点

在饲养界常将其分为粗纤维（不溶性碳水化合物）和无氮浸出物（可溶性碳水化合物）2 类。前者主要是细胞壁的成分，后者主要是存在于细胞内容物中。

(1)粗纤维。包括粗纤维素、半纤维素和木质素。木质素不能被羊瘤胃微生物利用，并且饲料中由于它的存在，妨碍羊对纤维素、半纤维素及其他营养物质的利用。试验表明，饲料中木质素每增加 1%，羊对饲料有机物质的消化率下降 0.8%。纤维素和半纤维素能被瘤胃微生物发酵，分解成挥发性低级脂肪酸被羊利用。粗纤维是羊的主要能量来源。

(2)无氮浸出物：主要包括可溶性糖（单糖、双糖）和淀粉。它们易溶于水，易消化，经消化道酶水解成葡萄糖被吸收，一般消化率在 95%以上。

2. 碳水化合物的功能

碳水化合物的功能：一是羊体能量的主要来源，每克碳水化合物在体内平均产生 16.75 kJ 的热能，以植物性饲料为主的羊主要以氧化供能，满足生理上的需要；二是构成羊体器官的重要成分；三是在体内转化成糖原和脂肪作为营养物质的储备，以备营养不足时动用；四是合成必需氨基酸的原料；五是乳糖和乳脂的原料，碳水化合物在羊瘤胃中发酵产生乙酸、丙酸、丁酸，乙酸和丁酸是合成乳脂的主要原料，丙酸是合成乳酸的主要原料。

3. 能量水平对羊生产力的影响

饲料能量水平是影响生产力的重要因素之一。能量不足会导致幼龄羊生长缓慢，母羊繁殖率下降，泌乳期缩短或泌乳力下降，羊毛生长缓慢，羊毛品质和产毛量下降，对内寄生虫侵袭的抵抗力降低及死亡率增加等。能量过高，对羊的生产和健康同样不利。因此，合理的能量水平，对保证羊体健康、提高生产力和降低饲料消耗具有重要作用。

饥饿即能量缺乏，是羊最常见的营养缺乏症，它主要是由于饲料不足或羊采食劣质饲料所引起。羊所需要的能量主要依靠采食和消化牧草、干草和青贮料而得到。当这些饲料满足不了羊对能量的需求时，才用玉米、大麦、高粱、小麦和燕麦等能量饲料来补充。

控制羊能量摄取的方法，通常有限制喂量、增减日粮中的纤维素或大体积饲料的比例、采取隔日喂料或限制采食时间等。

4. 影响羊能量需要的因素

羊对能量的需要，除与体重、年龄、生长以及能量与蛋白质的比例有关外，常常还随以下因素的不同而变化：

(1)环境：温度、湿度和风速超出羊舒适的范围，能量需要就会高一些。

(2)活动程度：草原上放牧的羊，比舍饲的羊多消耗 10%～100%的热能，其多少因游走距离的远近而异。

(3)被毛情况：被毛短，或绒毛稀少，在寒冷天气降低了羊保温功能，需要的能量就会高些。

(4)妊娠：妊娠最后 6 周能量需要高，用以满足胎儿生长和提高泌乳量。

(5)泌乳：哺乳双羔需要的能量要比维持需要高 1.7～1.9 倍。

(6)羔羊状况：生长较快的大型品种羔羊、公羔以及早期配种和产羔的周岁母羊，所需能量高于其他同龄羊。

(7)早期断乳羔羊：由于早期断乳羔羊利用大体积饲料的能力

(采食量)相对较小,因此需要含能量较高的饲料。

(8)育肥羊:随着育肥日龄的增加,需要的能量将逐渐增高。

(9)应激:出现应激现象的羊需要的能量则高一些。

○ 对蛋白质的需要

1. 蛋白质的组成

羊饲料中的蛋白质,以粗蛋白质(CP)来表示,包括真蛋白质和氨化物 2 部分。蛋白质是由多种氨基酸结合而成。羊对蛋白质的需要,实质上是对氨基酸的需要。按羊对氨基酸的需要分为非必需氨基酸和必需氨基酸。

(1)非必需氨基酸:非必需氨基酸是指在体内可以由其他物质合成,或需要量很少,不必特殊补给,也能保证羊正常生长的氨基酸。

(2)必需氨基酸:是指在体内不能合成,或合成的数量不能满足机体需要,必须由饲料中供给的氨基酸。

(3)限制性氨基酸:在饲料或日粮蛋白质中,按照羊体的需要及比例,其相对不足的必需氨基酸称为限制性氨基酸。根据饲料或日粮中各种必需氨基酸的缺乏程度不同,分别称为第一、第二、第三……限制性氨基酸。

羊属于反刍家畜,体内瘤胃微生物可以合成各种氨基酸满足需要,对摄入蛋白质的数量和质量不如猪、鸡要求严格。但近年来研究表明,合理的氨基酸供应,对羊改善饲料利用率和提高生产性能是很重要的。一般情况下,羊对必需氨基酸需要的 40%由瘤胃微生物合成,其余 60%来自饲料。但是对于生长前期的羔羊,由于瘤胃发育不全,微生物的合成功能不齐全,至少需要提供组氨酸、亮氨酸、异亮氨酸、赖氨酸、蛋氨酸、苯丙氨酸、苏氨酸和缬氨酸等必需氨基酸。随着瘤胃的发育成熟,对日粮中必需氨基酸的需要则逐渐减少,但仍必须保证蛋白质数量的充分供给,使瘤胃微生物利用饲料中的蛋白氮和非蛋白氮(氨化物)合成各种氨基酸,满足羔羊迅速生长发育需要。对于高产羊，仅依靠瘤胃微生物提供必需氨基酸是不够的。因为瘤胃微生物合成必需氨基酸的能力是有限的，并且饲料中有大部分蛋白质在瘤胃中被分解，合成菌体蛋白。有资料报道，在反刍家畜日粮中添加蛋氨酸，可增加体内氮的存留量，提高生产性能。由此认为，蛋氨酸可能是高产反刍家畜的第一限制性氨基酸。

2. 蛋白质的功能

蛋白质是组成各种生命活动所必需的酶、激素、抗体等的原料；羊的肌肉、皮肤、内脏、血液、神经、结缔组织等体组织、体细胞均以蛋白质为基本成分。同时，蛋白质还是体组织再生、修复和更新的必需物质。试验表明，羊体蛋白质总量中每天 0.25%～0.30% 进行更新，如供给的蛋白质不足以补偿羊体组织蛋白质的消耗时，就会出现氮的负平衡，影响羊的健康和生产性能。另外，蛋白质是肉、奶、毛、皮等畜产品的原料。例如，肉中蛋白质含量为 13%～22%，奶中为 2%～6%，毛中为 80%～85%，皮中为 20%～25%，蛋白质还可作为供能物质，蛋白质在羊代谢过程中和羊进食少量的蛋白质或蛋白质品质差时，均被氧化放出能量被机体利用。

3. 蛋白质水平对羊生产力的影响

羊日粮中蛋白质不足，会影响瘤胃的生理消化效果，表现为食欲下降、采食量减少或饲料利用率降低，从而导致羊生长发育缓慢、产毛量和产乳量下降。严重缺乏蛋白质，会导致羊消化紊乱、体重下降、贫血、水肿以至抗病力减弱。饲喂蛋白质过量，多余的蛋白质变成低效的能量，很不经济。过量的非蛋白氮和高水平的可溶性蛋白质可造成氨中毒。所以合理的蛋白质水平很重要。

羊对蛋白质的需要量受生长、妊娠、泌乳、体重、体况、增重速度及蛋白质与能量比例等因素的影响。身体瘦弱的母羊在开始妊娠时，对蛋白质的需要量比体况良好的要多些；育肥羔羊的蛋白质需要量，随着增重速度的增加而增加。每兆焦消化能约配合

4.78 g 可消化蛋白质，就能满足非哺乳期母羊对蛋白质的需要；对于泌乳、生长和肥育羊，则要求每兆焦消化能配合更多一些的可消化蛋白质。如果日粮中能量降低，而蛋白质百分率不变，羊为满足对能量的需要，势必增加采食量，出现摄入蛋白质过多的问题；反之，日粮中能量增加，采食量势必随之下降，影响蛋白质的摄入量，日增重相应减少。因此，日粮中应保持合适的能量蛋白质比例。

饲料营养成分表上用“粗蛋白质”和“可消化蛋白质”（粗蛋白质×0.8）表示。

○ 对矿物质的需要

动植物焚烧后剩下的灰分，便是活体的矿物质含量，它只占体重很小的比例，却是生命活动的必需物质，几乎参与所有生理过程，是构成畜体组织器官，调节体内渗透压和酸碱平衡，参与三大有机营养物质代谢，维持细胞膜渗透性及神经肌肉的兴奋性等不可缺少的物质。羊需 15 种矿物质元素，按其在体内的含量分为常量元素（在体内含量大于或等于 0.01%）和微量元素（在体内含量小于 0.01%）。常量元素有 7 种，为钾、钠、钙、磷、氯、镁、硫；微量元素有 8 种，为碘、铁、锰、钼、铜、锌、钴、硒。其他常量元素和微量元素因正常饲养可以基本满足，故一般不予考虑。

在羊体内，常是钙、磷、钾、镁、硫不足，铜、铁、碘、钴、锰处于临界缺乏或缺乏，锌有时可能不足，硒、氟、钼缺乏现象具有地区性。

目前文献上的矿物质元素需要量，其计算前提是假设饲粮是平衡的，不含有任何降低相应元素利用的物质。但在生产实际中，矿物质元素的需要量随这类物质的性质和含量而变动。如果只考虑某种矿物质元素的需要量，计算值与实际需要可能会出入很大。不少种矿物质元素间存有平衡关系，如钙和磷、钙和锌、铜和钼、硒和砷等，确定这些元素在具体条件下的实际需要量时，必须认真考虑上述的矿物元素平衡关系。

羊矿物元素的基本来源是饲料、矿物质补充饲料和饮水(在一些地理区域内)。饲料植物是从土壤和水中取得矿物质,土壤中缺什么,植物中相应缺什么。在该地区放牧的家畜就会患相应的矿物质不足症。

○ 对维生素的需要

维生素在动物体内含量极少,其不是形成机体各组织器官的原料和供能物质,但它是维持羊体正常生理机能所必需的具有高度生物活性的有机化合物。主要以辅酶和催化剂的形式广泛参与体内的代谢和多种化学反应。

羊体内维生素可以由饲料获得,也可以由羊本身合成。维生素包括水溶性维生素(B 族维生素和维生素 C)及脂溶性维生素(维生素 A、维生素 D、维生素 E 和维生素 K)2 类。水溶性维生素及脂溶性维生素 K 可由瘤胃内的微生物合成,故饲养标准中很少考虑,但这些维生素对瘤胃功能尚未健全的早龄乳羔是需要的,脂溶性维生素 A、维生素 D、维生素 E 则对羊的生产影响十分重要。

除干旱季节、热破坏或库存陈旧饲料,以及冬季草场上的成熟后干枯饲草外,其他饲料中含有足够的维生素 A 和维生素 E(饲料中含有 β-胡萝卜素在体内肠壁细胞和肝内可转变为维生素 A)。其次,羊采食大量青绿多汁饲草时,能在肝脏储存维生素 A,当喂缺维生素 A 饲粮时,维生素 A 足够维持 3～4 个月的生产需要。维生素 D 对羊来讲不存在缺乏问题,因为羊在紫外线照射下通常可以获得足够的维生素 D,除非羊长期处于缺乏阳光照射的环境,又连续饲喂缺乏维生素 D 的日粮。一般来讲,只要喂给足够数量的青干草及青贮或青绿饲料,羊所需要的各种维生素均可得到满足。

❷ 羊的饲养标准

羊的饲养标准又称羊的营养需要量,是羊维持生命活动和从事生产(乳、肉、毛、奶、繁殖)对各种营养物质的需要量。饲养标准是根据科学试验结果,结合实际饲养经验制定的。但必须认识到,标准仅供参考,不能生搬硬套。这是因为我国各地区羊的品种、体重大小、生产性能不同,所处的自然条件、饲养管理技术水平不同,用于支付体热数量、生长发育及生产产品的营养需要多少也不一样,所以各地应根据本地的生产实际酌情调整。

○ 绵羊的饲养标准

下面列出前苏联绵羊的饲养标准(表 4-1 至表 4-11)和我国建议的新疆细毛羊的饲养标准(表 4-12 至表 4-18),以供参考。

前苏联的标准适用于毛用、毛肉兼用、肉毛兼用、肉脂兼用等舍饲条件下的绵羊。对放牧条件下饲养的绵羊,其标准应提高15%～20%,高产母羊(净毛量 2.3 kg 以上)和幼龄羊提高 12%～15%。

表 4-1　毛用、毛肉兼用、肉毛兼用品种种公绵羊非配种期的饲养标准　　每只,每天

指　标	体重/kg						
	70	80	90	100	110	120	130
饲料单位	1.5	1.76	1.7	1.8	1.9	2.0	2.1
代谢能/MJ	17.0	1.80	19.0	20.0	21.0	22.0	23.0
干物质/kg	1.7	1.85	1.95	2.05	2.2	2.3	2.4
粗蛋白质/g	225	242	247	252	267	277	292
可消化蛋白质/g	145	155	160	165	175	185	195
食盐/g	10	1	12	13	14	15	16
钙/g	9.5	10	11	11.5	11.5	12.25	12.75
磷/g	6.0	6.4	6.8	7.2	7.6	8.0	8.4
镁/g	0.85	0.9	0.95	1.0	1.0	1.1	1.1
硫/g	5.25	5.55	5.85	6.15	6.45	6.75	7.15
铁/mg	56	70	74	78	84	87	91
铜/mg	12	13	14	14	15	16	17
锌/mg	49	54	57	60	64	67	70
钴/mg	0.6	0.7	0.7	0.7	0.8	0.8	0.8

续表 4-1

指　标	体　重/kg						
	70	80	90	100	110	120	130
锰/mg	65	70	74	78	84	87	91
碘/mg	0.5	0.5	0.6	0.6	0.7	0.7	0.7
胡萝卜素/mg	17	19	21	23	25	27	29
维生素 D/IU	500	540	580	615	650	680	710
维生素 E/mg	51	54	57	60	63	66	69

表 4-2　毛用、毛肉兼用、肉毛兼用种公绵羊配种期（每周配种 3 次以下）的饲养标准　　每只，每天

指　标	体　重/kg						
	70	80	90	100	110	120	130
饲料单位	2	2.1	2.2	2.3	2.4	2.5	2.6
代谢能/MJ	22	23	24	25	26	27	28
干物质/kg	2.2	2.3	2.4	2.5	2.6	2.7	2.8
粗蛋白质/g	340	350	360	380	385	400	410
可消化蛋白质/g	225	235	245	255	265	275	285
食盐/g	15	16	17	18	19	20	21
钙/g	12.1	12.6	13.2	13.8	14.4	15.0	15.6
磷/g	9.0	9.5	9.9	10.5	10.8	11.3	11.7
镁/g	1.0	1.1	1.2	1.2	1.3	1.3	1.4
硫/g	7.05	7.35	7.75	8.15	8.45	8.75	9.05
铁/mg	84	87	91	95	99	105	108
铜/mg	15	16	17	18	19	20	21
锌/mg	64	67	70	73	75	80	83
钴/mg	0.8	0.8	0.8	0.9	0.9	1	1
锰/mg	84	84	91	95	99	105	108
碘/mg	0.7	0.7	0.7	0.8	0.8	0.8	0.9
胡萝卜素/mg	27	32	37	42	47	52	57
维生素 D/IU	780	820	860	900	940	980	1 020
维生素 E/mg	63	66	72	75	78	81	84

注：配种 3 次以上时，则标准提高 8%～10%。

表 4-3 毛用和毛肉兼用品种母绵羊(净毛量 2～2.3 kg)的饲养标准 每只，每天

指 标	空怀及妊娠头 12～13 周				妊娠最后 7～8 周			
	体 重/kg							
	40*	50	60	70	40*	50	60	70
饲料单位	0.9	1.05	1.15	1.25	1.15	1.35	1.45	1.55
代谢能/MJ	10	12.5	13.5	14.5	12.5	14.5	16.5	17.5
干物质/kg	1.4	1.75	2.0	2.0	1.6	1.9	2.1	2.3
粗蛋白质/g	150	160	170	185	170	200	215	220
可消化蛋白质/g	85	95	105	115	115	135	145	155
食盐/g	9	10	11	12	12	13	14	15
钙/g	6	6.5	7	7.5	7.5	8	9.0	9.5
磷/g	4	4.4	4.8	5	5	5.5	5.8	6.2
镁/g	0.5	0.6	0.7	0.8	0.9	1	1.1	1.2
硫/g	3.5	4	4.5	4.7	4.3	4.6	5	5.3
铁/mg	48	54	62	70	58	68	78	88
铜/mg	10	12	14	16	12	14	16	18
锌/mg	34	40	46	52	46	54	62	70
钴/mg	0.43	0.5	0.58	0.65	0.55	0.65	0.75	0.85
锰/mg	53	60	69	75	69	81	93	106
碘/mg	0.43	0.5	0.57	0.64	0.47	0.55	0.63	0.72
胡萝卜素/mg	10	12	15	15	12	14	17	20
维生素 D/IU	500	600	700	800	750	850	1 000	1 150

* 空怀母羊体重。

表 4-4 肉用兼用品种母绵羊的饲养标准 每只，每天

指 标	空怀及妊娠头 12～13 周			妊娠最后 7～8 周		
	体 重/kg					
	50*	60	70	50*	60	70
饲料单位	0.95	1.05	1.15	1.25	1.35	1.45
代谢能/MJ	10.5	12.1	13	15.3	16	17.2
干物质/kg	1.45	1.6	1.7	1.60	1.7	1.8

续表 4-4

指　标	空怀及妊娠头12～13周			妊娠最后7～8周		
	体　重/kg					
	50*	60	70	50*	60	70
粗蛋白质/g	140	150	165	200	210	230
可消化蛋白质/g	85	90	100	120	130	140
食盐/g	10	12	13	11	13	15
钙/g	5.3	6.2	7.0	8.4	9.5	10.3
磷/g	3.1	3.6	4.0	3.8	4.5	5.1
镁/g	0.5	0.6	0.7	0.8	0.9	1.0
硫/g	2.7	3.1	3.5	4.9	5.6	6.3
胡萝卜素/mg	10	12	15	20	22	25
维生素 D/IU	500	600	700	750	900	1 000

* 空怀母羊体重。

注:微量元素标准同毛用和毛肉兼用品种。

表 4-5　毛用和毛肉兼用品种泌乳母绵羊的饲养标准

每只,每天

指　标	泌乳头6～8周				泌乳后半期			
	体　重/kg							
	40	50	60	70	40	50	60	70
饲料单位	1.65	1.9	2.05	2.15	1.25	1.45	1.55	1.65
代谢能/MJ	17.0	20.0	23.0	24.5	13.5	15.5	17.0	18.0
干物质/kg	1.7	2.0	2.3	2.60	1.65	1.95	2.15	2.35
粗蛋白质/g	260	290	310	330	220	240	250	260
可消化蛋白质/g	175	200	215	225	125	145	155	165
食盐/g	15	17	19	21	13	14	15	16
钙/g	11	11.7	12.9	13.5	8	8.7	9.8	10.5
磷/g	7.4	7.8	8.2	8.6	5.4	5.8	6.2	6.6
镁/g	1.4	1.6	1.7	1.8	1.2	1.3	1.4	1.5
硫/g	6.4	6.8	7.2	7.5	4.7	5	5.4	5.8

续表 4-5

指　标	泌乳头 6～8 周				泌乳后半期			
	体　重/kg							
	40	50	60	70	40	50	60	70
铁/mg	100	110	120	130	85	95	105	120
铜/mg	16	18	20	22	13	15	17	20
锌/mg	95	110	125	142	68	76	84	95
钴/mg	0.94	1.08	1.24	1.4	0.76	0.85	0.91	1.05
锰/mg	100	110	120	130	85	95	105	120
碘/mg	0.72	0.85	0.98	1.1	0.58	0.66	0.74	0.8
胡萝卜素/mg	20	22	23	25	15	17	20	20
维生素 D/IU	750	850	1 000	1 100	600	700	800	900

表 4-6　肉用兼用品种泌乳母绵羊的饲养标准　每只,每天

指　标	泌乳头 6～8 周			泌乳后半期		
	体　重/kg					
	50	60	70	50	60	70
饲养单位	2.00	2.10	2.20	1.45	1.55	1.65
代谢能/MJ	21.0	22.0	23.0	17.2	18.4	19.2
干物质/kg	2.10	2.20	2.30	1.80	1.90	2.10
粗蛋白质/g	310	330	340	200	225	240
可消化蛋白质/g	200	210	220	135	145	155
食盐/g	14	15	16	12	14	16
钙/g	10	10.5	11	7.5	8.5	9.5
磷/g	6.4	6.8	7.2	4.8	5.2	5.8
镁/g	1.7	1.8	1.9	1.3	1.5	1.6
硫/g	5.4	5.9	6.0	4.8	5.2	5.8
胡萝卜素/mg	15	13	20	12	16	18
维生素 D/IU	750	900	1 000	600	700	800

注:微量元素标准同毛用和毛肉兼用品种。

表 4-7　毛用和毛肉兼用品种生长绵羊的饲养标准　　每只，每天

指标	处女羊(净毛量 2～2.5 kg)						小公羊(净毛量 3～3.5 kg)					
	年龄/月											
	4～6	6～8	8～10	10～12	12～14	14～18	4～6	6～8	8～10	10～12	12～14	14～18
	体重/kg											
	24～31	31～36	36～40	40～44	44～47	47～50	26～36	35～42	42～48	48～53	53～58	58～70
	平均日增重/g											
	120	85	70	70	50	25	150	120	100	80	80	100
饲料单位	0.75	0.85	0.95	1.05	1.10	1.15	1.0	1.1	1.2	1.3	1.4	1.6
代谢能/MJ	8.4	9.4	10.4	11.0	11.5	12.0	11.0	12.0	13.0	14.0	15.0	17.0
干物质/kg	0.9	1.1	1.3	1.4	1.5	1.6	1.1	1.3	1.5	1.7	1.9	2.3
粗蛋白质/kg	130	145	170	180	185	190	170	190	215	235	255	290
可消化蛋白质/g	90	100	110	110	115	115	120	132	144	156	168	192
食盐/g	9	10	11	12	12	13	10	12	14	14	14	16
钙/g	4.5	5.0	6.0	6.4	6.4	7.0	6.0	6.6	7.2	7.8	8.4	9.6
磷/g	3.0	3.4	3.9	4.1	4.1	4.5	4.5	4.9	5.4	5.8	6.8	7.2
镁/g	0.6	0.6	0.6	0.6	0.7	0.7	0.7	0.8	0.9	1.0	1.1	1.1

续表 4-7

指标	处女羊(净毛量 2～2.5 kg)						小公羊(净毛量 3～3.5 kg)					
	年龄/月											
	4～6	6～8	8～10	10～12	12～14	14～18	4～6	6～8	8～10	10～12	12～14	14～18
	体重/kg											
	24～31	31～36	36～40	40～44	44～47	47～50	26～36	35～42	42～48	48～53	53～58	58～70
	平均日增重/g											
	120	85	70	70	50	25	150	120	100	80	80	100
硫/g	2.8	3.0	3.4	3.7	3.7	3.9	3.5	3.9	4.3	4.7	5.0	5.7
铁/mg	36	45	47	49	52	55	45	50	56	52	69	75
铜/mg	7.3	8	8	8.1	8.2	8.2	9	10.2	11	11.7	12.1	13.4
锌/mg	30	33	36	40	44	48	36	40	45	49	52	58
钴/mg	0.36	0.4	0.4	0.4	0.42	0.42	0.45	0.46	0.51	0.55	0.57	0.58
锰/mg	40	45	48	52	54	55	45	50	56	62	69	75
碘/mg	0.3	0.3	0.3	0.3	0.3	0.3	0.4	0.4	0.4	0.4	0.4	0.4
胡萝卜素/mg	7	7	7	8	8.5	8.8	8	10	12	12	14	16
维生素 D/IU	420	440	450	500	500	500	400	400	500	600	650	700

表 4-8 肉用兼用品种生长绵羊的饲养标准

每只，每天

指标	处女羊						小公羊					
年龄/月	4～6	6～8	8～10	10～12	12～14	14～18	4～6	6～8	8～10	10～12	12～14	14～18
体重/kg	25～33	33～39	39～43	43～47	47～50	50～54	27～37	37～46	46～54	54～59	59～65	65～77
平均日增重/g	125	100	75	70	50	30	170	150	130	90	90	100
饲料单位	0.85	0.85	1.0	1.1	1.10	1.1	1.0	1.05	1.2	1.45	1.6	1.75
代谢能/MJ	8.7	10.0	10.3	11.0	12.1	12.6	10.3	12.0	12.6	14.9	16.0	16.6
干物质/kg	0.80	0.95	1.1	1.3	1.45	1.5	0.9	1.1	1.2	1.55	1.75	1.95
粗蛋白质/kg	145	166	180	182	183	195	168	195	220	240	260	285
可消化蛋白质/g	113	116	118	120	123	123	130	140	150	160	175	190
食盐/g	4	5	6	8	9	10	5	6	8	9	10	12
钙/g	4.2	5.0	5.5	6.2	6.9	6.9	5.7	6.0	6.8	7.8	8.4	8.9
磷/g	3.2	3.3	3.5	3.9	3.9	3.9	3.8	4.8	4.8	5.3	5.6	5.6
镁/g	0.6	0.6	0.7	0.7	0.7	0.8	0.7	0.8	0.9	1.0	1.1	1.1
硫/g	2.8	2.8	3.1	3.2	3.4	3.7	3.2	3.5	3.9	4.6	4.9	5.0
胡萝卜素/mg	6	6	7	7	8	8	9	9	9	10	11	12
维生素 D/IU	300	450	480	480	500	500	400	500	500	680	750	800

注：微量元素标准同毛用和毛肉兼用品种幼龄绵羊。

表 4-9　成年肥育绵羊的饲养标准　　每只，每天

指　标	毛用和毛肉兼用品种					肉毛兼用品种			
	体　重/kg								
	40	50	60	70	80	50	60	70	80
	平均日增重/g								
	150	160	170	180	180	170	180	190	190
饲料单位	1.3	1.4	1.5	1.6	1.7	1.5	1.6	1.7	1.75
代谢能/MJ	14.8	15.9	17.1	18.2	19.4	16.5	17.6	18.7	19.5
干物质/kg	1.6	2.0	2.4	2.8	3.1	1.9	2.2	2.4	2.6
粗蛋白质/g	182	195	210	230	240	200	210	225	230
可消化蛋白质/g	117	125	135	145	150	130	135	145	150
食盐/g	15	16	17	18	20	16	17	18	20
钙/g	7.8	8.4	9.0	9.6	10.0	9.0	9.6	10.0	10.5
磷/g	5.2	5.6	6.0	6.4	6.8	4.5	4.8	5.1	5.3
镁/g	0.6	0.7	0.8	0.9	1.0	0.5	0.6	0.7	0.7
硫/g	4.5	4.9	5.2	5.6	6.0	3.0	3.4	3.8	4.2
胡萝卜素/mg	10	11	12	13	14	12	12	13	14
维生素 D/IU	585	630	675	720	760	500	530	550	580

表 4-10　毛用和毛肉兼用品种幼龄绵羊育肥的饲养标准　　每只，每天

指　标	年　龄/月						
	2	3	4	5	6	7	8
	体　重/kg						
	15	21	26	32	37	42	45
	平均日增重/g						
	180	180	200	180	170	130	130
饲料单位	0.65	0.75	0.9	1.1	1.3	1.4	1.5
代谢能/MJ	7.1	8.3	10.0	12.1	14.3	15.4	16.5
干物质/kg	0.65	0.80	1.0	1.25	1.5	1.65	1.8

续表 4-10

指　标	年　龄(月)						
	2	3	4	5	6	7	8
	体　重/kg						
	15	21	26	2	37	42	45
	平均日增重/g						
	180	180	200	180	170	130	130
粗蛋白质/g	110	135	170	205	2470	245	250
可消化蛋白质/g	85	95	110	130	150	155	165
食盐/g	4.0	5.5	7.0	8.0	9.0	9.5	10
钙/g	4.0	4.7	5.5	6.3	7.2	8.6	10
磷/g	2.4	3.0	3.6	4.4	5.2	5.6	6
镁/g	0.5	0.5	0.6	0.6	0.6	0.6	0.7
硫/g	2.2	2.6	3.1	3.6	4.7	4.7	5.3
胡萝卜素/mg	6	7	8	9	10	10	10
维生素/(D/IU)	300	330	360	400	450	455	460

表 4-11　肉毛兼用品种幼龄绵羊育肥的饲养标准　　每只,每天

指　标	体　重/kg							
	20	30	40	50	30	40	50	60
	平均日增重/g							
	200	200	200	200	150	150	150	150
饲料单位	0.95	1.25	1.5	1.75	1.1	1.40	1.50	1.8
代谢能/MJ	10.40	13.7	16.5	19.20	12.0	13.5	16.50	19
干物质/kg	0.85	1.10	1.4	1.65	0.95	1.25	1.45	1.6
粗蛋白质/g	140	170	200	215	155	180	200	220

表 4-12　中国建议的新疆细毛羔舍饲肥育代谢能(ME)需要量　kJ/(天·只)

日增重/g	体重/kg						
	20	25	30	35	40	45	50
50	6 400	7 536	8 587	9 634	10 681	11 731	12 778
100	7 432	8 633	9 835	11 066	12 238	13 440	14 637
150	8 378	9 730	11 082	12 439	13 791	15 144	16 500
200	9 320	10 827	12 334	13 837	15 345	16 852	18 359
250	10 266	11 924	13 582	15 240	16 902	18 560	20 218
300	11 208	13 021	18 430	16 643	18 455	20 268	22 077

表 4-13　中国建议的新疆细毛羔舍饲肥育消化能(DE)需要量　kJ/(天·只)

日增重/g	体重/kg						
	20	25	30	35	40	45	50
50	7 871	9 186	10 471	11 757	13 042	14 327	16 513
100	10 928	10 521	11 999	13 473	14 951	16 425	17 903
150	10 241	11 857	13 519	15 190	16 860	18 527	20 197
200	11 325	13 188	15 043	16 906	18 769	20 630	22 487
250	12 468	14 524	16 580	18 623	20 679	22 726	24 782
300	13 607	15 830	18 091	20 339	22 588	24 824	27 210

表 4-14　中国建议的新疆细毛羔舍饲肥育可消化蛋白质(DCP)需要量　g/(天·只)

日增重/g	体重/kg						
	20	25	30	35	40	45	50
50	47	52	57	62	64	70	78
100	63	68	73	78	80	85	89
150	79	84	90	95	95	100	101

续表 4-14

日增重/g	体重/kg						
	20	25	30	35	40	45	50
200	95	101	107	112	110	115	119
250	111	117	123	129	125	129	134
300	128	134	140	145	140	144	148

表 4-15　中国建议的新疆细毛羔舍饲肥育粗蛋白质(CP)需要量　g/(天・只)

日增重/g	体重/kg						
	20	25	30	35	40	45	50
50	84	93	101	111	114	125	139
100	111	121	132	141	143	152	159
150	141	150	161	171	170	179	186
200	158	168	178	187	183	192	198
250	171	180	189	198	192	198	206
300	183	191	200	207	204	210	215

表 4-16　中国建议的新疆细毛羔舍饲肥育钙需要量　g/(天・只)

日增重/g	体重/kg						
	20	25	30	35	40	45	50
50	1.4	1.6	1.9	2.1	2.4	2.7	2.9
100	1.9	2.2	2.5	2.8	3.1	3.4	3.7
150	2.4	2.7	3.0	3.4	3.7	4.1	4.4
200	2.8	3.2	3.6	4.0	4.4	4.8	5.2
250	3.3	3.8	4.2	4.6	5.1	5.5	5.9
300	3.8	4.3	4.8	5.2	5.7	6.2	6.7

表 4-17　中国建议的新疆细毛羔舍饲肥育磷需要量　g/(天·只)

日增重/g	体重/kg						
	20	25	30	35	40	45	50
50	1.4	1.6	1.8	2.1	2.3	2.5	2.7
100	1.8	2.0	2.2	2.5	2.7	2.9	3.2
150	2.1	2.4	2.6	2.9	3.2	3.4	3.7
200	2.4	2.7	3.0	3.3	3.6	3.9	4.2
250	2.8	3.1	3.4	3.7	4.1	4.4	4.7
300	3.1	3.4	3.8	4.1	4.5	4.9	5.2

表 4-18　中国建议的新疆细毛羊舍饲肥育食盐需要量　g/(天·只)

日增重/g	体重/kg						
	20	25	30	35	40	45	50
需要量/g	6	7	8	9	10	11	12

○ 山羊的饲养标准

山羊的饲养方式主要有放牧、舍饲 2 种。由于山羊神经类型较敏感，一般山羊的维持需要较绵羊高。

1. 奶山羊的饲养标准

奶山羊的营养需要量是维持需要与生产需要之和。生产需要对于奶山羊指产奶需要，若有体重增加，生产需要则也包括增重需要。奶山羊的营养需要标准见表 4-19 至表 4-26。

2. 毛用和绒用山羊的饲养标准

(1)种公羊的饲养标准。种公羊可分为配种期(60 天)和非配种期(305 天)，其饲养标准是按体重和配种次数制定的。配种前 45 天为准备期，应逐渐采用配种时期的饲养标准，配种结束后 30 天内为恢复期，逐渐降低标准，接近非配种期。其具体标准见表 4-27。

表 4-19 奶山羊的维持饲养标准*

体重/kg	净能/(MJ/天)	粗蛋白质/(g/天)	可消化粗蛋白质/(g/天)	钙/(g/天)	磷/(g/天)	干物质采食量[kg/(天·只)]	
						4.69 MJ 净能/kg	5.61 MJ 净能/kg
10	1.34	22	15	1	0.70	0.28	0.24
20	2.18	38	26	1	0.70	0.48	0.40
30	3.05	51	35	2	1.40	0.65	0.54
40	3.81	63	43	2	1.40	0.81	0.67
50	4.52	75	51	3	2.10	0.95	0.79
60	5.15	86	59	3	2.10	1.09	0.91
70	5.77	96	66	4	2.80	1.23	1.02
80	6.40	106	73	4	2.80	1.26	1.13
90	6.99	116	80	4	2.80	1.48	1.23
100	7.57	126	86	5	3.50	1.60	1.34

注:适于饲养管理条件稳定,活动轻微,早期妊娠条件下应用。

表 4-20 奶山羊维持+低活动量饲养标准*

体重 /kg	净能 /(MJ/天)	粗蛋白质 /(g/天)	可消化粗蛋白质 /(g/天)	钙 /(g/天)	磷 /(g/天)	干物质采食量[kg/(天·只)]	
						4.69 MJ 净能/kg	5.61 MJ 净能/kg
10	1.67	27	19	1	0.7	0.36	0.30
20	2.85	46	32	2	1.4	0.60	0.50
30	3.85	62	43	2	1.4	0.81	0.67
40	4.77	77	54	3	2.1	1.01	0.84
50	5.61	91	63	4	2.8	1.19	0.99
60	6.44	105	73	4	2.8	1.36	1.14
70	7.24	118	82	5	3.5	1.54	1.28
80	7.99	130	90	5	3.5	1.70	1.41
90	8.74	142	99	6	4.2	1.85	1.54
100	9.46	153	107	6	4.2	2.00	1.67

*:此表增加了 25%的营养,适于集约化管理,热带气候,早期妊娠等条件下应用。

表 4-21　奶山羊维持＋中等活动量饲养标准*

体重/kg	净能/(MJ/天)	粗蛋白质/(g/天)	可消化粗蛋白质/(g/天)	钙/(g/天)	磷/(g/天)	干物质采食量[kg/(天·只)]	
						4.69 MJ 净能/kg	5.61 MJ 净能/kg
10	2.01	33	23	1	0.7	0.43	0.36
20	3.39	55	38	2	1.4	0.72	0.60
30	4.60	74	52	3	2.1	0.98	0.81
40	5.69	93	64	4	2.8	1.21	1.01
50	6.78	110	76	4	2.8	1.48	1.19
60	7.70	126	87	5	3.5	1.64	1.37
70	8.66	141	98	6	4.2	1.84	1.53
80	9.62	156	108	6	4.2	2.03	1.69
90	10.46	170	118	7	4.9	2.22	1.85
100	11.38	184	128	7	4.9	2.41	2.01

*：增加了 50%的营养，适于半干旱地区，地理位置稍高的牧场，早期妊娠等情况下应用。

表 4-22　妊娠羊饲养标准(后 2 个月)

泌乳早期活体重/kg	净能/(MJ/天)	粗蛋白质/(g/天)	可消化粗蛋白质/(g/天)	钙/(g/天)	磷/(g/天)	干物质采食量[kg/(天·只)]	
						4.69 MJ 净能/kg	5.61 MJ 净能/kg
40	7.91	121	85	9.0	3.5	1.69	1.41
50	8.62	147	103	9.5	4.0	1.84	1.54
60	10.00	171	120	10.0	4.5	2.13	1.78
70	10.08	197	138	10.5	5.0	2.15	1.80
80	10.79	221	155	11.0	5.5	2.30	1.93

表 4-23 产 1 kg 不同乳脂率奶的泌乳羊饲养标准

乳脂率/%	净能/(MJ/天)	粗蛋白质/(g/天)	可消化粗蛋白质/(g/天)	钙/(g/天)	磷/(g/天)	干物质采食量[kg/(天·只)]	
						4.69 MJ 净能/kg	5.61 MJ 净能/kg
2.5	2.85	59	42	2	1.4	0.61	0.51
3.0	2.85	64	45	2	1.4	0.61	0.51
3.5	2.89	68	48	2	1.4	0.62	0.51
4.0	2.93	72	51	3	2.1	0.63	0.52
4.5	2.97	77	54	3	2.1	0.64	0.53
5.0	3.01	82	57	3	2.1	0.64	0.54
5.5	3.05	86	60	3	2.1	0.65	0.54
6.0	3.1	90	63	3	2.1	0.65	0.55

表 4-24　种公羊非配种期饲养标准

体重/kg	净能/(MJ/天)	粗蛋白质/(g/天)	可消化粗蛋白质/(g/天)	钙/(g/天)	磷/(g/天)	食盐/(g/天)	干物质采食量[kg/(天·只)]	
							4.69 MJ 净能/kg	5.61 MJ 净能/kg
55	4.73	116	80	8	4	12	1.00	0.84
65	5.90	145	100	8	4	12	1.26	1.05
75	7.11	174	120	9	5	12	1.52	1.27
85	8.28	203	140	9	5	12	1.77	1.48
95	9.46	232	160	10	5	12	2.02	1.69
105	10.67	261	180	10	6	12	2.28	1.90
115	11.84	290	200	11	6	12	2.53	2.11
125	13.01	319	220	11	6	12	2.78	2.30

表 4-25 种公羊配种期饲养标准(日采精 2～3 次)

体重/kg	净能/(MJ/天)	粗蛋白质/(g/天)	可消化粗蛋白质/(g/天)	钙/(g/天)	磷/(g/天)	食盐/(g/天)	干物质采食量[kg/(天·只)] 4.69 MJ 净能/kg	干物质采食量[kg/(天·只)] 5.61 MJ 净能/kg
55	8.87	232	160	9	6	15	1.89	1.58
65	9.46	261	180	9	6	15	2.01	1.69
75	10.04	290	200	10	7	15	2.14	1.79
85	10.67	319	220	10	7	15	2.28	1.90
95	11.25	348	240	11	8	15	2.40	2.01
105	11.84	377	260	11	8	15	2.53	2.11
115	13.01	406	280	12	9	15	2.78	2.32
125	14.23	435	300	12	9	15	3.04	2.54

表 4-26 不同日增重时奶山羊的营养需要

日增重/g	净能/(MJ/天)	粗蛋白质/(g/天)	可消化粗蛋白质/(g/天)	钙/(g/天)	磷/(g/天)	干物质采食量[kg/(天·只)] 4.69 MJ 净能/kg	干物质采食量[kg/(天·只)] 5.61 MJ 净能/kg
50	0.84	14	10	1.0	0.7	0.18	0.15
100	1.67	28	20	1.0	0.7	0.36	0.30
150	2.51	42	30	2.0	1.4	0.54	0.45

表 4-27　绒用和毛用种公山羊的饲养标准　　每只，每天

指　标	非配种期					配　种　期				
	体　重/kg									
	50	60	70	80	90	50	60	70	80	90
饲料单位	1.0	1.2	1.4	1.5	1.6	1.5	1.6	1.7	1.8	1.9
代谢能/MJ	12	14	16	18	19	16	18	19	20	22
干物质/kg	1.5	1.6	1.7	1.85	1.95	1.6	1.8	1.9	2.0	2.2
粗蛋白质/g	150	180	200	220	225	240	270	285	295	325
可消化蛋白质/g	95	115	130	140	145	160	180	190	200	220
食盐/g	10	11	12	13	14	13	14	15	16	17
钙/g	6.0	7.2	8.4	9.0	9.6	9.0	9.6	10.2	10.8	11.4
磷/g	3.5	4.2	4.9	5.3	5.6	5.3	5.6	6.0	6.3	6.7
镁/g	0.55	0.65	0.70	0.80	0.85	0.80	0.85	0.90	0.90	0.95
硫/g	3.0	3.6	4.2	4.5	4.8	4.5	4.8	5.1	5.4	5.7
铁/mg	40	50	55	65	70	45	55	65	75	85
铜/mg	7	8.5	10	11	13	8.5	10	12	14	15
锌/mg	30	35	40	50	55	35	45	50	60	70
钴/mg	0.35	0.4	0.5	0.55	0.60	0.45	0.55	0.65	0.7	0.8
锰/mg	40	50	55	65	70	45	55	65	75	85
碘/mg	0.24	0.25	0.27	0.28	0.29	0.25	0.25	0.26	0.3	0.3
胡萝卜素/mg	12	14	17	18	19	18	19	20	22	23
维生素 D/IU	330	400	460	490	520	495	525	560	590	620
维生素 E/mg	32	38	45	48	51	48	51	54	58	61

(2)成年母羊的饲养标准。根据母羊生理特点,分为空怀期、怀孕前期、怀孕后期和哺乳期。不同时期的饲养标准是按品种、体重制定的。怀孕前期(1～90 天)胎儿重仅为羔羊出生重的 10%,一般空怀期与怀孕前期采用同一标准。哺乳后半期(3 个月以后)由于泌乳量降低,应较前期降低 15%～20%饲料单位,青年母羊自身尚在生长应较标准增加 10%。其具体标准见表 4-28。

(3)育成羊的饲养标准。其标准是按月龄、体重和性别来制定的(表 4-29)。

表 4-28　绒用和毛用母山羊的饲养标准　　每只,每天

指　标	空怀和妊娠头 12～13 周			妊娠最后 7～8 周				泌　乳			
	体　重/kg										
	35	40	45	35	40	45	50	35	40	45	50
饮料单位	0.8	0.85	0.95	1.0	1.1	1.2	1.25	1.45	1.55	1.65	1.7
代谢能/MJ	8.1	9.5	10.8	10.0	11	12.0	13.0	15.0	16.0	17.5	18.0
干物质/kg	1.2	1.4	1.6	1.35	1.5	1.7	1.9	1.45	1.6	1.9	2.0
粗蛋白质/g	115	125	150	150	155	165	170	240	255	275	280
可消化蛋白质/g	65	70	90	100	105	110	115	145	155	165	170
食盐/g	10	10	12	12	12	13	13	13	14	15	16
钙/g	4.0	5.0	5.5	6.5	7.0	7.5	8.0	7	8	8	8.5
磷/g	2.5	2.5	3.0	3.5	3.9	4.2	4.4	5	5.5	6	6.0
镁/g	0.5	0.5	0.6	0.6	0.6	0.6	0.7	0.7	0.8	0.8	0.9
硫/g	2.4	2.6	2.9	3.0	3.3	3.6	3.8	4.4	4.7	5.0	5.1
铁/mg	43	43	43	55	55	55	55	88	88	88	88
铜/mg	9.6	9.6	9.6	11	11	11	11	15	15	15	15
锌/mg	32	32	32	43	43	43	43	88	88	88	88
钴/mg	0.4	0.4	0.4	0.52	0.52	0.52	0.52	0.87	0.87	0.87	0.87
锰/mg	48	48	48	65	65	65	65	88	88	88	88
碘/mg	0.4	0.4	0.4	0.44	0.44	0.44	0.44	0.68	0.68	0.68	0.68
胡萝卜素/mg	7	9	13	13	14	16	18	17	19	20	21
维生素 D/IU	420	490	600	600	700	800	900	650	700	850	900

表 4-29　绒用和毛用育成山羊的饲养标准

每只，每天

指标	处女山羊					小公山羊				
年龄/月	4～6	6～8	8～10	10～12	12～18	4～6	6～8	8～10	10～12	12～18
体重/kg	15～20	21～22	23～25	26～27	28～37	20～25	26～27	28～30	31～35	36～40
饲料单位	0.6	0.7	0.7	0.8	0.9	0.7	0.8	0.9	1.0	1.2
代谢能/MJ	6.5	7.2	7.2	8.0	9.5	7.6	8.5	9.4	10.3	12.3
干物质/kg	0.7	0.8	0.9	0.95	1.25	0.8	0.95	1.05	1.25	1.5
粗蛋白质/g	100	115	120	120	140	120	130	140	150	180
可消化蛋白质/g	70	80	80	80	90	85	90	95	100	100
食盐/g	7	7	7	9	9	8	8	9	10	12
钙/g	4	4	5	5	5	5	5	6	6	6
磷/g	2	2	3	3	3	3	3	4	4	4
镁/g	0.4	0.4	0.5	0.6	0.7	0.5	0.5	0.6	0.7	0.8

续表 4-29

指　标	处女山羊					小公山羊				
	年　龄/月									
	4～6	6～8	8～10	10～12	12～18	4～6	6～8	8～10	10～12	12～18
	体　重/kg									
	15～20	21～22	23～25	26～27	28～37	20～25	26～27	28～30	31～35	36～40
硫/g	1.8	1.8	2.8	2.8	2.8	2.5	2.5	3.5	3.5	3.5
铁/mg	45	47	49	52	55	50	56	62	69	75
铜/mg	8	8	8.1	8.2	8.3	10.2	11	11.7	12.1	13.4
锌/mg	33	36	40	44	48	40	45	49	52	58
钴/mg	0.4	0.41	0.41	0.41	0.41	0.46	0.51	0.55	0.57	0.58
锰/mg	45	48	52	54	55	50	58	62	69	76
碘/mg	0.3	0.3	0.3	0.3	0.3	0.3	0.38	0.38	0.38	0.38
胡萝卜素/mg	6	6	6	7	7	7	7	8	9	10
维生素 D/IU	400	400	420	450	500	420	440	450	500	550

❸ 日粮配合

○ 日粮配合与配合饲料的基本概念

1. 日粮配合

日粮是羊一昼夜所采食的饲料、饲草量。日粮配合就是根据羊的饲养标准和饲料的营养成分，选择几种饲料互相搭配，使日粮能满足羊的营养需要。所以日粮配合是饲养标准的具体化。

2. 配合饲料

在生产中，羊不是单只饲养，而是群养。所以，对同一生产类型的羊群，按日粮中各种饲料的百分比，配合大量的混合饲料，按日分顿喂食来实现，这种饲料叫做配合饲料。按其营养成分可分为以下 4 类。

(1)全价配合饲料。是能满足羊所需要的全部营养的配合饲料，是按饲养标准规定的营养需要量配制的，不加任何其他饲料。

(2)精料补充料。又称精料混合料，主要由能量饲料、蛋白质饲料和矿物质饲料组成，用以补充青、粗饲料中不足的营养成分。精料补充料不是全价配合饲料，只是日粮中的一部分，也称为半日粮型配合饲料。

(3)浓缩饲料。是指由蛋白质饲料、无机盐、维生素和非营养性添加剂等按一定比例配制的均匀混合物。浓缩饲料再加上能量饲料就成为精料补充料，其又称为平衡用混合饲料。浓缩饲料一般占配合饲料的 20%～30%，其中的粗蛋白质含量要求在 30%以上。浓缩饲料不能直接用来喂羊。

(4)添加剂预混料。又称添加剂预配料，是一种或多种营养性添加剂和非营养性添加剂与载体或稀释剂，按配方要求均匀配合的产品，是一种半成品，按说明加入基础饲料中方可饲喂。添加剂预混料是饲养高产家畜及幼畜所不可缺少的，也是浓缩饲料的核心。

○ 日粮配合的原则

1. 以饲养标准为依据

根据羊的体重、用途、生产性能、性别、年龄等来选择相应的饲养标准和饲料营养成分表。但饲养标准又是在一定的条件下制定的，而各地的自然条件和羊的情况不同，所以还应通过实际饲养对饲养标准酌情增减。

2. 饲料搭配要合理

根据羊的消化生理特点，首先应以青粗饲料为主，注意优质干草、青贮饲料的搭配，用精料补充料补充青粗饲料营养的不足。各种饲料搭配为：以青、粗饲料为基础，其干物质占总日粮中干物质的 50％～60％，精饲料占 40％～50％。精料补充料中，籽实饲料占 30％～50％，蛋白质饲料为 15％～20％，矿物质饲料为 2％～3％。日粮体积适当，保证羊能全部吃下，又要满足营养需要。

3. 因地制宜选用饲料，降低饲料成本

选择来源广泛、价格低廉、质量可靠的饲料作为配合饲料的主要原料，以保证配合饲料质量的相对稳定并降低饲料成本。

4. 饲料种类多样化

各种饲料原料都有其独特的营养特性，单独的一种饲料原料是不能满足羊的营养需要的。因此，应尽量保持饲料的多样化，达到养分互补、提高配合饲料的全价性。

5. 注意饲料质量

严禁使用有毒或霉烂变质的饲料。

6. 及时吸收最新科研成果

饲料添加剂是配合饲料的核心部分，生产配合饲料时要及时吸收新的科研成果，选用安全、有效的添加剂（如酶制剂、中草药制剂、益生素、代谢调控剂等）。动物处于环境应激的情况下，除了调整大量养分含量外，还要注意添加防止应激的其他成分。

○ 日粮配合的方法

一般有方形法、试差法、解方程法、计算机配合方法等。

现以毛用和毛肉兼用、体重为 50 kg 的泌乳绵羊(泌乳头 6～8 周)为例,用试差法说明日粮配合的方法和步骤。

1. 查饲养标准,找出羊的营养需要量

根据表 4-5,查得羊需要的主要养分(每只,每天):代谢能 20 MJ,可消化粗蛋白质 200 g、食盐 17 g、钙 11.7 g、磷 7.8 g、镁 1.6 g、硫 6.8 g、铁 110 mg、铜 18 mg、锌 110 mg、钴 1.08 mg、锰 110 mg、碘 0.85 mg。

2. 查饲料营养成分及营养价值

将所选用的饲料及其营养成分含量列于表 4-30 和表 4-31。

表 4-30　饲料营养成分

成分	干物质/%	代谢能/(MJ/kg)	可消化粗蛋白质/g	钙/%	磷/%
苜蓿干草	90.0	8.32	138	1.31	0.34
野干草	91.4	7.15	37	0.37	0.18
青贮玉米	23.0	1.80	16	0.18	0.05
玉米	88.4	12.62	65	0.04	0.21
大豆饼	90.6	13.08	366	0.32	0.50
磷酸氢钙				23.2	18.0

表 4-31　微量元素矿物质原料规格及含量

原料	分子式	元素含量/%	纯度/%
硫酸亚铁	$FeSO_4 \cdot 7H_2O$	Fe:20.1　S:12.0	98.5
硫酸铜	$CuSO_4 \cdot 5H_2O$	Cu:25.5　S:12.82	96.0
硫酸镁	$MgSO_4 \cdot 7H_2O$	Mg:9.87　S:12.99	99.5
硫酸锰	$MnSO_4 \cdot H_2O$	Mn:32.5　S:18.94	98.0
硫酸锌	$ZnSO_4 \cdot 7H_2O$	Zn:22.7　S:11.14	99.0
硫酸钴	$CoSO_4 \cdot 5H_2O$	Co:24.06　S:13.06	98.0
碘化钾	KI	I:76.40	98.0
硫酸钠	Na_2SO_4	S:22.53	

3.选青粗饲料配制基础日粮

按照日粮配合原则,首先用青粗饲料配制基础日粮。每天应喂给青粗饲料(风干基础)占体重的3.0%,体重50 kg的羊应喂50×3.0%=1.5 kg,其中干草占1/3,可用0.1 kg苜蓿干草和0.4 kg野干草满足,剩余的1 kg可用3 kg青贮饲料满足(1 kg干草相当于3 kg青贮饲料),然后根据表4-31计算各种成分含量(表4-32)。

表4-32　基础日粮配合表

项目	代谢能/MJ	可消化粗蛋白质/g	钙/%	磷/g
0.1 kg苜蓿干草	0.1×8.32=0.832	0.1×138=13.8	100×1.31%=1.31	100×0.34%=0.34
0.4 kg野干草	0.4×7.15=2.86	0.4×37=14.8	400×0.37%=1.48	400×0.18%=0.72
3 kg青贮玉米	3×1.80=5.40	3×16=48	3 000×0.18%=5.4	3 000×0.05%=1.5
合计	9.09	76.6	8.19	2.56
平衡情况(±)	20−9.09=+10.91	200−76.60=+123.40	11.7−8.19=+3.51	7.8−2.56=+5.24

4.调整能量含量

用精料补充基础日粮的营养不足,首先考虑能量,提供能量的最佳饲料是玉米。玉米含代谢能12.62 MJ/kg,能量还差10.91 MJ,可用10.91÷12.62≈0.86 kg玉米满足能量需要。调整后的含量见表4-33。

表4-33　能量配合表

项目	代谢能/MJ	可消化粗蛋白质/g	钙/%	磷/g
0.86 kg玉米	0.86×12.62=10.85	0.86×65=55.90	860×0.04%=0.35	860×0.21%=1.80
平衡情况(±)	10.91−10.85=+0.06	123.4−55.90=+67.50	3.53−0.35=+3.18	5.24−1.80=+3.44

5. 调整蛋白质含量

用 0.86 kg 玉米满足能量需要后，可消化粗蛋白质还差 67.50 g，可用含能量和蛋白质均丰富的豆饼代替部分玉米补足尚缺的蛋白质。每千克豆饼和玉米分别含可消化粗蛋白质 366 g 和 65 g。若用 1 kg 豆饼代替 1 kg 玉米，可增加蛋白质 366－65＝301 g，现缺 67.50 g，可用 67.50÷301＝0.22 kg 豆饼代替 0.22 kg 玉米。调整后的含量见表 4-34。

表 4-34　蛋白质配合表

项目	可消化粗蛋白质/g	代谢能/MJ	钙/%	磷/g
0.22 kg 大豆饼	366×0.22 ＝80.52	13.08×0.22 ＝2.88	0.32%×220 ＝0.70	0.50%×220 ＝1.10
0.64 kg 玉米	65×0.64 ＝41.60	12.62×0.64 ＝8.08	0.04%×640 ＝0.26	0.21%×640 ＝1.34
合计	122.12	10.96	0.96	2.44
平衡情况(±)	123.4－122.12 ＝＋1.28	10.91－10.96 ＝－0.05	3.51－0.96 ＝＋2.55	5.24－2.44 ＝＋2.80

6. 调整矿物质含量

由表 4-35 可知，代谢能和可消化蛋白质基本满足，钙缺 2.55 g，磷缺 2.80 g，可选用磷酸氢钙（含钙 23.2%、磷 18.0%）来补充，用量为 2.55÷23.20%＝10.99 g，凑成整数可用 11 g，那么由 11 g 磷酸氢钙可提供钙 2.55 g，磷 2.16 g，磷稍欠缺，可增 2 g 磷酸氢钙。即总量 13 g 磷酸氢钙，可提供钙 3.02 g，磷 2.34 g。食盐按需要量补加 17 g。

7. 微量元素原料添加量的计算

组成基础日粮中微量元素含量忽略不计，根据表 4-32，计算各种微量矿物质商品原料添加量（表 4-35）。

由以上原料提供硫 2.30 g，羊需要 6.8 g，尚缺 4.5 g，由含硫 22.53% 的硫酸钠补充，需 4.5÷22.53%＝19.97 g。

8.全面调整后的日粮组成及营养水平

全面调整后泌乳绵羊饲料配方见表 4-36。

表 4-35 微量矿物质商品原料添加量

项目	铁	铜	锌	镁	锰	钴	碘
标准规定量/mg	110	18	110	1 600	110	1.08	0.85
需纯原料量/mg	547.26	70.59	484.59	16 210.73	338.46	4.48	1.11
需商品原料量/mg	555.59	73.53	489.47	16 292.19	345.36	4.58	1.13
说明	需纯原料量(mg)＝标准规定量÷元素含量 需商品原料量(mg)＝纯原料量÷纯度						

表 4-36 泌乳绵羊饲料配方

饲料组成		营养水平	
苜蓿干草	0.1 kg	代谢能	20.05 MJ
野干草	0.4 kg	可消化粗蛋白质	198.72 g
青贮玉米	3 kg	钙	12.17 g
玉米	0.64 kg	磷	7.34 g
豆饼	0.22 kg	铁	110 mg
磷酸氢钙	13 g	铜	18 mg
硫酸亚铁	555.59 mg	锌	110 mg
硫酸铜	73.53 kg	锰	110 mg
硫酸锌	489.47 mg	钴	1.08 mg
硫酸锰	345.36 mg	碘	0.85 mg
硫酸钴	4.85 mg	镁	1.6 g
碘化钾	1.13 mg	硫	6.8 g
硫酸镁	16.30 g	食盐	17 g
硫酸钠	19.97 g		
食盐	17 g		

由表 4-36 看出，精料占日粮风干基础总量的 38%，青粗饲料占 62%，干物质含量约占体重的 4%，钙磷比为 1.66：1，基本符合要求。一般当粗饲料占日粮的 50%以上时，可基本满足羊对维生素的需要。

第5章　羊的饲养技术

养羊要取得高经济效益,科学的饲养管理技术和饲养良种羊同等重要。若要掌握科学的饲养技术,必须首先了解羊的生物学特性及消化特点,在此基础上才可能做到对各类型羊的科学饲养。

❶ 羊的生物学特性及消化特点

○生物学特性

通晓羊的生物学特性,才能更好地实现对羊群的控制和管理。

1. 合群性

“羊性善群”,说明羊的合群性强。无论放牧或舍饲,一个群体的成员总喜欢在一起活动,由训练有素的强壮羊担任头羊,能使羊群随人意,管理起来非常方便。绵羊和山羊能很好地混合组群,彼此和平共处。不过在活动中，它们仍总是按类相聚，彼此均匀掺混的较少。

不同绵羊品种的群居行为也有差别，粗毛羊品种的合群性最强，细毛羊次之，长毛肉用羊最差。长毛肉用羊和粗毛羊的杂种，其合群性也不如细毛羊和粗毛羊的杂种好。

合群性强，有利于放牧管理、转场和组建新群。但由于羊群居行为强，羊群间距离近时容易混群，或少数羊受惊奔跑，其他羊也盲目尾随，因此放牧人员要注意控制羊群。

2. 采食能力强，食性广

羊具有薄而灵活的嘴唇和锋利的牙齿，能啃食矮草，能利用其他家畜不能利用的饲草饲料。在半荒漠草场上，牛有60％的植物种类不能利用，而绵、山羊不能利用的仅为38％。

羊最爱吃的是那些多汁、柔嫩、低矮、略带咸味或苦味的各种植物。同时要求草料干净，凡被践踏、躺卧或被粪尿污染过的草，一般都避而不吃。

粗毛羊吃的是“走草”，爱挑草尖和草叶，边走边吃，移动较勤，游走较快，能扒雪吃草，对当地毒草有较高的识别能力。而细毛羊及其杂种，则吃的是“盘草”(站立吃草)，游走较慢，常落在后面，扒雪吃草和识别毒草的能力也较差。

山羊食性比绵羊更广，除能采食各种杂草外，还爱吃灌木枝叶和野果，喜啃食树皮。

3. 喜高燥、怕湿热

羊的圈舍、牧地和休息场所，都以高燥为宜。长期在潮湿地带生活，容易加重寄生虫和传染病的感染，使毛质降低，脱毛加重，腐蹄病增多。绵羊汗腺不发达，散热性能差，在炎热天气相互间有借腹蔽阴行为(俗称“扎窝子”)。我国北方地区相对湿度一般在40％～60％，故适于养羊特别是适于养细毛羊。而在南方的高湿高热地区，则适于养山羊和长毛肉用种羊。

4. 喜盐性

牧草中所含的钠太少，仅占日粮的 0.05%～0.15%，故远不能满足羊体的需要。如长期缺盐，则口淡异嗜，吃毛吃土，精神委靡，食欲不振。故在饲养管理中，可把啖盐作为调节食欲和防病保健的一种手段。

5. 善游走

牧区的羊终年以放牧为主，具有较强的游走能力，1 天往返里程一般是 6～10 km。农区饲养的山东小尾寒羊远牧能力较弱。山羊登高能力强，善跳跃，在较陡的山上，它们都能涉足采食。在绵、山羊混群放牧情况下，山羊总是走在羊群前面或两侧，极少有走在群后的。

6. 性情温顺、胆小易惊

人们常说“精山羊，皮绵羊”。山羊机警灵敏，活泼好动，能较好地听从人的指挥。而绵羊则皮实，反应迟钝，胆小怯懦，受到突然惊吓，容易“炸群”，四处逃散，所以必须加强放牧管理，保持羊群安静。

7. 嗅觉灵敏

羊嗅觉灵敏，母羊主要凭嗅觉识别自己的羔羊，视觉和听觉起辅助作用。羔羊出生后母羊能通过嗅觉识别自己的羔羊。在生产上利用这一特性，寄养羔羊，只要在被寄养的孤羔和多胎羔身上涂抹保姆羊的羊水，寄养多会成功。

8. 其他特性

(1)耐粗性。羊以青、粗饲料为主要食物，在饲料条件极端恶劣的条件下，具有较强的生存能力，耐粗性较强。山羊比绵羊更具耐粗性，对粗纤维的消化率比绵羊还高。所以山羊的适应性更强，分布区域非常广。

(2)耐渴性。绵羊和山羊都具有耐渴性，山羊比绵羊更能耐渴。山羊每千克体重代谢需水 188 mL，而绵羊则需水 197 mL。

虽然羊的耐渴性较强，但在养羊生产中一定要保证有足够的饮水。

(3)耐热性和耐寒性。羊对于热和寒冷都具有较好的耐受能力，这是因为羊毛具有绝热作用，既能阻止体热散发，又能阻止太阳辐射迅速传到皮肤，也能防御寒冷空气的侵袭。相比之下，绵羊较为怕热而不太怕冷，山羊不怕热。这是因为绵羊的汗腺不甚发达，蒸发散热主要靠喘气，故其耐热性远不如山羊。在炎热的夏季绵羊常有停止采食、喘气和“扎窝子”等现象，而山羊则仍能正常采食。绵羊和山羊对于寒冷都具有一定的抵御能力，到秋后羊体肥壮，皮下脂肪增多，羊皮增厚，羊毛长而密，能减少体热散发和阻止寒冷空气的影响。绵羊比山羊耐寒性强，粗毛羊比细毛羊耐寒性强，细毛羊又比长毛型半细毛羊耐寒性强。

羊增膘的温度为 8～24℃，最适宜的温度为 14～22℃。羊掉膘的温度是低于－5℃，或高于 25℃。肉用羊和羔皮羊掉膘的极端温度是低于－10℃；或高于 30℃。

9. 抗病能力

放牧羊的体质强壮，只要能吃饱饮足水，一般常年发病较少，在夏秋季膘肥时期更是体壮少病。膘好时对疾病的耐受力较强，一般不表现症状，有的临死还勉强吃草跟群。为要做到有病早治，必须仔细观察，才能及时发现病羊。

山羊的抗病力高于绵羊，感染寄生虫和腐蹄病的也较少。粗毛羊的抗病力又较细毛羊及其杂种为强。

○ 消化机能特点

1. 羊消化器官的机能特点

羊属于反刍类家畜，具有复胃，分为 4 室，即瘤胃、网胃、瓣胃和皱胃。前 3 个室胃壁黏膜无胃腺，统称前胃。皱胃壁黏膜有腺体，其功能与单胃动物相同，称真胃。应用排水法测定复胃的容积，绵羊为 30 L，山羊为 16 L 左右。在 4 个胃中，瘤胃容积最大，各胃容积占复胃总容积比率见表 5-1。

表 5-1　羊各胃容积的比率　%

羊别	瘤胃	网胃	瓣胃	皱胃
绵羊	78.7	8.6	1.7	11.0
山羊	86.7	3.5	1.2	8.6

前胃中起主要作用的是瘤胃，这个胃不但容纳大量的粗饲料和青草，作为临时的“储藏库”，以便休息时，再慢慢地反刍咀嚼，更主要的是内有大量的微生物活动，它可以分解消化食物。网胃与瘤胃的作用基本相似。瓣胃黏膜形成新月状的瓣叶，对食物起机械压榨作用。皱胃黏膜分泌胃液，主要是盐酸和胃蛋白酶，对食物进行消化。

小肠是羊消化吸收的主要器官，长度约为 25 m，相当于体长的 25 倍左右。胃内容物进入小肠后，经各种消化液（胰液和肠液等）进行化学性消化，分解了的营养物质被小肠吸收，未被消化吸收的食物，由于小肠的蠕动而被推进到大肠。

大肠长约 8.5 m，主要功能是吸收水分和形成粪便。在小肠未被消化的食物进入大肠，也可在大肠微生物和由小肠带入大肠的各种酶的作用下，继续消化吸收，剩余残渣形成粪便排出体外。

2. 反刍机能的特点

反刍是指反刍草食动物在食物消化前将食团吐出经过再咀嚼和再咽下的活动。其机制是饲草刺激网胃、瘤胃前庭和食管沟的黏膜，反射性引起逆呕。羊在短时间内采食大量草料，经瘤胃浸软、混合和发酵，随即出现反刍活动。先是逆呕一个食团于口中，反复咀嚼 70～80 次吞咽下去，如此逐一进行。1 天的逆呕食团数在 500 个左右。

每次反刍持续 40～60 min，有时可达 1.5～2 h。反刍中途也可随时转入吃草。反刍次数的多少和时间的长短，与当日所吃草料种类有密切关系。绵羊每天反刍的时间约为放牧采食时间的3/4,为舍饲采食时间(3～4 h)的1.6倍。

当羊患病、过度疲劳或受外来强烈刺激时,都可引起瘤胃机能减弱或反刍完全停止。反刍一旦停止,食物滞留在瘤胃内,往往由于发酵所产生的气体排不出去而引起膨胀。

3.瘤胃消化的特点

羊消化机能的特点,不同于单胃家畜家禽,主要是它有一个瘤胃。瘤胃可看成是羊的一个高效率而连续地供嫌气性微生物繁殖的活体发酵罐。瘤胃内的温度为40℃,pH值6～8,正符合微生物的需要。微生物与羊实际上是"共生作用",彼此有利。微生物与羊体的共生作用可概括为:

(1)微生物分解羊胃内的粗纤维。依赖微生物的共生作用,能将50％～80％的粗纤维分解消化。羊能消化粗纤维,完全依靠瘤胃内的微生物产生的粗纤维水解酶,这种酶能把粗饲料中的粗纤维分解成容易消化的碳水化合物被羊所利用,同时还产生几种低级脂肪酸(乙酸、丙酸、丁酸)。这几种有机酸很重要,一可以合成葡萄糖;二可以和尿素分解后产生的氨(NH_3),经微生物的作用合成氨基酸;三可中和尿素分解产物(NH_3),维持瘤胃正常的酸碱度,减少氨中毒。据测定,绵羊在一昼夜内分解碳水化合物形成挥发性脂肪酸的数量高达500 g,可满足羊体对总能量需要的40％,其中主要是乙酸。

(2)微生物把含氮化合物转成菌体蛋白。依赖微生物的作用可以把质量低的植物性蛋白质及一些非蛋白结构的含氮化合物(如氨化物和尿素)合成为高质量的氨基酸成分比较完全的菌体蛋白。对羊来说,草料中的非蛋白结构的含氮化合物具有与蛋白质同等的营养价值。用绵羊做实验,测出由瘤胃转移到真胃的蛋白质,约有82％属于菌体蛋白质。这些菌体蛋白在胃肠蛋白酶的作用下，在小肠被消化吸收。单是这一来源，就能满足羊基础代谢蛋白质需要的 30%～40%。

(3)微生物合成各种维生素。依赖微生物的作用，可在羊体内合成维生素 B_1、维生素 B_2、维生素 B_{12} 和维生素 K，这几种维生素可由羊自身满足需要，不必另外补充。

为了提高粗纤维的消化利用率和日粮能量水平，必须进一步增强微生物区系的活动。可采取的措施是：在高粗料日粮中加入少量粉碎玉米或糖蜜等高能量饲料；在日粮中保证磷、硫、钠、钾、钴等矿物质元素的供应；在饲喂时添加少量瘤胃素。这样可把丙酸水平提高 45%，饲料利用效率提高 10%。此外，改变饲粮（日粮）时应遵循逐渐过渡的原则。因为从一种日粮改变为另一种日粮，微生物种群也将随之变化，而这种变化进程较缓慢，如果日粮转变过急或过大，就会引起消化失调。

4. 羔羊消化特点

初生时期的羔羊，起主要作用的是第四胃，前三胃的作用很小。由于此时瘤胃微生物的区系尚未形成，没有消化粗纤维的能力，所以不能采食和利用草料。对淀粉的耐受力很低，小肠消化淀粉的能力是有限的，所吮母乳直接进入真胃，由真胃所分泌的凝乳蛋白酶进行消化。随着日龄的增长和采食植物性饲料的增加，前三胃的体积逐渐增大，在 20 日龄左右开始出现反刍活动。此后，真胃凝乳酶的分泌逐渐减少，其他消化酶逐渐增多，从而对草料的消化分解能力开始加强。

根据这一特点，对出生后 7～10 天的羔羊，应开始补饲易消化的精料和优质干草，以促进瘤胃的发育，增强羊对植物性饲料的消化能力。在精料中添加 25 mg 的抗生素（每羔每天），这样可提高增重 11%。但当瘤胃微生物区系形成后，就不能再加抗生素，以免影响微生物的活动。

❷ 羔羊及育成羊的培育

○ 羔羊的培育

羔羊的培育指断奶以前的幼龄羊的饲养管理。目前，我国羔羊多采用3～4月龄断奶。羔羊时期生长发育最快，可塑性很大。对羔羊进行培育，不仅可以使之充分发挥生长优势，而且可以促进其主要器官的发育和机能，塑造出高生产力和优良种用品质的绵、山羊个体，从而对提高养羊生产水平和提高羊群品质具有重要作用。因此，必须高度重视羔羊的培育。

1.初生羔羊的护理

羔羊出生后，体质较弱，适应能力较低，抵抗力差，容易发病。因此，搞好初生羔羊护理，是减少羔羊发病死亡、提高羔羊成活率的关键。

为使初生羔羊少受冻，当羔羊出生时应让母羊立即舔干羔羊身上的黏液。舔羔一方面可促进羔羊体温调节和排出胎粪，另一方面可促使母羊胎衣排出。对于个别具有黏稠胎脂的羔羊，母羊多不愿舔，可将麸皮撒在其身体上，这样母羊就会立即舔干净。

羔羊出生十几分钟后即能站立，这时应人工辅助使之尽快吃到初乳。初乳指母羊产后5天内分泌的乳。初乳比常乳具有以下优点：具有较高的酸度，能有效刺激胃肠黏膜产生消化液和抑制肠道细菌活动；含有较多的抗体和溶菌酶，还有K抗原凝集素，能拮抗特殊品系的大肠杆菌；初乳比常乳的矿物质和脂肪含量高1倍，维生素含量高20倍；含有较多的镁盐、钙盐，镁盐有轻泻作用，能促使胎粪排出。初乳中的抗体及营养物质随分娩时间的延长而迅速降低，羔羊胃肠对抗体的吸收能力也是每小时都在下降，出生后

36 h 后就不能吸收完整的带抗体的大蛋白分子，所以应让羔羊尽早吃到初乳。研究证明，初生羔羊不吃初乳成活率低，即使成活也会导致其生产性能下降，初生羔羊在生后 30 min 内应保证吃到初乳，吃不到自己母羊初乳的羔羊，最好能吃上其他母羊的初乳。为了能让羔羊确实吃到初乳，也为了使母子亲和，母子在产羔室或产羔栏内至少要生活 3～7 天。对初生弱羔、初产母羊或护仔性不强母羊所产羔羊，可用手托住羔羊胸部去寻找母羊乳头或由专人固定住母羊进行强制哺乳。见羔羊频频摇尾，就表示其吃上奶。而吃奶后的摇头，则是为了甩掉残留在嘴边的奶汁。羔羊是否吃饱，可通过观察腹腔容积的大小确定，如发现羔羊频繁吸乳，边吸边撞，有时鸣叫，则说明其母可能缺奶。对由于母羊瘦弱而缺奶的羔羊、产后死去母羊的羔羊或多羔，应及时找到保姆羊代哺或人工哺乳。

代哺，就是把羔羊寄养给死了羔或奶水充足的单羔母羊。保姆羊不仅要求奶水充足，而且要求性情温顺、母性强、营养状况好。由于母羊靠敏感的嗅觉识别自己的羔羊，因此在代哺开始前，要将保姆羊的胎液、羊奶或尿液涂在代哺羔羊的尾根（因羔羊跪乳时，保姆羊习惯闻其尾根）、头部或全身，以混淆母羊的嗅觉，使其无法辨认自己的羔羊而授乳，一直到保姆羊能自己奶羔为止。代哺开始时，常需要人帮助对奶，即把保姆羊的乳头对准羔羊嘴，轻轻地挤进嘴里几滴奶，或人用食指蘸几滴初乳，伸进羔羊口内，引起其食欲，再让羔羊直接吸吮保姆羊乳头。对个别拒绝授乳性较强的母羊，可由专人保定母羊强制其授乳，直到保姆羊接受奶羔为止。人工哺乳易引起羔羊拉稀，非不得已（如无保姆羊）不宜采用。人工哺乳的具体方法见缺奶羔的哺育部分。

初生羔羊体温调节机能很不完善，对外界温度变化非常敏感，因此防寒是初生羔羊护理的重要环节。一般羊舍温度应保持在

5℃以上。室温是否适宜，可以从母子表现来判断。若母子安闲地卧在一起，说明室温适宜；若相卧距离较远，说明室温偏高；若羔羊卧在母体上，说明室温偏低。为了便于控制室温，应检查羊舍是否闭严，墙壁是否有漏洞，对可能有寒风侵袭之处，应进行封严加固。另外，还应设置取暖设备，以及在地面上铺洁净的干草或沙土，使羔羊不致受到寒冷的侵袭。

搞好圈舍卫生，严格执行消毒隔离制度也是初生羔羊护理工作中不可忽视的重要内容。凡是羔羊圈舍狭窄拥挤、肮脏潮湿、贼风侵袭、污染严重等，都可引起羔羊疾病的大量发生。此时还应对羔羊深入观察，查看食欲、精神状态、粪便等是否正常，做到有病及时治疗。对羊舍及周围环境要严格消毒，对病羔实行隔离，对死羔及其污染物及时处理掉，控制传染源。

2. 羔羊培育的主要措施

(1)加强母羊的饲养管理，促进泌乳量。俗话说“母壮儿肥”，只要母羊体况较好，就能保证胚胎的正常发育，所生羔羊初生重大，体质健壮，母羊的产乳性能好，恋羔性强，羔羊以后的发育也好。对于母羊来说，抓好夏秋膘，保好冬春膘是关键。在此基础上结合母羊妊娠后期胎儿生长迅速、毛囊发育旺盛的特点，对生产力较高、生长速度快的奶山羊、肉用羊以及细毛羊和杂种羊，在妊娠后期要适当补喂一些优质青干草，多汁饲料和精料，这是培育好羔羊的首要措施。凡是怀孕的母羊，要根据膘情好坏、年龄大小、产期远近等作羊群调整和牧地、水源的调配，对那些营养差的母羊要放牧在草好水足、有防寒设备的地方，每天放牧吃草时间不少于8 h，以利增膘保膘。为减少热量消耗，冬季饮水温度不宜过低，以增强抗寒能力。对个别瘦弱的母羊要补饲草料，或留圈舍饲。使群内母羊的膘情大体一致，这样母羊群在产羔后比较容易管理，而且羔羊健壮整齐，母羊乳多质优，羔羊的发育也快。产后的哺乳母羊不能和妊娠母羊同群放牧或舍饲,否则会影响产后母羊恋羔,不利于羔羊的生长,这时应单独组群放牧或分圈饲养,以免互相影响。这对妊娠羊抓膘、哺乳母羊产乳都有好处。

(2)吃早吃好初乳,安排好吃奶时间。羔羊初生后应尽早吃上初乳,吃早吃饱初乳是促使羔羊体质健壮、减少发病的重要措施,具体方法见产后羔羊护理部分。羔羊生后的十几天内,几乎每隔 1 h 就要吃 1 次奶,20 天以后,吃奶次数逐渐减少,每 4 h 吃 1 次奶。所以哺乳期羔羊吃奶时间可做如下安排:母子舍饲 15～20 天,自由哺乳,之后白天羔羊留在羊舍饲养,母羊外出放牧,中午回来奶羔 1 次,这样加上出牧前和收牧后的奶羔,等于 1 天奶羔 3 次。如果不是这样,母羊出牧时把羔羊带上,母子合群放牧,羔羊随时吃奶,往往对母子都不利。羔羊放牧时跟不上母羊,拼死奔跑,跑累了就不择地方而卧,卧在潮湿寒冷地上容易造成羔羊消化不良、腹痛腹泻及感冒等疾病。而母羊见羔羊卧地不走,也就不肯远走吃草了。造成母羊吃不好吃不饱,从而影响泌乳,使产乳量下降。如果把羔羊留在羊舍,母羊远牧,傍晚回来,虽然母羊有充足的时间采食牧草,但是傍晚回来时乳房肿胀,此时羔羊已饥饿难耐,拼命地顶撞母羊乳房,容易造成母羊乳房炎。羔羊也因狂奔迎风吃热奶,饥饱不均,易发病。所以上述 2 种方法都对母子不利,不宜采用。每天母羊放牧回来时,往往急于往羊舍狂奔,而羔羊此时也在舍内嗷嗷待哺,这时牧工一定要有耐心,控制好母羊群,母子对号配奶,尤其对 1 月龄内的羔羊,配奶显得更为重要。

(3)缺奶羔羊的哺育。羔羊初生后,往往由于母羊伤亡、母羊乳房损伤、母羊过分消瘦、多胎羔或其他原因,使羔羊初生就成为缺奶羔或少奶羔。对这部分羔羊需精心护理,加强哺育,否则容易造成羔羊疾病或死亡,即使勉强活下来,生长发育也很差,以后的生产力很难提高。这里就缺奶羔的哺育问题介绍如下:首先要保证缺奶羔羊吃到初乳，最好的方法是为缺奶羔羊找到保姆羊。如果找不到合适的保姆羊，或羔羊无力吸吮乳头，就要采用人工哺乳，人工挤出的初乳趁热马上喂羔，如果初乳温度不够35℃，要加热到40～42℃再喂。缺奶羔羊吃到初乳后，可由保姆羊寄养，否则就要采用人工喂养。人工喂养就是用牛奶、羊奶、奶粉或代乳粉喂养缺奶的羔羊。关键是要掌握好定时、定温、定量、定人和定卫生条件，才能把羔羊养活养好。喂羔羊的牛奶、羊奶应用鲜奶或消毒奶，避免病菌侵入。用奶粉或代乳粉喂羔羊，应用温开水稀释5～7倍，羔羊小时，由于其胃容积较小，这时应相对浓度大些，这样羔羊摄取较小容量的食物，就能获得较多的营养物质。随着羔羊日龄的增大，奶粉及代乳粉可适当降低稀释浓度。有条件的养羊户应在奶粉或代乳粉中添加植物油、鱼肝油、胡萝卜汁、多种维生素及各种微量元素等，以确保营养的全价性。在农村有些养羊户往往用小米、豆面、豆浆、红糖等自制羔羊食料，这些食物喂羊以前应加少量的食盐、骨粉、鱼肝油、胡萝卜汁、蛋黄等。用奶类喂羔时，应在喂前加热到62～64℃经30 min，或80～85℃瞬间，这样既可杀死大部分细菌，又能保持奶中的原营养成分。代乳粉、粥类、米汤等喂前必须煮沸，然后可进行调制加入一些矿物质微量元素及维生素等。人工喂养中的“定人”是指从始至终固定专人喂养，这样可以熟悉人工喂养羔羊的喂养特点、生活习性、吃奶程度、表现形式、精神状态、食欲等方面的情况，以及如何掌握温度、喂量等。“定温”是指羔羊所食食物要掌握好温度。一般冬天喂养1个月内的羔羊，奶温应控制在35～41℃，夏季温度可略低些。羔羊日龄越小，喂奶的温度也应略高些，随着羔羊日龄增加，喂奶的温度可以降低。掌握好温度对人工喂养十分重要，温度过高，易发生便秘；温度过低往往容易造成消化不良、拉稀和腹胀等。“定量”是指每次喂量应适中，既不过多也不过少。一般以七八成饱为宜。

具体喂量应按羔羊体重或体格大小来决定。一般初生羔羊全天给奶量相当于初生重的1/5,以后每隔7～8天比前期喂量增加1/4～1/3。给代乳料、粥、汤等的量,应根据浓度大小来定量,应略低于喂奶量标准,尤其是最初喂的两三天内,先少喂,等慢慢适应后再加量。全天饲喂次数一般这样安排:10日龄以内的羔羊,每天喂5～6次,每隔3～5 h即喂1次,夜间可以延长或减少次数;10～20天每天喂4～5次,20天以后羔羊已经能吃料,每天喂奶次数可减少到3次。

初生羔羊,尤其是缺奶羔羊往往体质较弱,生活力差,消化机能不完善,对疾病的抵抗能力弱,极易发病,所以人工喂养的卫生状况越发显得重要,首先要保持羔羊所食奶类、豆浆、汤、粥,以及饮水、草料等的洁净卫生。保持现配现喂,喂多少配多少,尽量选择质量高、味道好、鲜嫩柔软易消化的食物饲喂;其次要注意饲喂人员的卫生消毒。饲喂人员在每次喂奶前应洗净双手,平时不与病羊接触,尽量减少或避免致病因素。管病羔饲养员不要再管理健康羔,迫不得已都由一人管理时,应先喂健康羔再喂病羔,并且,喂完病羔马上清洗消毒手臂,脱下工作服单独放置,或开水冲洗进行消毒处理。再次,喂奶用具也应保持清洁卫生,每次喂奶以后随即用温水冲洗干净,并盖好,病羔的用具应另行放置,喂完后应用高锰酸钾、来苏儿、洗涤灵、碱水等冲刷,防止交叉感染。

3.做好羔羊的合理运动、补饲及放牧

(1)运动。一般羔羊生后5～7天,选择无风温暖的晴天,在中午把羔羊赶到运动场,进行运动和日光浴,以增强体质,增进食欲,促进生长和减少疾病。随着羔羊日龄的增加,应逐渐延长在运动场的时间,或将其赶到附近的牧地上放牧,以加大羔羊的运动量。羔羊在运动场上常发生异食癖,啃墙土、吃羊毛等,往往造成肠道堵塞而死,这多因运动场窄小,或缺乏食盐等矿物质所引起。为了减少患病机会，除按病因扩宽运动场，拣净羊毛杂物外，还要对羔羊体内所缺矿物质元素进行有针对性的补充。

(2)补饲。早期补饲不仅可使羔羊获得更完全的营养物质，更重要的是能够影响其消化器官的发育和消化吸收机能的完善。如早期补草料，能促进羔羊提早反刍，使瘤胃机能得到锻炼，促进肠胃的生长和机能的完善。补喂青粗饲料，还能刺激羔羊唾液腺和胃肠等增加分泌；提高消化力。如果只喂奶，不补饲草料，羔羊消化器官尤其瘤胃的生长发育缓慢，且不利于瘤胃微生物区系的形成，因此就很难大量利用粗饲料，会直接影响羊只的生产性能。

一般羔羊生后 15～20 天开始训练吃草吃料，粗饲料要选择干净质好脆嫩的青干草，扎成把挂在羊圈的栏杆上，不限量任羔羊采食。混合精料炒后粉碎，放入食槽内，或与粉碎的干草或胡萝卜等混合搅拌喂给，同时可混入少量食盐和骨粉，提高精料适口性，刺激羔羊食欲。早龄羔羊开食日粮的适口性很重要，因为羔羊这时对饲料种类区分能力小，要靠适口性吸引羔羊采食。1.5 月龄后可以不过分强调适口性，而要保证能量和蛋白质的数量。豆饼对早龄羔羊适口性最好，其次是多叶苜蓿干草、苜蓿颗粒饲料、玉米等。6 周龄以内的羔羊单喂玉米，以碾压过的为宜，6 周龄以后喂颗粒玉米。粉碎玉米日粮可以加拌 5％糖蜜，黏固粉尘，比用整粒玉米更适口。总之，羔羊用日粮一要适口性好，保证吃够数量；二要营养好，满足羔羊需要的营养；三要成本低，也就是羔羊日粮不要复杂化。表 5-2 是按上述要求配合的羔羊补饲日粮。日粮按其成分(玉米＋豆饼；高粱＋棉籽饼)分为两个系列，随羔羊日龄增大调整使用。补饲方法可实行隔栏补饲，或让羔羊早、晚一定时间与母羊分开独处一圈活动，活动区内设料槽和饮水器，其余时间仍母子同处。

表 5-2　羔羊早龄补饲日粮

	1 号/%	2 号/%	3 号/%		4 号/%	5 号/%	6 号/%	
			主型	副型			主型	副型
玉米	51.5	61.0	85.0	—	—	—	—	—
高粱	—	—	—	—	53.0	65.0	80.0	—
苜蓿干草	20.0	20.0	—	—	15.0	15.0	—	—
豆饼	22.0	12.5	13.0	86.7	—	—	—	—
棉籽饼	—	—	—	—	25.0	13.0	17.0	85.0
糖蜜	5.0	5.0	—	—	5.0	5.0	—	—
微量元素盐	0.5	0.5	—	—	0.5	0.5	—	—
氯化铵	—	—	0.5	3.3	—	—	0.5	2.5
碳酸钙	1.0	1.0	1.5	10.0	1.5	1.5	2.5	12.5
维生素 A(U/kg)	1 100	1 100	1 100	11 000	1 100	1 100	1 100	8 200
维生素 E(U/kg)	20	20	20	200	20	20	20	165
本日粮含/%								
总消化养分								
按饲喂状态计算	72.4	73.1	79.2	64.5	68.7	69.7	72.5	57.3
按干物质计算	80.5	81.2	88.0	71.7	76.3	77.4	80.6	63.7
粗蛋白								
按饲喂状态计算	17.9	14.5	14.3	43.7	18.3	14.5	15.8	38.6
按干物质计算	19.9	16.1	15.9	48.6	20.3	16.1	17.6	42.9
钙								
按饲喂状态计算	0.76	0.73	0.63	4.00	0.86	0.85	1.01	4.74
按干物质计算	0.84	0.81	0.70	4.44	0.96	0.94	1.12	5.27
磷								
按饲喂状态计算	0.32	0.29	0.31	0.54	0.45	0.36	0.40	0.85
按干物质计算	0.36	0.32	0.34	0.60	0.50	0.40	0.45	0.94

注:①微量元素盐的成分见羔羊早期育肥技术中 1.5 月龄断奶全精料育肥。

②每吨日粮加 20～50 g 金霉素或 10～20 g 土霉素。

③每吨日粮加 20～30 g Bavatec(拉沙里菌素钠,抗球虫用),但不允许与抗生素同时混用。

④3 号、6 号日粮主型可以单喂。副型则宜制成颗粒,与整粒谷物混合喂,即 85%玉米＋15%3 号副型或 80%高粱＋20%6 号副型。

羔羊的补饲量应逐步加大，投放精饲料量以给1次饲料羔羊能在20～30 min内吃完为宜。一般0.5～1月龄的羔羊每天补饲混合精料50～75 g，1～2月龄100 g，2～3月龄200 g，3～4月龄250 g。4月龄强化育肥羔羊采食量可以达到每天1.2 kg。正式补饲时，干草也要切碎放在槽内喂，先喂粗料，后喂精料，而且要定时定量喂给，不能零吃，否则不易上膘。羔羊吃饱后，把饲槽扫净翻转过来，可保持饲槽清洁，防止羔羊卧在食槽内，还可防止鸟类、昆虫拣食剩余的饲料而带来传染病。

(3)放牧。为了促使羔羊发育快，早日采食，减少母羊的负担，以利于管理，增强合群性，可以在羔羊生后1个月左右，根据牧地青草生长状况，牧地远近，以及羔羊的壮弱，单独组成小群放牧羔羊。一定要选择责任心强、有耐心的人员担任牧工，因为羔羊性情活泼，吃草时忽东忽西，躺卧站立不定。放牧羔羊时不要急躁，走路时要让羔羊慢行，而且要远离母羊放牧地点，以免互相鸣叫，影响双方吃草，甚至混群；另外，对放牧羔羊还要安排好吃奶时间，在羔羊以母乳为主时期，最好每隔3～4 h赶回母羊奶1次羔。到1.5～2个月以后，羔羊进入以植物性饲料为主的生长时期，母羊可晚出早归，母羊中午不回来奶羔。但对羔羊必须进行补饲。

4.羔羊的断奶和鉴定

一般羔羊到3～4月龄即可断奶，一方面为了恢复母羊体况，另一方面也锻炼羔羊的独立生活能力。对母羊一年两产，其羔羊发育良好，或用于肥羔生产的羔羊可提早断奶。断奶的方法有1次性断奶和逐渐断奶法，经常采用1次性断奶法，即将母子断然分开，不再合群。断奶后，把母羊移走，羔羊仍留在原羊舍饲养，尽量给羔羊保持原来的环境。当羊群大而产羔不太集中或母羊奶量太多时，往往采用逐渐断奶法。即在2～3月龄起，母子白天分开，夜间合群，再隔日母子相见，3天见一面，直至最后断奶。

断奶以后，羔羊按性别、大小、强弱分群，加强补饲。有些地区为了安定羔羊的情绪，把没有产羔的母羊或羯羊放在羔羊群内，效果较好。

对于细毛羊，应进行断奶鉴定。主要对羔羊体质类型、体格大小、羊毛细度和长度做出评定，定出等级。一级羊体质结实，个体大，发育良好，具有符合品种要求的羊毛细度、皮肤褶皱、毛色和毛长。二级羊体质较差，体格大或中等，皮肤紧密无褶皱，毛色纯白，被毛长而密度差。三级羊体质差，体格较小，皮肤宽松，毛色纯白，被毛密度大而毛短。不符合以上各级要求的羊列入四级。

○ 育成羊的培育

育成羊是指羔羊从断奶后到第 1 次配种的公、母羊。育成羊身体各系统和各组织都在旺盛的生长发育阶段。体重增加，躯干的宽度、长度及深度仍在迅速生长，如果此时营养不良，就会显著地影响到生长发育，从而形成体型小、体重轻、四肢高、胸窄、躯干浅的体型。同时还会使体质变弱，被毛稀疏且品质不良，性成熟和体成熟推迟，不能按时配种，而且会影响一生的生产性能，甚至失去种用价值。可以说育成羊是羊群的未来，其培育质量如何是羊群面貌能否尽快转变的关键。

就我国养羊业现状来看，较普遍的问题是对育成羊的饲养重视不够，认为其不配种、不怀羔、不泌乳、没负担。因此，在过冬春时期不加补饲，故多出现程度不同的发育受阻。冬羔比春羔在育成时期表现良好，就是因为冬羔出生早，当年“靠青草生长”的时间长，体内有较多的营养储备。

对育成羊的培育，羔羊断奶时不要同时断料，在断奶组群放牧后，仍需继续补喂精料，补饲量要根据牧草情况决定。在青草期应充分利用青绿饲料，因为其营养丰富全面，非常有利于促进羊体消化器官的发育，可以培育出个体大，身腰长，肌肉匀称，胸围圆大，肋骨之间距离较宽,内脏器官发达,而且具备各类型羊体型外貌的特征。在枯草期,尤其是第一个越冬期,育成羊还处于生长发育时期,而此时饲草枯干、营养品质低劣,加之冬季时间长,气候冷,风大,消耗能量较多,需要摄取大量的营养物质才能抵御寒冷的侵袭,保障生长发育,所以必须加强补饲。在枯草期,除坚持放牧外,还要保证有足够的青干草和青贮料。精料的补饲量应视草场状况及补饲粗饲料情况而定,一般每天喂混合精料 0.2～0.5 kg。由于公羊一般生长发育快,异化作用强,需要营养多,对丰富的营养有良好的反应,而营养不良则发育不如母羊,所以公羊要比母羊多喂些精料,同时还应注意对育成羊补饲矿物质如钙、磷、盐及维生素 A,维生素 D。

对于舍饲饲养的育成羊,若有品质优良的豆科干草,其日粮中精料的粗蛋白以 12%～13%为宜。若干草品质一般,可将粗蛋白质的含量提高到 16%。混合精料中能量以不低于整个日粮能量的 70%～75%为宜。表 5-3、表 5-4 为育成羊舍饲的日粮配合和饲喂数量。

表 5-3 育成绵羊的日粮配合 kg

体重	干物质	可消化蛋白质	可消化养分总量	惯用日粮	
				青粗饲料	混合精料
25～30	0.7～0.8	0.07～0.08	0.48～0.54	优质青野草 2.8	0.25
31～35	0.8～0.9	0.08～0.10	0.54～0.58	优质青野草 3.0	0.30
36～50	0.9～1.0	0.09～0.11	0.58～0.64	优质青野草 3.2	0.35

表 5-4 育成山羊的日粮配合 kg

体重	干物质	可消化蛋白质	可消化养分总量	惯用日粮	
				青粗饲料	混合精料
20～28	0.6～0.7	0.06～0.07	0.42～0.52	优质青野草 2.5	0.25
29～40	0.8～0.9	0.09～0.10	0.56～0.60	优质青野草 3.0	0.30

❸ 种公羊、种母羊的饲养

○ 种公羊的饲养

种公羊对提高羊群的生产性能和繁殖育种关系重大，因此在饲养管理上要求比较精细。对种公羊饲养的要求，常年应维持良好的健康状况，在非配种期应有中等或中上等的营养水平，膘情良好而不过肥，这样才能保证在配种期健壮活泼、精力充沛、性欲旺盛、精液品质好。种公羊过肥往往是由于日粮中能量饲料过多或运动不足引起的，它会使种公羊配种能力和精液品质降低，从而使母羊情期受胎率降低。

种公羊的性欲、精液品质及精液量取决于饲料营养的全价性和合理的管理。对种公羊所喂的草料，要求品质好、易消化、体积较小、适口性好，应力求多样化，互相搭配，以使营养全价。好的粗饲料有优质青干草、苜蓿干草、青燕麦干草和三叶草干草等。好的精料有燕麦、大麦、豌豆、黑豆、玉米、高粱、黄米、黍米、小米、豆饼等。黄米、小米能提高精液品质，但喂量不宜过多（占精料量的50%以下），否则易使羊肥胖。好的多汁饲料有胡萝卜、马铃薯、甜菜和玉米青贮等。种公羊日粮配合应因地制宜，就地取材，互相搭配，根据饲养标准配合日粮，再结合公羊的个体表现作适当调整。在管理上，可采取单独组群饲养，并要求有足够的运动量。种公羊的饲养管理可分为非配种期和配种期。

1. 非配种期

种公羊在非配种期虽然没有配种任务，但仍不能忽视饲养管理工作。除坚持放牧外，还应适当补饲，以保证能量、蛋白质、矿物质和维生素的充分供给。在冬季（越冬期）每天可补混合精料500 g，干草3.0 kg，胡萝卜500 g，食盐5～10 g，春、夏季节以放牧为主，另补混合精料 500 g。每天喂 3～4 次，饮水 1～2 次。对刚吃过豆科牧草、豆料的种公羊不能立即饮水，否则易引起瘤胃膨胀。

2. 配种期

配种期包括配种预备期（1～1.5 个月）、配种期（1.5～2 个月）及配种后复壮期（1～1.5 个月）。

（1）配种预备期。此期应增加精饲料喂量，按配种期量的 60%～70%给予，并逐渐过渡到配种期的喂给量。同时在配种准备期应有间隔的采精 10～15 次，检验各公羊的精液品质，以确定每只公羊在配种期的利用强度。

（2）配种期。此期种公羊消耗营养和体力最大，日粮要求营养丰富全面，体积小且多样化，易消化、适口性好，特别是蛋白质、矿物质和维生素要充分满足。种公羊每形成 1 mL 精液约需可消化蛋白质 50 g。精液中钙、磷含量较多，必须喂骨粉或磷酸钙等，以满足生产精液对钙、磷的需要。当维生素 A 不足时，公羊性欲差，精液品质不佳；当维生素 E 不足时，会影响精子形成，畸形精子数量增多。为进一步提高公羊的射精量和精液品质，可在配种前 1 个月，在精料中添加二氢吡啶，日喂量占精料量的 0.01%，1 次喂给即可，如此至配种期结束。在配种期，体重 80～90 kg 的种公羊每天饲料定额大致如下：混合精料 1.2～1.4 kg，苜蓿干草或野干草 2 kg，胡萝卜 0.5～1.5 kg，食盐 15～20 g，骨粉 5～10 g，血粉或鱼粉 5 g。草料每天分 2～3 次供给，饮水 3～4 次，放牧及运动时间每天约 6 h。

（3）配种后复壮期。此期管理目标在于恢复公羊体力，增膘复壮。一般开始精料喂给量不减，可逐步减少运动，增加放牧时间；经过一段时间以后，再适量减少精料，逐渐过渡到非配种期的饲养水平，不能变换太快。

在种公羊的饲养管理中，还应强调以下几点：第一，为了给配种期奠定良好基础，配种预备期种公羊体重应比配种旺盛期高

10%～15%，否则配种任务难以顺利完成，因此，不能因为不配种而放松对非配种期公羊的饲养管理；第二，公羊每天都应保持有适当的运动，特别在舍饲期更应如此，养尊处优，体况过肥的公羊，不会有良好性欲和配种能力；第三，为保持种公羊有持久而旺盛的配种能力，应注意控制每天交配或采精的次数，不能过于频繁，在配种季节内，对 1.5 岁的种公羊，1 天内采精不得超过 2 次，且不要连续采精，2.5 岁以上的种公羊，每天可采精 3～4 次，有时可采精 5～6 次，当采精次数多时，每次间隔需在 2 h 以上，使种公羊有休息时间，对于本交的公羊，应采取早、晚合群配种，白天公、母羊分开饲养，否则会引起羊群不安心采食，使公羊性欲不旺盛或减退；第四，种公羊日粮中谷物较多，而谷物中含磷量高，必须补钙，使日粮中钙、磷比例平衡（钙、磷比例不低于 2.25∶1），否则会导致公羊的尿结石；第五，为有利于管理和提高羔羊成活率，最好集中配种和产羔，所以不能将配种期拖得过长过晚，如果为了个别母羊的全配满怀而任意拖长配种期，对公羊越冬是不利的。

○ 母羊的饲养

为了保持母羊正常的生产力和顺利完成配种、妊娠、哺乳等繁殖任务，要保证母羊全年有较好的营养供给，以求实现多胎、全产、全活、全壮的要求。一年繁殖 1 次的母羊的饲养管理可分为空怀期、妊娠前期、妊娠后期、哺乳前期和哺乳后期 5 个阶段。

1. 空怀期母羊的饲养

空怀期指羔羊断乳后母羊再次参加配种的时期。此期是母羊抓膘复壮，为妊娠储备营养的时期。在此期将羊膘情抓好，可以促进母羊发情、排卵及受孕，达到母羊全配满怀、全生全壮的目的；相反，此期如果母羊营养严重缺乏，就会导致生殖激素分泌失常，卵泡不能正常生长，因而妨碍母羊的正常发情、排卵和妊娠，甚至造成不育症。因此，加强空怀期母羊的饲养管理，尤其是配种前 1～

1.5个月的饲养管理,对提高母羊的繁殖性能至关重要。营养、体重与排卵率之间,也有较强的正相关。在实际生产中,就产羔率而言,产冬羔的母羊高于产春羔的母羊;配种前半期受胎的母羊高于后半期受胎的母羊;第一情期受胎的母羊高于以后复配受胎的母羊。以上规律都与羊体营养状况好坏有直接关系。所以,在配种前1～1.5个月,要把繁殖母羊放在较好的牧地放牧,突击抓膘,对部分体况欠佳者,可进行短期优饲,使羊群膘情一致,发情集中,便于管理。

2.妊娠前期母羊的饲养

妊娠前期(前3个月)因胎儿发育较慢,所需营养并不显著增多,但要求母羊能继续保持良好膘度。在青草季节,一般放牧就可满足母羊营养需要,不用补饲。在枯草期,放牧吃不饱时,可喂些秸秆或野干草即可。在管理上要避免羊吃霜草和霉烂腐败饲料,不使羊群受惊,不饮冰碴水,不走暗冰道,不爬大坡,以防发生早期流产。

3.妊娠后期母羊的饲养

妊娠后期(约2个月)是胎儿迅速生长时期,90%的初生重是在此期获得的,因而必须供给母羊充足的营养。如果此期营养不足,羔羊初生重小,被毛稀疏(有的刚露出毛尖),成活率低,虽然胎龄同样是150天,但实际上的生理成熟仅相当于120～140天的发育程度,等于早产,生理机能不完善,吸吮反射推迟,体温调节能力差,抵抗力弱,极易发病死亡。母羊的被毛也因营养不足,毛纤维的根端显著变细而形成弱节毛,强度降低。同时由于母羊体况差,泌乳减少,从而也影响到初生羔羊的健康。

在妊娠后期,母羊比空怀时期需要更多的能量、蛋白质、矿物质及维生素等营养物质。据研究,妊娠后期母羊日粮能量水平应比空怀母羊增加30%～40%,蛋白质增加40%～60%,钙、磷增加1～2倍,维生素增加2倍。因此,对妊娠后期的母羊,除放牧外每天可补喂干草 1.0～1.5 kg，青贮饲料 1.5 kg，精料 0.45 kg，对矿物质和维生素的补充应根据日粮组成情况而定。这样做的好处是：第一，可提高羔羊初生重和母羊泌乳量；第二，可促进胎儿的次级毛囊发育，增加羔羊今后的产毛（绒）量，因为次级毛囊发育主要发生在胎儿 115～135 天；第三，可改善后代的腹毛着生状况。但是此期母羊不宜养得过肥，否则易出现食欲不振，反而造成胎儿营养不足。

妊娠后期母羊的管理，应围绕保胎来考虑。放牧时不要过分疲劳，归牧时控制羊群，避免紧追急赶。临近分娩的母羊，应在近牧地放牧，不走冰道，防止滑倒。草架、料槽及水槽都必须有足够的数量，防止羊群饮食时相互挤压。应注意饮用清洁水，冬季忌饮冰碴水，早晨不空腹饮冷水，以防流产。忌喂发霉变质饲料及冰冻饲料。有条件的地方，妊娠后期的母羊应从大群中分隔开来，单独组群，以便更好地护理。母羊临产前 1 周左右，不要远牧，以便分娩时能及时回羊舍。

4. 哺乳前期母羊的饲养

哺乳前期（泌乳前 2 个月），母乳是羔羊主要的营养来源。母羊泌乳量越多，羔羊的生长越快，发育越好，抗病力越强，成活率越高。因此，为了促进母羊泌乳，应加强泌乳前期母羊的饲养管理。

多数养羊地区，哺乳前期多处于枯草时期，或青草生长还很矮的季节。此期除应延长放牧时间外，应根据所带单、双羔给予不同标准的补饲。据吉林省双辽种羊场报道，对哺乳母羊按单双羔分别组群，产单羔母羊每天每只补给混合精料 0.2 kg，青贮饲料 1～1.5 kg，豆科干草 0.5～1.0 kg，野干草 2.0 kg，胡萝卜 0.2～0.5 kg，并饮温水和豆浆。产双羔母羊混合精料的补给量增加到 0.3～0.4 kg。对膘情好的母羊，产羔 1～3 天内只喂优质青干草，不应补饲精料、多汁饲料及青贮料，以防发生消化不良和乳房炎。管理上要保证充足饮水，圈舍保持干燥清洁，寒冷季节要有保温设施。

5. 哺乳后期母羊的饲养

母羊泌乳一般在产羔后1个月达到高峰，2个月以后泌乳能力开始下降。哺乳后期即使加强补饲，也很难达到哺乳前期泌乳水平。而此期羔羊的胃肠道功能已经完善，由以母乳为主要营养时期过渡到以植物性饲料为主要营养时期，可以采食大量青草和粉碎饲料，对母乳依赖程度逐渐减小。因此，对哺乳后期的母羊，应以放牧为主补饲为辅，逐渐取消补饲，只有当放牧条件或母羊膘情较差时，才酌情补饲些青干草或精料。

❹ 育肥羊的饲养技术

○ 肉羊育肥的一般原则

1. 育肥进度和强度的确定

根据羊的品种类型、年龄、体格大小、体况等，制定育肥的进度和强度。绵羊羔羊育肥，一般细毛羔羊在8～8.5月龄结束，半细毛羔羊在7～7.5月龄结束，肉用羔羊在6～7月龄结束。采用强度育肥的羔羊，一般要求体重不小于32～35 kg。采用强度育肥，可获得高的增重效果，育肥期短；若采用放牧育肥，则需延长育肥期。

2. 选择合适的饲养标准和育肥日粮

由于育肥羊的品种类型、年龄、活重、膘情、健康状况不同，所以首先要根据育肥羊状况及计划日增重指标，确定合适的育肥日粮标准。例如同为体重30 kg的羔羊，由于其父本品种不同，则需要提供不同的能量和蛋白质水平（表5-5和表5-6）。小型品种的羔羊育肥需要稍低量的蛋白质和较高的增重净能，大型品种的羔羊则与此相反。4月龄羔羊应比7月龄羔羊的饲养水平高些（表5-7）。

表 5-5　羔羊不同日增重需要的粗蛋白质　　g/天

活重/kg		10	20	25	30	35	40	45	50
日增重/g		粗蛋白质/g							
小型	100	84	112	122	127	131	136	135	134
	150	103	121	137	140	144	147	145	143
	200	123	145	152	154	156	158	154	151
	250	142	162	167	168	168	169	164	159
	300	162	178	182	181	180	180	174	168
中型	100	85	114	125	130	135	140	139	139
	150	106	132	141	145	149	153	151	149
	200	127	150	158	160	163	166	163	160
	250	147	167	174	175	177	179	175	171
	300	168	185	191	191	191	191	186	181
	350	168	203	207	206	205	204	198	192
	400	209	221	224	221	219	217	210	202
大型	100	94	128	134	145	144	150	156	
	150	115	147	152	156	160	159	164	169
	200	1 636	166	170	173	176	174	178	182
	250	157	186	188	190	192	189	192	195
	300	179	205	206	207	208	204	206	208
	350	200	224	224	224	224	219	220	221
	400	221	243	242	241	240	234	234	
	450	242	262	260	256	256	249	248	248

表 5-6　羔羊不同日增重需要的净能　　MJ/天

活重/kg		10	20	25	30	35	40	45	50
维持净能		1.318	2.218	2.619	3.004	3.372	3.728	4.071	4.406
日增重/g		增重净能							
小型	100	0.745	1.255	1.481	1.699	1.908	2.109	2.305	2.494
	150	1.117	1.883	2.226	2.552	2.862	3.163	3.456	3.740
	200	1.494	2.510	2.962	3.397	3.816	4.217	4.611	4.987
	250	1.866	3.138	3.707	4.251	4.770	5.276	5.761	6.234
	300	2.238	3.766	4.452	5.100	5.724	6.330	6.912	7.481

续表 5-6

日增重/g									
中型	100	0.649	1.092	1.293	1.481	1.661	1.873	2.008	2.171
	150	0.975	1.640	1.937	2.222	2.494	2.753	3.008	3.225
	200	1.297	2.184	2.856	2.962	3.322	3.674	4.017	4.343
	250	1.623	2.732	3.226	3.699	4.155	4.590	5.017	5.427
	300	1.950	3.280	3.874	4.443	4.983	5.506	6.017	6.514
	350	2.272	3.824	4.519	5.180	5.816	6.427	7.021	7.598
	400	2.598	4.368	5.163	5.920	6.648	7.347	8.025	8.686
大型	100	0.552	0.925	1.096	1.255	1.140	1.556	1.703	1.837
	150	0.824	1.389	1.640	1.883	2.113	2.335	2.552	2.761
	200	1.100	1.849	2.192	2.510	2.820	3.113	3.402	3.682
	250	1.377	2.314	2.736	3.138	3.523	3.891	4.251	4.598
	300	1.648	2.774	3.284	3.766	4.226	4.669	5.104	5.523
	350	1.929	3.243	3.833	4.393	4.933	5.452	5.954	6.443
	400	2.201	3.703	4.376	5.021	5.636	6.230	6.803	7.364
	450	2.477	4.167	4.925	5.648	6.399	7.008	7.657	8.284

表 5-7 不同月龄羔羊的营养需要量

羔羊月龄	计划日增重/g	粗蛋白质/%	总消化养分/%	消化能/(MJ/kg)	粗、精饲料比例
7	295	14.7	72	13.39	60∶40
4	325	15.1	78	13.81	85∶15

精料用量可以占到日粮的45％～60％。一般地讲，能量饲料是决定日粮成本的主要饲料，应以就地生产、就地取材为原则，配制日粮时应先计算粗饲料的能量水平满足日粮能量的程度，不足部分再由精料补充调整，日粮中蛋白质不足时，要首先考虑饼、粕类植物性高蛋白饲料，正常断乳羔羊和成年羊育肥日粮中也可添加适量的非蛋白氮饲料。日粮的供给量可结合当地经验和资源并参考表5-8来确定。

表 5-8　肉羊育肥期间每天每只需要饲料量　kg

项目	淘汰母羊	羔羊体重(14～50)
干草	1.2～1.8	0.5～1.0
玉米青贮饲料	3.2～4.1	1.8～2.7
谷类饲料	0.34	0.45～1.4

3. 育肥羊舍的准备

育肥羊舍应该通风良好、地面干燥、卫生清洁、夏挡强光、冬避风雪。圈舍地面上可铺少许垫草。羊舍面积按每只羔羊 0.75～0.95 m^2、大羊 1.1～1.5 m^2，保证育肥羊的运动、歇卧。饲槽长度应与羊数量相称，每只羊平均饲槽长度大羊为 40～50 cm，羔羊 23～30 cm；若为自动饲槽，长度可缩小为大羊 10～15 cm，羔羊 2.5～5 cm，避免由于饲槽长度不足，造成羊吃食拥挤，进食量不均，从而影响育肥效果。

4. 自繁羔羊的早龄补饲

其目的是为了加快羔羊生长速度，缩小单、双羔及出生稍晚羔羊的体重差异，为以后提高育肥效果，尤其是缩短育肥期打好基础。详细内容请参阅本章中羔羊培育部分。

5. 待育肥羊进舍时的管理

引进种羊要严格执行《种畜禽管理条例》第七至第九条，并按照 GB 16567 进行检疫。购入羊要在隔离场(区)观察不少于 15 天，经兽医检查确定为健康合格后，方可转入生产群。育肥羊到达育肥舍当天，给予充足饮水和喂给少量干草，减少惊扰，让其安静休息。休息过后，应进行健康检查、驱虫、药浴、防疫注射和修蹄等，并将其按年龄、性别、体格大小、体质强弱状况等组群。治疗使用药剂时，应符合 NY 5118 的规定。对于育肥公羊，可根据其品种、年龄决定是否去势。早熟品种 8 月龄、晚熟品种 10 月龄以上的公羊和成年公羊应去势，这有利于育肥并且所产羊肉不产生膻味。但是 6～8 月龄的公羊不必去势，研究表明不去势的公羔在断乳前的平均日增重比阉羔可高 18.6 g；断乳至 160 日龄左右出栏的平均日增重比阉羔高 77.18 g；从达到上市标准的日龄看，不去势公羔比阉羔少 15 天，但平均出栏重反而比阉羔高 2.27 kg，羊肉的味道却没有差别。显然公羔不去势比阉羔更为有利。育肥开始后，要注意针对各组羊的体况、健康状况及增重计划，调整日粮和饲养方法。最初 2～3 周要勤观察羊只表现，及时挑出伤、病、弱的羊，给予治疗并改善环境。

6. 育肥期日粮饲喂及饮水要求

一般每天饲喂 2 次，每次投料量以羊 30～45 min 内能吃完为准。量不够要添，量过多要清扫。饲料一旦出现发霉或变质不宜饲喂。饲料变换时要有个过渡时期，绝不可在 1～2 天内改喂新换饲料。精饲料间的变换，应以新旧搭配，逐渐加大新饲料比例，3～5 天内全部换完。粗饲料换成精饲料，应以精料增加先少后多，逐渐增加的方法，10 天左右换完。用做育肥羊日粮的饲料可以草、料分开喂给，也可精、粗饲料混合喂给。由精、粗饲料混合而成的日粮，品质一致，并不易挑拣，故饲喂效果较好，这种日粮可以做成粉粒状或颗粒状。粉粒饲料中的粗饲料要适当粉碎，粒径 1～1.5 cm，饲喂时应适当拌湿。颗粒饲料制作粒径大小为：羔羊 1～1.3 cm，大羊 1.8～2.0 cm。羊采食颗粒饲料，可增大采食量，日增重提高 25%，减少饲料浪费，但易出现反刍次数减少而吃垫草或啃木桩等现象，胃壁增厚，但不影响育肥效果。

育肥期间不应在羊体内埋植或者在饲料中添加镇静剂、激素类等违禁药物。肉羊育肥后期使用药物治疗时，应根据所用药物执行休药期。达不到休药期的，不应作为无公害肉羊上市。发生疾病的种羊在使用药物治疗时，在治疗期或达不到休药期的不应作为食用淘汰羊出售。

育肥羊必须保证有足够的清洁饮水。多饮水有助于降低消化道疾病、肠毒血症和尿结石的发生率，同时可获得较高的增重。每只羊每天的饮水量随气温而变化，通常在气温 12℃时为 1.0 kg，15～20℃时为 1.2 kg，20℃以上时为 1.5 kg。饮水夏季要防晒，冬季防冻，雪水或冰水应禁止饮用。定期清洗消毒饮水设备。

○ 肉羊育肥方式与育肥技术

1. 育肥方式

育肥方式归纳起来有 3 种：即放牧育肥、舍饲育肥和混合育肥。

(1)放牧育肥。是草地畜牧业的一种基本育肥方式。放牧育肥利用天然草场、人工草场或秋茬地放牧，羊采食青绿饲料种类多，容易获得全价营养。能满足羊生长发育的需要和达到放牧抓膘的目的。由于放牧增加了羊的运动量，并能接受阳光中紫外线照射和各种气候的锻炼，有利于羊的生长发育和健康。放牧育肥一般经过夏抓“水膘”和秋抓“油膘”两个阶段，实际就是由显著的肌肉增长转变为优势的脂肪沉积的过程。其优点是成本低和经济效益相对较高，缺点是常常要受到气候和草场等多种不稳定因素变化的干扰和影响，造成育肥效果不稳定和不理想。育肥的关键，首先是掌握科学的放牧技术，经济地利用草场，使羊不但能吃饱，还要增膘快。其次是注意水、草、盐这几方面的配合，如果羊经常口淡、口渴，则会影响育肥效果。

育肥羊来源，大羊可以利用淘汰的公、母羊，2 年未孕不拟繁殖的空怀母羊和患乳房炎的母羊；羔羊可以利用断奶后的非后备公羔。草场分配上，羔羊宜在以豆科草为主的草场上放牧育肥，因为羔羊的育肥主要是蛋白质的沉积，豆科牧草蛋白质含量高；成年羊和老龄羊可放牧在禾本科草为主的草场上，增重以沉积脂肪为主。在人工灌溉草场上，第 1～3 年的草场宜放牧羔羊，多年的人工老草场因禾本科牧草比例增多，不宜放牧羔羊，草场质量不同，肥育效果相差很大。在放牧育肥前半期，可放牧稍差些的草场、草坡，后期尽量选好草放牧，如果后阶段在苜蓿地、盐碱牧场或谷物茬地放牧，对提高育肥效果很有效。此外，产羔期的不同，对育肥效果也有影响。用于放牧育肥的羔羊，应考虑将产羔期适当提前，这可以延长羔羊利用青草期的时间，增加屠宰前活重，提高产肉性能。据锡盟东乌旗试验结果，92 只早春羔(2 月底出生)平均产肉 16.6 kg，比晚春羔(3 月底出生)多产净肉 2.75 kg。对于羔羊，放牧育肥每只每天采食青草量要达到 4～5 kg，日增重可达到 200～300 g。如遇到天气炎热和雨季，增重变慢，这是因为炎热可使进食量减少，而雨季则因青草水分含量高，干物质相对减少，两者均可使羔羊摄入营养量达不到日需要营养量的水平。这时，应适当加喂干草或补饲精料。

放牧育肥期的长短因羊类型不同而异。羯羊在夏场结束，淘汰母羊在秋场结束，中、下膘情羊群和当年羔羊在放牧期之后适当补饲达到上市标准后结束。总之，放牧育肥不宜在春场和夏场初期结束。

(2)舍饲育肥。根据羊育肥前的状态，按照饲养标准和饲料营养价值配制羊的饲喂日粮，并完全在舍内喂、饮的一种育肥方式。与放牧育肥相比，在相同月龄屠宰的羔羊，活重可高 10%，胴体重高 20%，故舍饲育肥效果好，能提前上市。在市场需求的情况下，舍饲育肥可确保育肥羊在 30～60 天的育肥期内迅速达到上市标准，育肥期短。此方式适于饲草饲料丰富的农区。采取舍饲育肥，饲料投入相对较高，但可按市场需要实行大规模、集约化、工厂化养羊，使房舍、设备和劳动力得到充分利用，劳动生产效率较高，从而也能降低一些成本。

舍饲育肥羊的来源应以羔羊为主，其次来源于放牧育肥的羊群。如在雨季来临或旱年牧草生长不良时放牧育肥羊可转入舍饲育肥；当年羔羊放牧育肥一段时期，估计入冬前达不到上市标准的部分羊；也可转入舍饲育肥。

舍饲育肥羊日粮中精料可以占到日粮的 45%～60%，随着精料比例的增高，育肥强度增大。加大精料喂量时，必须防止过食精料引起的肠毒血症和钙磷比例失调引起的尿结石症等。防止肠毒血症，主要靠注射疫苗；防止尿结石，在以各类饲料和棉籽饼为主的日粮中可将钙含量提高到 0.5%的水平或加 0.25%氯化铵，避免日粮中钙磷比例失调。

育肥圈舍要保持干燥、通风、安静和卫生，育肥期不宜过长，达到上市要求即可。舍饲育肥通常为 75～100 天，时间过短，育肥增重效果不显著；时间过长，饲料转化率低，育肥经济效益不理想。在良好的饲料条件下，育肥期一般可增重 10～15 kg。

(3)混合育肥。混合育肥有 2 种情况，其一是在秋末草枯后对一些未抓好膘的羊，特别是还有很大增重潜力的当年生羔羊，再延长一段育肥时间，在舍内补饲一些精料，经 30～40 天屠宰；其二是指育肥羊完全通过放牧不能满足快速育肥的营养需求，而采用放牧加补饲的混合育肥方式。混合育肥较放牧育肥可缩短羊肉生产周期，增加肉羊出栏量和出肉量。前一种方式适用于生长强度较小及增重强度较慢的羔羊和周岁羊，育肥耗用时间较长，不符合现代肉羊短期快速育肥的要求；后一种方式适用于生长强度较大和增重速度较快的羔羊，同样可以按要求实现强度直线育肥。如果仅补草，应安排在归牧后；如果草、料都补，则可在出牧前补料，归牧后补草。在草、料的利用上要先喂次草、次料，再喂好草、好料。补饲量应根据草场情况决定，草场好则少补，草场差则多补。一般可按 1 只羊 0.5～1 kg 干草和 0.1～0.3 kg 混合精料补饲。混合育肥可使育肥羊在整个育肥期内的增重比单纯依靠放牧育肥提高 50%左右，而且所生产羊肉的味道也较好。因此，只要有一定的补饲条件，还是采用混合育肥方式效果更好。

上述3种育肥方式比较，舍饲育肥增重效果一般高于混合育肥和放牧育肥。从单只羊经济效益分析，混合育肥、放牧育肥经济效益高于舍饲育肥，但从大规模集约化羔羊育肥角度讲，舍饲育肥的生产效率及经济效益比混合育肥和放牧育肥高。

2.肉羊育肥技术

肉羊育肥技术包括羔羊早期育肥技术、断乳羔羊育肥技术和成年羊育肥技术3种。

(1)羔羊早期育肥技术。包括1.5月龄羔羊断奶全精料育肥和哺乳羔羊育肥2种方法。

①1.5月龄羔羊断奶全精料育肥：羔羊早期(3月龄以前)生长的主要特点是生长发育快，胴体组成部分的重量增加大于非胴体部分(如头、蹄、毛、内脏等)，脂肪沉积少。消化系统的特点是瘤胃发育不完全，消化方式与单胃家畜相似。羔羊所吸吮乳汁不经瘤胃作用而由食道沟直接流入真胃被消化利用；补饲固体饲料，特别是整粒玉米通过瘤胃被破碎后进入真胃，然后转化成葡萄糖被吸收，饲料利用率高。而发育完全的瘤胃，微生物活动增强，对摄入的玉米经发酵后转化成挥发性脂肪酸，这些脂肪酸只有部分被吸收，饲料转化率明显低于瘤胃发育不全时。因此，采用1.5月龄早期断奶全精料育肥能获得较高屠宰率、饲料报酬和日增重。例如新疆畜牧研究所1986年试验，1.5月龄羔羊体重在10.5 kg时断奶，育肥50天，平均日增重280 g，育肥终重达25～30 kg，料重比为3∶1。

1.5月龄羔羊早期断奶育肥后上市，可以缓解5～7月份羊肉供应淡季的市场供需矛盾。此外，全精料育肥只喂各类精饲料，不喂粗饲料，使管理简化。这种育肥方法的缺点是胴体偏小，生产规模受羔羊来源限制。

日粮配制可选用任何一种谷物饲料，但效果最好的是玉米等高能量饲料。谷物饲料不需破碎，其效果优于破碎谷粒，主要表现在饲料转化率高和胃肠病少。使用配合饲料则优于单喂某一种谷物饲料。较佳饲料配合比例为：整粒玉米 83%，黄豆饼 15%，石灰石粉 1.4%，食盐 0.5%，维生素和微量元素 0.1%。其中维生素和微量元素的添加量按每千克饲料计算为维生素 A、维生素 D、维生素 E 分别是 500、1 000 和 20 IU；硫酸锌 150 mg，硫酸锰 80 mg，氧化镁 200 mg，硫酸钴 5 mg，碘酸钾 1 mg。若没有黄豆饼，可用 10%的鱼粉替代，同时把玉米比例调整为 88%。改用其他油饼类饲料代替黄豆饼时，日粮中钙磷比例可能失调，应注意防治尿结石。

饲喂方式采用自由采食，自由饮水。饲料投给最好采用自动饲槽，以防止羔羊四肢踩入槽内，造成饲料污染而降低饲料摄入量和扩大球虫病与其他病菌的传播；饲槽离地面高度应随羔羊日龄增长而提高，以饲槽内饲料不堆积或不溢出为宜。如发现某些羔羊啃食圈墙时，应在运动场内添设盐槽，槽内放入食盐或食盐加等量的石灰石粉，让羔羊自由采食。饮水器或水槽内始终保持清洁的饮水。

管理技术上应注意以下几个方面：第一，羔羊断奶前半月龄实行补饲；第二，断奶前补饲的饲料应与断奶育肥饲料相同，玉米粒在刚补饲时稍加破碎，待习惯后则喂以整粒，羔羊在采食整粒玉米的初期，有吐出玉米粒现象，反刍次数也较少，随着羔羊日龄增加，吐玉米粒现象逐渐消失，反刍次数增加，此属正常现象，不影响育肥效果；第三，羔羊育肥期间常见的传染病是肠毒血症和出血性败血症，肠毒血症疫苗可在产羔前给母羊注射或断奶前给羔羊注射，一般情况下，也可以在育肥开始前注射快疫、猝疽和肠毒血症三联苗；第四，育肥期一般为 50～60 天，其长短主要取决于育肥终体重，而终体重又与品种类型和育肥初重有关，如大型品种羔羊 3 月龄育肥终重可达到 35 kg 以上，一般细毛羔羊和非肉用品种育肥 50 天可达到 25～30 kg（断奶重小于 12 kg 时，育肥终重 25 kg 左右;断奶重在 13～15 kg 时,育肥终重达 30 kg 以上)。

②哺乳羔羊育肥:同样着眼于羔羊 3 月龄出栏上市,但不提前断奶,只是隔栏补饲水平提高,到时从大群中挑出达到屠宰体重的羔羊(25～27 kg)出栏上市,达不到者断奶后仍可转入一般羊群继续饲养。其目的是利用母羊的全年繁殖,安排秋季和冬季产羔,生产供节日(元旦、春节等)应时特需的羔羊肉。

哺乳羔羊育肥基本上以舍饲为主,从羔羊中挑选体格大、早熟性能好的公羔作为育肥对象。为了提高育肥效果,母子同时加强补饲,要求母羊母性好、泌乳多,哺乳期间每天喂给足量的优质豆科干草,另加 0.5 kg 精料。羔羊要求及早开食,每天喂 2 次,饲料以谷粒饲料为主,搭配适当黄豆饼,配方同 1.5 月龄早期断奶育肥羔羊,每次喂量以 20 min 内吃完为宜。另给上等苜蓿干草,由羔羊自由采食,干草品质差时,每只羔羊日粮中应添加 50～100 g 蛋白质饲料。到了 3 月龄,活重达到标准者出栏上市。

(2)断乳羔羊育肥技术。断乳羔羊育肥是羊肉生产的主要形式,因为断乳羔羊除部分被选留到后备群外,大部分需出售处理。一般情况下,体重小或体况差的进行适度育肥,体重大或体况好的进行强度育肥,均可进一步提高经济效益。各地可根据当地草场状况和羔羊类型选择适宜的育肥方式。采用舍饲育肥或混合育肥后期的圈舍育肥,通常在入圈舍育肥之前先利用一个时期的较好牧草地或农田茬子地,使羔羊逐渐适应饲料转换过程,同时也可降低育肥饲料成本。

①预饲期的饲养管理:羔羊进入育肥圈后,不论采用强度育肥,还是一般育肥,都要经过预饲期。预饲期大约 15 天,可分为 3 个阶段:第一阶段为育肥开始的 1～3 天;第二阶段为第 4～10 天;第三阶段为第 10～14 天。第一阶段只喂干草和保证充足饮水,目的是让羔羊适应新环境。这之后,仍以干草日粮为主,但逐渐更换为第二阶段日粮,第 7 天换完并喂到第 10 天,之后再逐渐更换为第三阶段日粮,第 14 天换完,第 15 天进入正式育肥期。

第二、三阶段参考日粮配方见表 5-9。

表 5-9　预饲期参考日粮配方

项　目	第二阶段	第三阶段
玉米粒/%	25	39
干草/%	64	50
糖蜜/%	5	5
油饼/%	5	5
食盐/%	1	1
抗生素/mg	50	35
本日粮(风干状态)含		
蛋白质/%	12.90	12.20
总消化养分/%	57.10	61.60
消化能/(MJ/kg)	10.50	11.34
钙/%	0.78	0.62
磷/%	0.24	0.26
精料：粗料	36：64	50：50

②正式育肥期的饲养管理:预饲期结束进入正式育肥期。此期内应根据育肥计划和当地条件选择日粮类型,并在管理上区别对待。日粮类型可分为精料型、粗料型和青贮型日粮 3 种。

精料型日粮仅适于体重较大的健壮羔羊育肥用,入圈时活重绵羊羔为 35 kg 左右,山羊羔为 25 kg 左右。经过 40～55 天的强度育肥,初重 35 kg 的健壮羔羊出栏重可达 48～50 kg。日粮配方为:玉米粒 96%,蛋白质平衡剂 4%,矿物质自由采食。其中蛋白质平衡剂的成分为上等苜蓿 62%,尿素 31%,黏固剂 4%,磷酸氢钙 3%,经粉碎均匀后制成直径 0.6 cm 的颗粒;矿物质成分为石灰石 50%,氯化钾 15%,硫酸钾 5%,微量元素盐 28%,氧四环素 50 g 加预混料 454 g 占 2%。日粮配方中,每千克风干饲料含蛋白质 12.5%,总消化养分 85%。本育肥日粮中不含粗饲料,为了保证每只羔羊每天摄入一些粗纤维(45～90 g),可以单独喂给少量秸秆，也可用秸秆当做垫草来满足。饲养管理中应注意采用精料型日粮育肥羔羊，应使羔羊对饲料的适应期不少于 10 天，此期间最好使用普通饲槽，之后可转用自动饲槽。

粗料型日粮按投料方式分为普通饲槽用和自动饲槽用 2 种。前者把精料和粗料分开喂给，后者则是把精、粗料混合在一起制成粉状或颗粒状饲喂。普通饲槽用粗料型日粮，具体配方见表 5-10 和表 5-11。玉米可用整粒籽实，也可以用带穗全株玉米。干草以优质豆科干草为主，其蛋白质含量不低于 14%。饲喂该日粮应严格按照渐加慢换原则，逐步转向育肥日粮的全喂量。达到全喂量后，将总量均分成 2 份，早、晚各喂 1 份。每次喂饲时，先喂蛋白质补充剂或玉米等，吃完后再给干草。干草如果叶少茎梗多，喂时应比规定给量多 10%～20%。喂玉米时，如果羔羊吃后有剩余，说明喂量偏高，应及时加以调整。自动饲槽用粗料型日粮配方见表 5-12 和表 5-13。配制成的日粮要求混拌均匀，保证自动饲槽容器内储放的饲料上下成色一致。带穗玉米要碾碎，以羔羊难以从中拣出玉米粒为宜，通常可用 0.65 cm 筛孔的筛子过一遍。每只羔羊每天喂量按 1.5 kg 计算，自动饲槽内装足 1 天的用量，喂后再根据实际进食量酌情增减。

表 5-10　粗饲料型日粮(普通饲槽用)之一

项　目	中等能量	低能量
玉米粒/kg	0.91	0.82
干草/kg	0.61	0.73
黄豆饼/g	23	—
抗生素/mg	40	30
本日粮(风干状态)含		
蛋白质/%	11.44	11.29
总消化养分/%	67.3	67.9
消化能/(MJ/kg)	12.34	11.97

续表 5-10

项　目	中等能量	低能量
代谢能/(MJ/kg)	10.13	9.83
钙/%	0.46	0.54
磷/%	0.26	0.25
精料：粗料	60：40	53：47

表 5-11　粗饲料型日粮(普通饲槽用)之二

项　目	中等能量	低能量
全株玉米/kg	1.10	1.00
干草/kg	0.30	0.45
蛋白质补充剂/kg	0.15	0.11
本日粮(风干状态)含		
蛋白质/%	11.44	11.33
总消化养分/%	67.1	64.9
消化能/(MJ/kg)	12.34	11.97
代谢能/(MJ/kg)	10.13	9.83
钙/%	0.55	0.59
磷/%	0.22	0.32
精料：粗料	66：34	58：42

表 5-12　粗饲料型日粮(自动饲槽用)之一

项　目	中等能量	低能量
玉米粒/%	58.75	53.00
干草/%	40.00	47.00
黄豆饼/%	1.25	—
抗生素/%	1.00	0.75
本日粮(风干状态)含		
蛋白质/%	11.37	11.29
总消化养分/%	67.1	64.9

续表 5-12

项　目	中等能量	低能量
消化能/(MJ/kg)	12.34	11.88
代谢能/(MJ/kg)	10.13	9.75
钙/%	0.46	0.63
磷/%	0.26	0.25
精料：粗料	60：40	53：47

表 5-13　粗饲料型日粮(自动饲槽用)之二

项　目	中等能量	低能量
全株玉米/%	65.00	58.75
干草/%	20.00	28.75
蛋白质补充剂/%	10.00	7.50
糖蜜/%	5.00	5.00
本日粮(风干状态)含		
蛋白质/%	11.12	11.00
总消化养分/%	66.9	64.0
消化能/(MJ/kg)	12.18	11.72
代谢能/(MJ/kg)	10.00	9.62
钙/%	0.61	0.64
磷/%	0.36	0.32
精料：粗料	67：33	59：41

青贮饲料型日粮具体日粮配方见表 5-14。此类型日粮以玉米青饲料为主,可占到日粮的 67.5%～68.5%,不适用于育肥初期和短期强度育肥羔羊,可用于育肥期在 80 天以上的体小羔羊,育肥羔羊先喂 10～14 天预饲期日粮,再逐渐转用该日粮。开始时适当控制喂量,逐日增加,10～14 天达到全量。日粮应严格按配方比例混匀,尤其是石灰石粉不可缺少。羔羊每天进食量不低于 2.30 kg,预期日增重为 110～160 g。

表 5-14　青贮饲料型日粮

项　目	配方 1	配方 2
碎玉米粒/%	27.0	8.75
青贮玉米/%	67.5	87.5
黄豆饼/%	5.0	—
蛋白质补充剂/%	—	3.5
石灰石/%	0.5	0.25
维生素 A/IU	1 100	825
维生素 D/IU	110	83
抗生素/mg	11	11
本日粮(风干状态)含		
蛋白质/%	11.31	11.31
总消化养分/%	70.9	63.0
钙/%	0.47	0.45
磷/%	0.29	0.21
精料：粗料	67：33	33：67

(3)成年羊育肥技术。待育肥的成年羊来源主要为淘汰公、母羊及瘦弱羊。目前主要的育肥方式是混合育肥。夏季成年羊以放牧育肥为主，适当补饲精料，其日采食青绿饲料可达 5～6 kg，精料 0.4～0.5 kg，折合成干物质 1.6～1.9 kg，含可消化蛋白质 150～170 g，育肥日增重，120～140 g。秋季主要选择淘汰老母羊和瘦弱羊为育肥羊，育肥期一般 80～100 天，日增重偏低，可采用 2 种方式育肥。一种是使淘汰母羊配上种，利用母羊怀胎后行动稳重，食欲增强，采食量增大，增膘快的特点，怀胎肥育 60 天左右宰杀；另一种是将淘汰母羊转入秋草场放牧或农田茬子地放牧，待膘情转好后，再转入舍饲育肥。舍饲育肥期间日粮中应有一定数量的多汁饲料，表 5-15 是几种典型日粮配方，供生产参考。

表 5-15　成年羊育肥用参考日粮

项　目	配方 1	配方 2	配方 3	配方 4
禾本科干草/kg	0.5	1.0	—	0.5
青贮玉米/kg	4.0	0.5	4.0	3.0＋其他多汁饲料 0.8
碎谷粒/kg	0.5	0.7	0.5	0.4
尿素/g	—	—	10	
秸秆/kg	—	—	0.5	
本日粮含				
干物质/kg	2.03	1.86	2.04	1.91
代谢能/MJ	17.99	14.39	17.28	15.90
粗蛋白质/g	206	167	175	180
钙/g	11.9	13.2	9.3	10.5
磷/g	5.2	5.8	4.6	4.7

有饲料加工条件的地区，成年羊育肥也可饲喂颗粒饲料，尽量利用秸秆饲料。表 5-16 为几种颗粒饲料配方，供参考。饲喂颗粒饲料时，最好采用自动饲槽投料，保证不断饮水，午后适当喂些青干草(按每只 0.25 kg)以利于反刍。雨天不宜在敞圈饲喂，避免颗粒饲料遇水膨胀变碎，影响采食和饲料利用率。颗粒饲料喂量，成年羊每天每只 2.5～2.7 kg，6 月龄前羔羊为 1.2～1.4 kg，6～8 月龄为 1.8～2 kg。应用普通饲槽人工投料时，每天投料 2 次，日给量以饲槽内基本无剩余饲料为宜。

表 5-16　成年羊和羔羊育肥用颗粒饲料配方

项　目	成年羊用		羔羊用	
	配方 1	配方 2	6 月龄前	6～8 月龄
禾本科草粉/%	35.0	30.0	39.5	20.0
豆科草粉/%	—	—	30.0	20.0
秸秆/%	44.5	44.5	—	19.5
精料/%	20.0	25.0	30.0	40.0

续表 5-16

项　目	成年羊用		羔羊用	
	配方 1	配方 2	6 月龄前	6～8 月龄
磷酸氢钙/%	0.5	0.5	0.5	0.5
本配方 1 kg 含：				
干物质/kg	0.86	0.86		
代谢能/MJ	6.90	7.11	9.08	8.70
粗蛋白质/g	72	74	131	110
钙/g	4.8	4.9	9	7
磷/g	2.4	2.5	3.7	3.4

○ 育肥肉羊饲养管理技术规范

无公害羊肉生产应遵循《中华人民共和国农业行业标准—无公害食品—肉羊饲养管理总则》(NY/T 5151—2002)。

1. 肉羊日粮

(1)饲料和饲料添加剂的使用应符合农业部已批准使用的饲料添加剂和饲料药物添加剂规定，并应按规定的停药期停药。不应在饲料中额外添加未经国家有关部门批准使用的各种化学、生物制剂及保护剂(如抗氧化剂、防霉剂)等添加剂。

(2)肉羊不同生长时期和生理阶段至少应达到《肉羊营养需要和饲养标准》要求。根据肉羊日粮配合的原则，在保证营养需要的前提下，保证日粮的纤维浓度、适口性、轻泻性和有一定的容积和浓度，进行合理配制饲料。

(3)应清除肉羊饲料中的金属异物和泥沙。

2. 饲喂技术

(1)定时定量，少给勤添；更换饲料要逐渐进行。保持饲料清洁，切忌使用霉烂变质、冻坏、有毒害的饲料喂羊。每次饲喂完毕，槽内饲料残渣要清扫干净，随粪便拉出羊舍，不得堆在羊舍内，以免肉羊践踏，发酵发霉，污染空气，传播疾病。

(2)供应足够的生产饮用水,饮水质量应达到 NY 5027 的规定。经常清洗和消毒饮水设备,避免细菌滋生。若有水塔或其他贮水设施,则应有防止污染的措施,并予以定期清洗和消毒。

3. 日常管理技术

(1)搞好羊舍、运动场卫生。应使羊舍干燥,勤换垫草,运动场应干燥不泥泞。

(2)防疫与疾病防治。肉羊群的免疫应遵循肉羊饲养兽医防疫准则 NY 5119—2002 的规定。对于治疗患疾病肉羊及必须使用药物处理时,应遵循肉羊饲养兽药使用准则 NY 5148—2002 的规定。育肥羊在正常情况下禁止使用任何药物,必须用药时,肉羊出栏屠宰前应按规定停药,应准确计算停药时间。不使用未经有关部门批准使用的激素类药物(如促卵泡发育、排卵和催产等药剂)及抗生素。

(3)建立规范的卫生消毒制度。包括环境消毒、人员消毒、羊舍消毒、用具消毒、羊体消毒和带羊环境消毒。

(4)创造适宜的环境条件。肉羊场的环境条件应符合畜禽场环境质量标准(NY/T 388)。羊舍内的温度、湿度、气流(风速)和光照应满足肉羊不同饲养阶段的需求,以降低羊群发生疾病的机会。羊舍内空气质量应符合 NY/T 388 的规定。羊场净道和污道应分开,污道在下风向,雨水和污水应分开。羊场周围应设绿化隔离带。羊场排污应遵循减量化、无害化和资源化的原则。

❺ 奶山羊的饲养技术

奶山羊与其他用途山羊、绵羊有很大差别。奶山羊每昼夜采食的干物质量可高达其体重的 6%～10%,并能很好地将饲料中的营养物质转化为羊奶。在一个泌乳期内,奶山羊的产奶量相当于自身体重的 8～15 倍;最高达 37 倍。因此,为了充分发挥奶山羊的高泌乳性，应根据奶山羊的年龄、体重、生产力高低，保质保量地供给其所需的营养。

○ 奶山羊的饲养方式

根据各地自然条件和社会经济条件不同，可采用放牧、半放牧，半舍饲或舍饲饲养方式。

1. 放牧

是一种比较传统的饲养方式，牧区多以放牧饲养为主。奶山羊的膘情随着四季牧草的生长、旺盛和枯萎而发生明显变化。放牧饲养成本低，故经济效益还不错，但不利于提高产奶量，且常会发生草畜矛盾，需要与草场改良、贮草越冬和补饲精料相结合，才能收到更高的经济效益。

2. 半放牧半舍饲

是饲养奶山羊较适宜的一种饲养方式。采用这种方式，羊运动充足，可以获得全面的营养，节省饲料开支，但牧地不宜过远，否则因体力消耗太大而影响产奶量。农区可实行拴牧、牵牧与舍饲相结合，山区要在放牧的基础上进行补饲。

3. 舍饲

是城市工矿区和农业发达而土地资源有限的地方采用的一种饲养方式。常与集约化生产体系相结合，羊群规模较大。要求机械化程度高、有较好的羊舍、有高产品种，集约化饲养，科学管理。此方式投资大，饲养费工，羊运动少，饲养管理技术较高。

○ 奶山羊的泌乳规律

掌握奶山羊母羊的泌乳规律，以便正确组织饲养管理，保证泌乳性能的充分发挥，用最经济的饲料，换取较多量的奶。

奶山羊泌乳期的长短、泌乳量的多少与品种、个体、年龄、胎次、产羔季节以及饲养管理条件有关。在正常的饲养管理条件下，一般泌乳期为9～10个月，产奶量以第三胎次泌乳期的泌乳量最高，第一胎次相当于第三胎次泌乳量的80%，第二胎次为95%，第四胎次为95%，第五胎次为90%，以后逐渐下降。对于个别培育很好的母羊或初配年龄较晚的母羊，第一胎次产奶量就较高，第二胎次即可达到泌乳的高峰。奶山羊母羊分娩后，有10个月的产奶期和2个月的干奶期。泌乳母羊在产奶7个月时，要再次配种，妊娠3个月要进行干奶。

奶山羊繁殖、泌乳与饲养的关系如图5-1所示。可以看出在一个泌乳期内，泌乳量的升降存在着一定规律性。母羊产羔后，产奶量上升很快，一般60～70天达到泌乳的最高峰，20～120天为泌乳高峰期，120天以后泌乳量下降逐渐加快，180天以后下降更快，210天以后明显下降，使泌乳量曲线呈两头低中间高。乳脂率的变化规律正好与泌乳曲线相反，泌乳初期乳脂率最高（可达8%～10%），随着泌乳量增加，乳脂率降低，泌乳高峰时，乳脂率降至最低值（3%～4%），到泌乳后期，随着泌乳量的显著降低，乳脂率又逐渐上升。

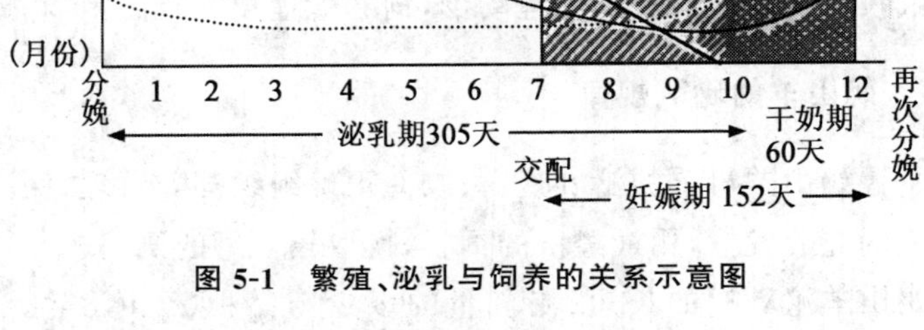

图 5-1 繁殖、泌乳与饲养的关系示意图

○ 产奶母羊的饲养技术

羊奶是产奶母羊的主要产品，故其一切饲养技术措施都围绕提高产奶量以取得更高经济效益为目的。根据奶山羊的泌乳规律可将产奶母羊的饲养分为泌乳斯饲养和干乳期饲养。其中泌乳期又可分为泌乳初期、泌乳盛期、泌乳中期和泌乳末期；干奶期分为干奶前期和干奶后期。

1. 泌乳初期

指母羊产后 20 天之内，也叫恢复期。这一时期母羊产后不久，体质虚弱，腹部空虚，常感到饥饿，食欲逐渐旺盛，但消化能力弱，产道尚未完全复原，产多羔母羊因妊娠期间心脏负担过重，如果运动不足，腹下和乳房底部常有水肿，其乳腺及循环系统的机能还不正常，所以此期饲养以恢复母羊体质为主。故此期间应以易消化的优质嫩干草等为主要饲料，任其自由采食。然后根据奶山羊的体况、乳房膨胀程度、食欲表现、粪便形状和气味等灵活掌握精料及多汁饲料的喂量。对身体消瘦，消化力弱、食欲不振，乳房膨胀不够者，可少量喂给含淀粉多的薯类饲料，以增进其体力，利于泌乳量的增加。对体况良好者，应缓慢增加精料，以既不使奶山羊造成营养亏损，妨碍奶量上升．又可保证食欲和消化力的旺盛为原则。在加料过程中，若发现母羊食欲不振，拉稀粪、软粪、有特殊气味的粪便，就不应急于增加精料和多汁饲料。精料和多汁饲料有催奶作用，给得过早过多，轻者会造成食滞或慢性胃肠疾患，影响泌乳量，严重时可伤害终身消化力。管理上，对乳房水肿的高产母羊，在产羔前 5 天开始，注意加强运动并按摩和热敷乳房，每次 3～5 min，使其水肿尽快消失。

2. 泌乳盛期

指从产后 20～120 天这一时期。此期产奶量占全泌乳期产奶量的一半，其产奶量的高低与本胎次产奶量密切相关。因此，这一时期的饲养是想尽一切办法把产奶量促上去。此阶段母羊体力已基本得到恢复,泌乳达到高峰。该期由于泌乳量大,体内蓄积的各种养分不断排出,体重不断下降,在此期间加强饲养管理对提高泌乳性能十分有效。尽量利用优质的饲料,配给最好的日粮。为了满足日粮中干物质的需要量,除须喂给相当于体重1.0%～1.5%的优质干草外,应该尽量多喂给青草、青贮饲料和部分块根、块茎类饲料,但要防止便痢(可日喂新鲜木炭末3～4 g)。如果消化养分或蛋白质不足,再用混合精料补充。

为了促进母羊泌乳,提高产奶量,可在正常饲养标准的基础上,提前增加一些预支饲料,这叫催奶。何时催奶,这要根据母羊的体质、消化机能和产奶量来决定。一般在产后的20天左右,过早了会影响体质恢复,过晚了则影响产奶量。催奶的方法是从产后20天开始,在原来精料喂量(0.5～0.7 kg)的基础上,每天增加50～80 g精料,只要奶量不断上升,就连续增加,当精料增加到每产1 kg给0.4～0.45 kg时,奶量不再上升,停止增加精料并将该给量维持5～7天,之后根据泌乳羊标准供给。催奶时要前边看食欲(是否旺盛),中间看奶量(是否继续上升),后边看粪便(是否拉软粪),使羊始终保持旺盛的食欲。若饲槽有剩草、料,奶量不再上升,粪便变形,就应控制或减少催奶饲料。

对于泌乳盛期的奶山羊,其日采食量很大,可高达10 kg以上,要使它安全吃进这样大量的饲料,必须注意日粮体积、适口性及消化性,并通过适当的运动,增加采食次数及改善饲喂方法等促进奶山羊的消化吸收能力。对于高产母羊,泌乳高峰出现较早,采食高峰出现较晚,为了防止泌乳高峰营养亏损,饲养上要做到产前(干奶期)丰富饲养,产后(泌乳期)大胆饲养,精心护理。

3. 泌乳中期

指产后120～210天。此期产奶量虽已逐渐下降,但下降较慢,每天递减5%～7%。虽然这是泌乳的一般规律,但若能采取各种有效措施，可以使产奶量稳定地保持一个较长的时期。此期奶量若有下降就不容易再回升，所以在饲养上要坚持不随意改变饲料、饲养方法及工作日程，以免使产奶量急剧下降。这一阶段精料给量较以前减少，可依据泌乳母羊的产奶量、膘情、年龄等进行调整。对于低产母羊，此期精料给量不宜过多，否则会造成肥胖，影响配种。

4. 泌乳末期

指产后 210 天到干奶这段时间（3 个月）。这个时期的特点是母羊逐渐进入发情配种季节，到此期的后期，大部分羊已怀孕。在此期由于母羊发情和怀孕的影响，产奶量显著下降。饲养上要想法使产奶量下降缓慢一些。在泌乳高峰期精料量的增加要安排在奶量上升之前，而此期精料的减少要安排在奶量下降之后，这样会减缓奶量下降的速度。泌乳末期的 3 个月，正是怀孕期的前 3 个月，胎儿虽增重不大，但要求母羊日粮营养全价，要多供优质粗饲料，逐渐减少精料喂量。

5. 干奶前期

指从干奶开始到产羔前 2～3 周。此期正值妊娠后期，胎儿生长发育迅速。通过停止泌乳，可以使羊体质得到恢复，乳腺得到休整，保证胎儿的正常生长发育和使母羊体内储存一定量的营养物质为下一个泌乳期泌乳奠定物质基础。在干奶前期，对于营养良好的母羊，一般喂给优质粗饲料及少量精料即可，对于营养不良的干奶母羊，除给优质饲草外，还要饲喂一定量的混合精料，提高其营养水平。50 kg 体重的羊，可按每天产乳 1.5 kg 的饲养标准饲喂，日给 1 kg 左右优质干草，2～3 kg 多汁饲料和 0.6～0.8 kg 的混合精料。青粗饲料和多汁饲料不宜喂得过多，以免压迫胎儿引起早产。

当前生产上存在的问题是普遍不重视干奶期的饲养。实际上，母羊干奶期饲养得好，下一胎产奶量才高，干奶期母羊体重如果能比产奶高峰期增加20%以上,胎儿的发育和下一胎的产奶量才有保证。

6. 干奶后期

指产羔前2～3周到分娩。可按妊娠后期母羊进行常规饲养。对于初产母羊和高产母羊可采用“引导饲养法”。具体做法是在原有日粮的基础上逐渐增加混合精料的喂量,使其每100 kg体重吃到1.5～2 kg的精料。母羊分娩后仍需维持或增加精料的喂量,直到母羊产乳高峰期。该方法除增加精料外,优质青干草应任其自由采食,还应饲喂大量的青绿多汁饲料,这样可减少母羊发生消化不良的可能。在饲养过程中,若母羊在产前4～7天乳房发生过度膨胀或水肿严重时,可适当减少精料及多汁饲料;只要母羊乳房不发硬,则可照常饲喂;产前2～3天,一般日粮中应加入小麦麸等轻泻性饲料,以防止便秘。

采用引导饲养法,可使母羊瘤胃中的微生物在产羔前就能调整到适应高精料的水平,为产后继续采食大量精料打下基础,可减小母羊在泌乳期由于营养负平衡而限制泌乳潜力发挥的程度,此外也可使产奶高峰期过后产奶量下降的幅度减小,提高泌乳期产奶量。“引导饲养法”是通过增加产奶量的途径来提高经济效益的,但如果所增产的羊奶不再能补偿投喂精料的价格,甚至导致奶羊消化不良,那就不可取了。

○ 青年奶山羊的培育

对青年奶山羊的培育,在农村一般都不大重视,饲料差、管理粗放,对其生长发育及以后的生产性能发挥造成不利影响。必须引起注意。优秀的青年奶山羊要求骨架大、肌肉薄、腹大而深、采食量大、消化力强及乳用体型明显。其培育的关键是优良的青干草和充足的运动。足量优质的青干草和充足的运动可使培育出的青年奶山羊消化器官功能强大、胸部宽广、心肺发达、体质强壮,是其将来高产的基础。所以半放牧半舍饲是培育青年奶山羊的理想饲养方式。羔羊断奶至8月龄，在每天吃足优质粗饲料的基础上，补饲混合精料250～300 g。8月龄配种的母羊，满1岁后，每天给精料400～500 g，只要草好，也可少给精料。精料多而运动不足，培育出来的青年羊个体小、体短肉厚，利用年限短，终生产奶量少。在培育过程中，由于青年公羊生长速度比青年母羊快，所以应给公羊较多的精料；运动对青年公羊更为重要，不仅有利于其生长发育，而且可以防止形成草腹和恶癖。

○ 奶山羊的饲养管理规程

奶山羊每天的饲养管理工作，要按工作日程进行。如奶山羊每天挤奶3次，应按以下工作程序进行：早晨喂混合精料和块根、菜叶等，并刷拭羊体，然后挤奶、饮水、喂干草；中午喂块根、菜叶、青贮料或残羹，然后挤奶、喂草及一些带叶树枝；晚间喂混合精料，然后挤奶、饮水；夜里把干草、秸秆、树叶等放在草架上，任其自由采食。下面介绍某奶山羊场的工作日程表，供参考。

冬季工作日程：当年10月份至翌年2月份，每天挤奶2次。

5:50～6:50　第1次饲喂，挤奶，刷拭；

7:30～9:00　饮水，打扫羊舍卫生；

9:00～12:00　运动或放牧；

14:00～16:45　喂干草，青贮料或放牧；

16:45～18:00　第二次饲喂，挤奶，打扫挤奶室卫生；

19:00～22:00　添喂干草；

22:00　检查羊群。

夏季工作日程：3～9月份，每天挤奶2次。

4:50～6:00　第1次饲喂，挤奶，刷拭；

7:00～8:00　饮水，打扫羊舍卫生；

8:00～11:00　放牧或运动；

15:00～17:00　饮水，喂草或放牧；

17:00～18:00　第二次饲喂，挤奶；

19:00～22:00　添喂干草；

22:00　检查羊群。

❻ 毛用羊的饲养技术

应围绕毛用羊羊毛发生、生长的特点和规律及其营养需要，进行科学饲养。

○ 毛用羊日粮要求的特点

羊毛纤维是一种由 18 种氨基酸组成的角质蛋白实体，与其他蛋白质最大的化学组成区别是其中含硫氨基酸——胱氨酸含量极其丰富，占角质蛋白总量的 9%～14%，其中含有 3%～5%的有机硫。在毛囊发生的角质化过程中，有机硫是一种重要的刺激素，含量多则不但产毛量增多，而且弹性和手感也愈好。这说明，毛用羊的硫代谢水平高，需硫量大于其他家畜。据研究，羊的瘤胃细菌能利用无机硫和尿素氮合成含硫氨基酸，日粮干物质中氮硫比例以(5～10)∶1 为宜。因此，在喂尿素的同时，可日补硫酸钠 10 g，使之占日粮干物质总量的 0.25%，这样不仅可有效地提高产毛量、羊毛长度和强度，而且对防止羊肠毒血症引起羊只死亡还有一定效果。

铜与产毛的关系也很密切。缺铜容易造成羊贫血，产毛量和毛质也将下降，因此缺铜地区要注意补铜。

羊生产毛的营养要求不高。一只有 50 kg 体重的绵羊，每天约需 4 602 kJ 净能，其中用于产毛的只有 418 kJ，不足维持需要的 1/10。日粮中蛋白含量不低于 5.8%则可满足产毛的最低要求。一只年产 4 kg 毛的细毛羊，只需 30 kg 左右的可消化蛋白质就能满足需要。

○ 毛用羊的饲养特点

毛囊的发育及毛纤维的形成速度与饲养条件关系极为密切。毛纤维是由毛囊原始体所形成,毛囊原始体从胎儿 50～55 日龄开始发生,到羔羊出生 14 天发育成熟的毛囊数达到高峰。可见羔羊出生后半个月左右是皮肤内毛纤维发育最快的时期。如果这个时期羔羊获得营养不足,就会影响毛纤维的生长,从而使毛被密度和产毛量下降。据研究,毛用羔羊在生后第 1 周内毛囊发育较慢,第 2 周则强烈生长并形成毛纤维,到第 1 个月末,在良好的饲养条件下有 70%～80%发育成毛纤维,在丰富的饲养条件下,羔羊毛纤维的发育通常要推迟到生后 5 月龄或更长时间才停止。因此,改善母羊妊娠期的饲养及哺乳期的饲养,加强羔羊培育,是提高毛用羊生产性能的重要措施。

从羊毛全年生长特点和规律来看,细毛羊的羊毛全年连续性生长,没有季节性脱毛现象,要求全年营养物质的供应基本均衡,才能适应羊毛生长的营养需要。否则就会影响某一时期羊毛纤维的生长速度,造成羊毛纤维细度不匀,降低使用价值。我国的毛用羊主要为放牧饲养,羊毛的生长和产毛量受草场条件的影响较大。如种公羊全年饲养比较均衡,各月份羊毛生长速度基本一致,因此种公羊羊毛品质较好。对于母羊,由于越冬环境因素以及妊娠期和哺乳期营养消耗大,又缺乏营养补充,因而母羊的羊毛品质较差,粗细不匀。因此,毛用羊的饲养应保持全年营养均衡。

❼ 绒山羊的饲养技术

绒山羊采食能力强,靠放牧基本能满足其生理需要,特别是在青草季节采食富含各种营养成分的青绿饲料,可以达到放牧增膘的目的，所以绒山羊的饲养应坚持常年放牧。这不仅能增强其对外界环境的适应能力，还能节省大量的饲料和管理费用，但对生产性能较高的绒山羊的杂种羊，在坚持常年放牧的基础上，应给予合理补饲，尤其应根据山羊绒生长的特点和规律，进行有针对性的补饲。

○ 山羊绒生长的特点和规律

山羊绒的生长不同于绵羊毛，其生长是季节性的。山羊绒是在夏至后当日照由长变短时开始生长，随日照长度的递减，生长加快，冬至后，日照由短变长，羊绒生长缓慢并逐渐停止生长，最大生长期是9～11月份。研究表明，不同品种在同一气候条件下绒毛开始生长时间不同，但结束时间基本一致，都在第2年2月份。

许多学者研究认为绒山羊不能忍受高热、潮湿气候条件，夏季的持续高温、多雨潮湿往往使绒毛萌发生长时间推迟，绒毛生长期缩短，造成山羊绒产量下降。因此夏季应给绒山羊提供一个凉爽干燥的环境。夏季气候炎热潮湿、终年气温较高地区不适宜饲养绒山羊。

○ 山羊绒生长对日粮营养水平的要求

山羊绒也是由角蛋白质组成，且蛋白质含硫氨基酸较高。因此，日粮中应加强对硫元素及铜元素的补充。绒山羊绒毛生长对蛋白质水平的要求不是很高，达到维持基础以上即可。绒山羊饲喂高蛋白质水平日粮与饲喂维持蛋白质水平日粮，对绒毛生长速度、产绒量没有显著影响，山羊绒长度和细度也不因日粮蛋白质水平的不同而变化。

Restall(1993)报道了不同营养水平日粮对产绒的影响，低水平日粮在210天的试验期使山羊体重下降6.1 kg，维持日粮保持山羊体重基本平衡，高水平日粮使体重平均增加6.9 kg，维持日粮和高水平日粮组山羊总毛重、粗毛、绒毛和绒毛长度显著高于低水平日粮组山羊，但维持日粮组和高水平日粮组之间在总毛重、绒毛重和绒毛长度等方面无显著差异，即绒山羊营养在维持需要以上，不会增加山羊绒产量，但日粮在维持水平以下，山羊绒产量会显著下降。据 Mcgregor 研究，日粮略高于维持需要时山羊绒产量 221 g，而饲喂维持日粮的 80%时产绒量 146 g。因此，要绒山羊保持较高的产绒量并经济的利用饲料，绒山羊的营养水平应保持在维持基础上，或使体重略有增加(1～2 kg)即可。

○ 提高绒山羊产绒量的饲养技术

1. 加强羔羊的培育

山羊绒是由山羊皮肤内的次级毛囊生长出来的，其发生特点和规律与毛用羊毛纤维的发生特点和规律相同。所以，加强羔羊培育，即加强绒山羊母羊妊娠期的饲养(羔羊的胎前培育)和哺乳期的饲养(羔羊的胎后培育)，可促进次级毛囊多形成羊绒，从而提高产绒量。

绒山羊妊娠后期正处于寒冷枯草期，若饲养得不好，很容易掉膘。因此，对妊娠后期母羊除加强放牧运动外，应补饲一些优质青贮料及一些营养丰富、体积较小的饲草饲料。每天应补青贮料 1.0～1.5 kg，多汁块根饲料 0.5 kg。有条件者应于产羔前 2 周开始饮豆汁水，有利于母羊泌乳。母羊在妊娠末期 2 个月的标准增重应达到 6～8 kg。

在哺乳期，尤其是哺乳前期，母乳是羔羊的主要营养来源。为提高母羊泌乳量，应加强哺乳期母羊的补饲。产单羔母羊每天补给精料 0.25～0.35 kg、青贮饲料 1.5～2.0 kg、豆科干草 0.5～1.0 kg、野干草 1.0～1.5 kg、胡萝卜 0.3～0.35 kg；产双羔的母羊精料补给量为 0.4～0.6 kg、胡萝卜 0.4～0.5 kg，其他饲料与产单羔母羊相同。待羔羊能采食较多的草料时，再逐渐降低母羊的饲养标准。

2. 加强羊绒生长期绒山羊的补饲

在我国北方地区，羊绒生长期正是枯草期，由于草质枯干，营养价值低，放牧采食量少，体热消耗多，单纯靠放牧不能满足羊体营养需要，所以必须适时补饲。补饲应以粗料为主、精料为辅的原则。补饲时间应根据当地气候特点、牧草条件、饲草饲料储备和羊只生理状况来决定。对于大多数牧区，10 月下旬至 11 月上旬进入枯草期，此时应考虑补喂些干草或青贮饲料等。补饲时开始数量应少些，以后逐渐增加，直到来年 5 月份，其补饲时间为 6～7 个月。对于农区，因气候温暖，枯草期来得较晚，补饲时间可适当推迟，一般在 11 月中、下旬开始。

具体补饲量应根据羊的生产性能，放牧地的条件及生理状态等而定。种公羊在非配种季节，冬春枯草期除每天放牧 6～8 h 外，还应补饲 0.35～0.45 kg 混合精料，1.0～1.5 kg 青贮饲料，0.8～1.0 kg 优质干草或豆科牧草，0.3～0.5 kg 胡萝卜。晚春及夏季青草期，除每天放牧 8～10 h 外，日补混合精料 0.25～0.30 kg。在配种季节，除放牧外，须日补混合精料 0.7～0.8 kg，牛奶 0.5 kg，鸡蛋 2～4 枚，骨粉 10 g，食盐 15 g，胡萝卜、南瓜等多汁饲料 0.5～1.0 kg。对育成羊的补饲一般安排在越冬期，即 12 月份至翌年 4 月份，一般日补混合精料 0.2～0.3 kg，青干草 1.0～1.5 kg。对于母羊的补饲，应着重放在妊娠后期和哺乳前期，具体补饲量见提高绒山羊产绒量饲养技术中加强羔羊培育部分。

3. 适时配种产春羔

绒山羊以 8～11 月份发情较为旺盛，可安排秋季 8～9 月份配种产冬羔或 10～12 月份配种产春羔，当前绒山羊大部分都采取产春羔。因为饲养绒山羊地区，多处高寒山区，气候变化较大，越冬饲料种类单一，产羔设备条件较差，产春羔更为适宜。春羔本身产绒量及其母系的绒、毛产量均高于冬羔。

春羔分为早春羔和晚春羔。早春羔是于 10～11 月份配种，在第二年 3～4 月份产的羔；晚春羔是 11～12 月底配种，在第二年 4 月底至 6 月份产的羔。晚春羔由于生后即进入炎热的夏季，发育不好，当年越冬比较困难，且断奶较迟，影响母羊增膘复壮，进而影响适时配种。因此绒山羊饲养中以产早春羔为最好。

❽ 其他羊的饲养技术

其他生产用途的羊，饲养在牧区和草山、草坡地区的，主要以放牧为主，应搞好四季放牧工作，充分合理地利用牧场；饲养在农区的，一般多采取半舍饲半放牧的饲养方式，或青草期以放牧为主，枯草期利用农副产品进行舍饲。在由舍饲转入吃青或由放牧吃青转入舍饲时，应逐步过渡，以防胃肠不适应而引起消化系统疾病。

为使羊群安全越冬，对那些比较瘦弱的羊，应单独组群，给予优惠的饲养管理，也可随大群放牧，在归牧后单独补饲草料，使其体况得到好转，然后可同其他羊一样放牧，不必另行饲养或补饲。

对于繁殖母羊，为了提高其繁殖性能，在配种前应抓好膘，除安排在较好草场放牧外，对个别体况消瘦者，在配种前 1 个月左右，应给予短期优饲，使其达到中上等膘情。对妊娠后期和泌乳前期的母羊也应补给足够的草料，以利于胎儿生长和母羊泌乳量的提高，从而为羔羊的生长发育奠定物质基础。

对于多胎且常年繁殖的母羊，如农区的山羊、寒羊、湖羊等，繁殖周期短(1 年 2 产或 2 年 3 产)，母羊常年处于妊娠、泌乳过程，负担很重，对摄入营养的需求量很高，应做好常年补饲工作。如不加强补饲，就会因为仔多母累造成母羊极度瘦弱、产后无奶、产前或产后瘫痪等现象。在舍饲期，每天给青干草 2～3 kg，多汁饲料 1～1.5 kg，混合精料 0.4～0.5 kg，还要保证钙、磷和食盐的需求。在青草期，除放牧外，仍需补给精饲料 0.4～0.5 kg。

第6章 羊的生产管理技术

❶ 羊的驾驭

○ 捉羊

捉羊的方法不当,能把羊毛揪掉或造成创伤。捉羊要先静静地走到羊后面,用一只手迅速抓住羊的后肋腹部或后腿飞节上部。除抓这些部位外,抓其他部位都会对羊造成伤害。捉羊不要惊群,如羊群惊跑,可先把羊群轰赶到一个角落里,趁羊群密集拥挤时,迅速抓住要捉的羊。

○ 导羊前进

在生产中,往往需要羊有短距离的移动,导羊到适当的地点。一种方法是用一手托在羊的颈下,以便左右其方向;另一手轻轻搔动尾根,羊即能自动前进。另一种方法是人站在羊左侧,右手抓住羊的右后肢高举,使羊后躯不着地并用力向前推,左手扶住颈上部掌握方向,这样羊无力反抗也就自动前进了。不能扳住羊角或羊头向前硬拉。

○ 保定

有许多工作需要把羊保定好才能进行。如果保定方法不当,羊挣扎乱动,勉强进行,易出差错。保定方法一种是把羊捉住后,用两腿夹住羊的颈部,并用双膝盖紧紧顶住被保定羊的肩部,羊即不动了;另一种是人站在羊的左侧,以左手挟住羊的颌下,右手把住臀部,使羊靠住保定人的腿部。

○ 倒羊

站在羊的左侧,左手由颈下伸入右边,扶住颈上部,右手由腹下伸入握住对侧右后肢下部,用力向前里侧拉,同时左手高擎羊颈向后侧压,羊即自动坐下而卧倒。倒羊的方法较多,无论用何种方法,都要以保证羊的安全为原则。

○ 抱羊

小羊戴耳标、哺乳、断尾等往往需要保定,抱小羔羊时先用左手由两前腿中间伸进托住羔羊胸部及外肋部,右手先抓住右侧后腿飞节,把羔羊抱起时再用胳膊由后外侧把羊搂紧,这样抱起来既有力,羊又不乱动。

❷ 羊的运输

○ 羊运输的适宜时间

从北方往南方运输羊的适宜时间是 10 月份至翌年 2 月份。3～9 月份运羊，羊易伤亡。因为 3～6 月份的羊体瘦弱，7～9 月份炎热多雨，而 9 月份以后雨水减少，天高气爽，是羊抓膘的好季节。从南方往北方运输种羊，最好在 3～6 月份，运到后经过一个青草期进入冬季，有较长的适应时间，引入山羊要慎重，因为南方的山羊绒毛少，对北方的寒冷冬季难以适应。

○ 运输工具

从长途羊运输的经验看，汽车运羊优于火车，既省时又省费。汽车运羊还可随时停车检查和饲喂。若是短途运羊，则汽车运羊更显示出其灵活、快捷的优点。

○ 羊的运输

1. 羊运输前的准备工作

接运前，必须做好羊的检疫工作。引进的种羊均应健康，无布氏杆菌病、结核病、副结核病、传染性胸膜炎、口蹄疫、炭疽病和疥癣病等。同时，在起运前还要给种羊作免疫注射。要有检疫证明及陆路通行证明。否则将一路被拦，罚款，麻烦事多。

用汽车运羊，一定要把车厢周围的护栏加高加固，以免羊在运输中伤亡。若用汽车双层运羊，则夹层一定要坚固，防止夹层因承受不住上面羊的重量和汽车在道路上的颠簸，压坏夹层而砸伤羊。起运前，应根据沿途经过地区的饲料和供水情况，备足饲草饲料和饮水设备。平均每头绵羊每天需 3.5 kg 干草，山羊需 2.5～3 kg 干草（含垫草）。在冬季或寒冷地区运输羊时，还需备用棚布，此外，要准备手电等照明设备。要根据羊的品种和数量备足所需车辆。上车前，要给羊喂 1 次食，并饮足水。

2. 运输途中的注意事项

运输途中要掌握“先慢后快常停车”的原则。防止由于惯性或颠簸挤倒羊而发生踩伤或踩死羊的事故。特别是上山、下山、急刹车时羊不习惯，容易被踩倒，必须经常检查，把挤倒或爬下的羊拉起来。运输途中要掌握羊被挤倒的规律。天黑以后停车要有人照看车上的羊，防止丢失。

运输途中要经常让羊饮水。喂的饲料要求精饲料、青绿多汁饲料、干粗饲料相互搭配，这样既可用来充饥，又可解渴。喂饲料时，最好少喂勤添，增加饲喂次数。

3. 购进种羊的管理

羊到达目的地卸车时，如无站台应搭跳板，不要让羊直接跳下。下车时用草引导羊慢慢下，这样不致伤羊。将羊卸车后，需驱赶至目的地时，要边走边放。羊到目的地后，要适当休息，然后饮水饲喂。远途运输的羊很渴时，不可让羊饮水过量，以免引起伤水或水中毒。在所饮水中可放一些解毒、清热的中药，或消炎的西药，如高锰酸钾、土霉素等，让羊随水饮进。一般长途运羊，到目的地 3 天后羊体才有所恢复，采食量才开始有所增加，所以前 10 天应饲喂优质干草，任羊自由采食，精料量由少到多逐渐增加，切忌头 10 天精料过多。羊运回后最好先舍饲或就近放牧，不要远牧。

刚运回的羊，不要立即和本地羊混群，需隔离观察约 1 个月，待确定无传染病后方可与本地羊混群饲养。羊数量多时，最好单独组群，分圈饲养。

❸ 编号

给羊编号,便于识别羊,也有利于做记录。羔羊出生一般先编临时号,在羔羊和母羊体侧都写母羊号,产双羔的母羊在其两侧写号,或在一侧写号的后面加一横杠再写上数字代表产羔数。对丢失耳标的羊,也要编临时号或当即补号。永久编号在断奶或鉴定后进行,常用方法为耳标法。

耳标用铝或塑料制成,为圆形或长方形,铝制的多为圆形。圆形耳标比较牢固,但由于数字较小不容易看清;长方形耳标容易看清,但在多灌木的地区放羊容易被挂掉。耳标用来记载羊的个体号、出生年份等。用特制的钢字钉把需要的号数打在铝耳标上或用记号笔写在塑料耳标上,如 8-12,代表 1998 年出生的第 12 号羊。安插耳标要选在蚊蝇未起的季节进行,避免发炎感染。具体方法是将编好号的耳标经消毒后,用耳号钳将耳标固定在耳基下部,要尽量避开血管,一般采用公羊编单号,母羊编双号,也可不分公、母混合编号。要 1 年 1 编,不要逐年累计。

❹ 断尾

1. 断尾的目的

在我国一般都对长瘦尾羊(细毛羊和半细毛羊)进行断尾,其根本目的是为了保持羊毛的清洁;另外,断尾后也便于配种。以前对肥尾羊不断尾。大尾寒羊和太行绵羊尾脂肥大,但现在人们不愿意吃尾脂,尾脂价格也因此而降低,于是我们在河北省威县和文安县对 40 多只大尾寒羊进行了断尾试验,效果非常好。断尾后羊行动灵活,放牧性能增强,抓膘快,体重大,胴体品质得到了改善,产肉性能也有所提高。由于断尾羊不能沉积尾脂，而使这部分脂肪转移沉积在肌间、内脏和皮下，增加了膘情，改善了肉质。如对母羊断尾，配种时不用人工掀尾，有利于配种。由于膘情好，受胎率和多胎率也会提高。此外还有利于安全越冬。对公羔断尾当年出栏生产肥羔肉非常好。

2.断尾的时间

羊生后1周左右即可断尾，羊体弱或天气过冷时，可适当推迟。断尾选择晴天的早上开始，不要在阴雨天或傍晚进行，因阴雨天伤口愈合慢。早上断尾后有较长的时间可以观察羔羊，如有出血的羔羊可及时处理。对公羔断尾和去势也可同时进行，以便节省劳力。

3.断尾的方法

(1)结扎法：用橡胶圈在尾巴根部位置，公羔2～3尾椎，母羔3～4尾椎之间紧紧扎住，阻断血流，下端的尾巴经10天左右自行萎缩脱落。用自行车旧内胎剪成胶圈代替商品橡胶圈效果也很好。

(2)热断法：用1块外包铁皮的木板(20 cm见方，上面有把手，下面有2个大小不等的缺刻)将尾根部压紧在垫板上，用烧灼呈暗红色的热铁铲沿木板垂直而下，连烙带切，把尾断下。如有出血，可点烙止血，不得锉烙。操作时要有助手保定羔羊。断面为焦黄色最为理想。断尾前，要把尾巴上的皮肤向尾根方向推，断尾后松下来，这样伤口愈合后皮肤可以把尾椎骨包起来，否则伤口虽然好了，尾椎骨却露在外面。断尾后的羔羊要单独停留2～3 h后再与母羊混群。因为羔羊哺乳时就摇尾，和母羊接触易引起尾部出血。断尾后1～2天尾根出现肿胀者，是由于断尾铲过热造成，以后会自然痊愈。断尾后若检查发现尾部有出血应及时按外伤处理。

❺ 去势

去势也称阉割。去势的羊通称为羯羊。

1. 去势的目的

凡不做种用的公羔或公羊，一律去势。去势后的公羔或公羊，性情温顺，管理方便，容易育肥，节省饲料，肉无膻味且细嫩；另外，劣质公羊去势后不能交配，可避免影响羊群的改良。

2. 去势的时间

过去公羔多在生后2～3周龄去势，现在多在3～4月龄去势，当年出栏的公羔羊(6～8月龄)也可不去势。如遇天冷或体弱羔羊，可适当推迟去势时间。去势应选在晴天的上午进行，以减少感染和有较长的护理时间。

3. 去势的方法

常用的去势方法有以下几种：

(1)结扎法：用橡胶筋(农村还可用自行车内胎剪成2～3 mm宽的胶圈)于阴囊的上部结扎，阻断血流，10天后阴囊和睾丸萎缩自然脱落。

(2)刀阉法：将羔羊两后肢提起，将阴囊外部用5%的碘酒消毒后，紧握阴囊上部，防止睾丸滑到腹腔，用另一只手执刀，在阴囊下方与阴囊中隔平行处两侧各切一条2 cm的小口，挤出睾丸，扯断精索，扯精索时须将两睾丸向不同方向转拧数次，最后撕断。然后把阴囊的切口对齐并涂上碘酒或消炎粉。刚去势后，羊舍要清洁干燥，不要让羊卧在潮湿肮脏的地方，以防感染。过1～2天检查一下，如阴囊收缩，则为安全的表现，如果阴囊肿胀，可挤出其中的血水，再涂碘酒和消炎粉，一般不会出什么危险。

(3)提睾去势法(人工隐睾法)：其方法是将公羊保定后，将其睾丸尽量用力向上推，使睾丸紧贴腹肌，阴囊下方用一弹性橡胶圈扎紧(10～15 天后胶圈外部阴囊萎缩脱落)而形成 1 个短阴囊。这样由于睾丸靠近腹部肌肉,此处温度约 38℃,不适于精子生存,但性激素的有效功能尚可继续发挥。该法方便适用,待公羊长到 1 岁后,宰杀上市,屠宰率高。

此外,还有药物去势法,摘除附睾法。在此不再详述。

❻ 剪毛

○ 剪毛次数和时间

1. 剪毛次数

细毛羊、半细毛羊及其生产同质毛的杂种羊,1 年内一般在春季进行 1 次性剪毛。粗毛羊和生产异质毛的低代杂种羊,可在春、秋季节各剪毛 1 次。个别地方还有剪伏毛的,不应提倡。

2. 剪毛时间

剪毛开始的时间,主要决定于当地气候和羊群膘度,宜在气候稳定和羊只体力恢复之后进行。各地剪毛都有一定时间,过早和过晚对羊体都不利。过早剪毛羊体易遭冻害,过迟一则会阻碍羊体热散发,羊感到不适而影响抓膘;二则羊毛自行脱落造成经济损失;再则羊皮肤受到烈日照射易致皮肤病。我国西北牧区春季剪毛,一般在 5 月下旬至 6 月上旬,青藏高寒牧区在 6 月下旬至 7 月上旬,农区在 4 月中旬至 5 月上旬。秋季剪毛在 9 月份进行。

○ 剪毛前的准备

剪毛季节性很强,剪毛持续的时间越短,越有利于羊的抓膘。为保质保量做好剪毛工作,需做好剪毛前的准备工作。

剪毛场所,可根据具体条件而定。若羊群小,可采用露天剪毛,但场地要打扫干净,特别要防止草屑混入羊毛内。因大量混有草刺、草根的羊毛，在交售时要降低等级和多扣分量。有条件的地方可铺上芦席或选水泥场地。羊群大，可设置剪毛室。剪毛室一般包括 3 部分，即羊只等候剪毛的待剪羊毛室，剪毛室和羊毛分级包装室。剪毛台长 2.5～3.0 m，宽 1.5～1.7 m，高 0.3～0.5 m。在剪毛台上剪毛可减轻剪毛工人的体力消耗。羊毛分级台长 2.5～3.0 m，宽 1.2～1.5 m，高 0.8 m。台面用木制格栅制成，格栅木条间距为 2.0～2.5 cm。台下设有收集小毛块的毛袋。分级台的前面设盘秤，用来称每只羊的毛被重。台的附近设有盛装羊毛的毛袋。在剪毛室大门出口处设有磅秤，用来称绵羊的体重和毛包的重量。

羊群在剪毛前 12 h 停止放牧、喂料和饮水，以免在剪毛过程中粪尿污染羊毛和因饱腹在翻转羊体时引起胃肠扭转等事故。毛在雨雪淋湿状态下绝对不能开剪，因湿毛在保存运输中易发热变黄。还易滋生衣蛾幼虫而蛀蚀羊毛；另外，羊体上的任何临时标记，都只能用专门的涂料来进行标记，绝对不能用油漆和沥青，因这两种物质在羊毛加工时不易洗掉，影响毛产品质量。

剪毛可从羊毛品质较差的羊开始。在不同品种中，可先剪异质毛羊，后剪基本同质毛羊，最后剪细毛羊和半细毛羊。同一品种，剪毛顺序为羯羊、试情公羊、育成羊、母羊和种公羊。这样可用价值较低的羊使剪毛人员熟练技术减少损失。最后剪疥癣病羊和杂色毛羊。

○ 剪毛方法

有手工剪和机械剪 2 种。手工剪毛是用一种特制剪毛剪进行的剪毛，劳动强度大，1 人 1 天能剪 20～30 只羊；机械剪毛是用一种专用的剪毛机进行的剪毛，速度快、质量好，效率可比手工剪毛提高 3～4 倍，熟练工 4 min 就可以剪完 1 只细毛羊的羊毛。

无论是手工剪毛或机械剪毛，剪毛人员必须具备熟练的剪毛技术，剪子要紧贴皮肤，毛茬高度整齐（0.3～0.5 cm 为宜），不重剪，若剪得不整齐也不要再剪，也不漏剪、不伤羊，更不能剪伤母羊乳头和公羊睾丸。

○ 剪毛程序

1. 机械剪毛程序

我国在国外快速剪毛法的基础上，结合新疆细毛羊的特点和我国机械剪毛工艺的特点，研究出机械剪毛新工艺，其主要程序如下：

(1)剪腹毛及内侧毛。剪毛员用两膝夹住羊背，左臂把羊头夹在腰下，左手握住羊的左前肢，使腹部皮肤平直，先从两前肢中间颈部下端把毛被剪开，沿腹部左侧剪出一条线，再沿弧线依次剪去腹毛（图 6-1）（注：图 6-1 至图 6-6 中的数字表示剪毛顺序）。左手按羊的右胁，使羊两肢张开。先从左腿内侧向蹄剪，再从右腿内侧向蹄剪，后由蹄部往回剪，剪去后腿内侧毛（图 6-2）。

图 6-1　剪腹毛

图 6-2　剪后腿内侧毛

(2)剪左腿外侧毛。剪毛员右腿后移，使羊呈半蹲卧势，把羊两前肢和羊头置于腹下，左手虎口卡住左后腿使之伸直，先由左蹄剪至肋部，依次向后剪至尾根，剪去左后腿外侧毛（图 6-3）。从后向前剪去左臀部毛。然后提起羊尾，剪去尾上的羊毛。

(3)剪颈部和左前肢内侧毛。剪毛员膝盖靠住羊的胸部，左手握住羊的颌部，剪去颈部左侧羊毛，接着剪去左前肢内外侧羊毛（图 6-4）。剪毛员左手握住前腿，依次剪完左侧羊毛。

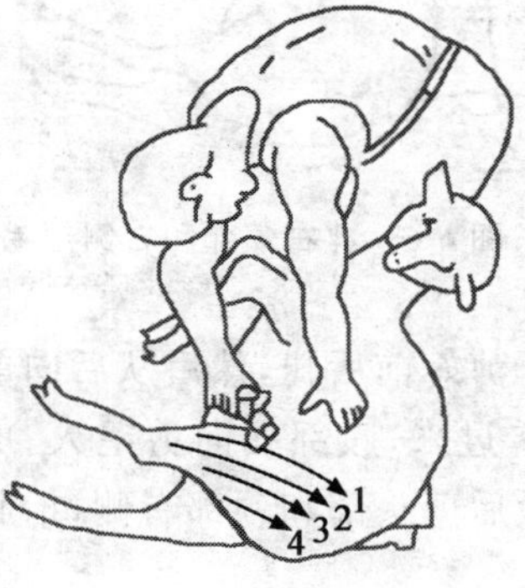

图 6-13　剪左腿外侧毛

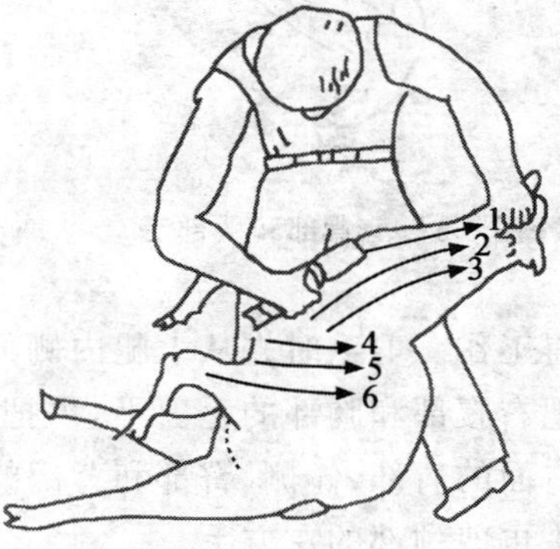

图 6-4　剪颈部和左前肢内侧毛

(4)剪背部和头部毛。使羊右转，呈半右卧势，剪毛员用左手按住羊头，人左腿放在羊前腿前面，右腿放在羊两后腿之后，使羊成弓形，这样便于剪背部的毛，剪过脊柱为止，剪完背部和头部的毛，接着剪毛员握住羊耳朵，剪去前额和面部的羊毛（图 6-5）。

(5)剪右颈部和右侧部毛。剪毛员的右腿移至羊背后面，左腿同时向后移。左手握住羊颌，将羊头按在两膝上，剪去颈部右侧羊毛，再剪去右前腿外侧羊毛（图 6-6）。然后把羊头置于两腿之间，夹住羊脖子，依次剪去右侧部羊毛。

2. 手工剪毛程序

一般是卧倒剪毛。把羊的两前肢与右后肢紧紧地捆住。使羊左侧卧在剪毛台或地面上，背部朝着剪毛人，四肢朝外，这样不妨

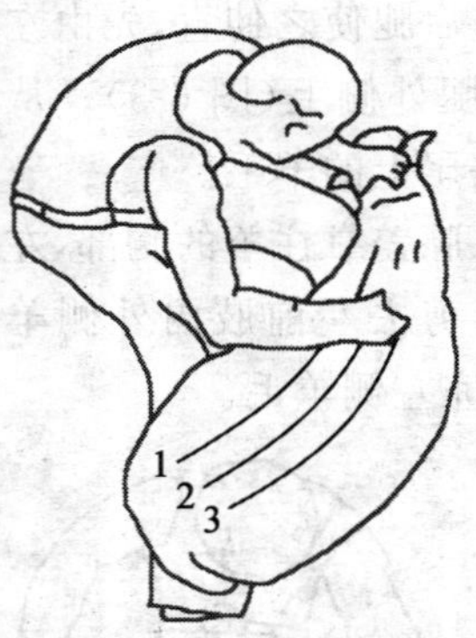

图 6-5　剪背部和头部毛

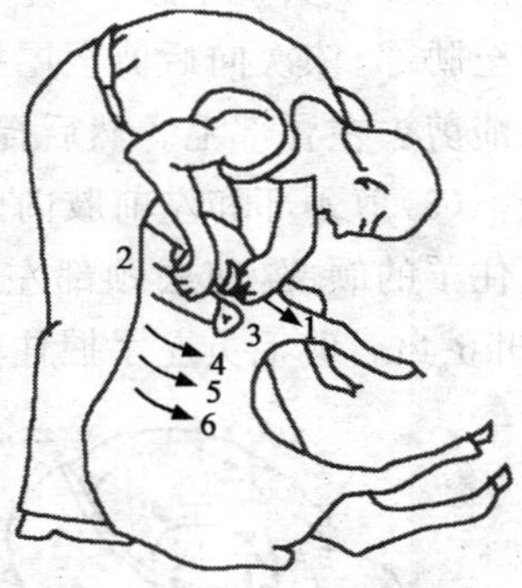

图 6-6　剪右颈部和右侧部毛

碍工作。剪毛时先从大腿内侧部剪起，剪好前后腿，然后从后向前把右腹部和胸部的毛剪下，再把羊翻转过来，腹部朝向剪毛人，剪右面的肩部、体侧、臀部和背部的毛，最后剪头部和颈部右侧，抬起头再剪颈部的左方毛。

剪毛过程中一定要注意羊的腹部是否发生膨胀，呼吸是否正常。一旦发生膨胀、呼吸异常，应立即停剪，解开捆绳使羊站起来，待正常后再继续剪毛，以防因窒息而死亡。剪皮肤褶皱部位的毛时，使剪刀与皮肤褶皱成横向交叉移动，并轻轻把皮肤展开，避免剪伤皮肤。这种方式多用于粗毛羊。

○ 剪毛后对羊的护理

剪毛后不可立即到牧草茂盛的牧地去放牧或舍饲时饱饲，以免羊因饥饿贪食而引起消化道疾病。剪毛后 1 周左右，不要远牧，因此时最易感冒，若遇大风雨，便于往回赶。同时不要在强烈日光下放牧，以免灼伤羊背部的皮肤。剪毛后 10 天左右，毛稍微长起，即可进行药浴，一方面被剪的伤口已愈合，另一方面是毛长出一些后，便于沾上药液。

○ 剪毛后对套毛的处理

给细毛羊及其杂种羊剪毛时应保持完整套毛(这样利于工厂选毛),绝对不能随意撕成碎片。对黑花毛、粪块毛、毡片毛、边肷毛及带有较多草刺、草棍的混杂毛,要单独剪下和分别包装,千万不能与套毛掺混在一起。在大型羊场,多由毛纺厂直接派人现场收购羊毛,在剪毛现场分级,分级后按级包装。

❼ 梳绒

春季天暖时,绒山羊的颈、肩、背、腰及股部将顺序脱绒,应在绒毛快脱落时抓绒,以免遗失。当拨开长毛发现绒毛离开皮板时,即是抓绒的适宜时间。一般体壮膘肥的羊先脱绒,瘦弱羊后脱绒;成年羊先脱绒,育成羊后脱绒;母羊先脱绒,公羊后脱绒。梳绒分 2 次进行,2 次间隔约 10 天。

梳绒前,要准备好抓绒用的铁梳子。铁梳子大体分 2 种:一种是稀梳,另一种是密梳,如图 6-7 所示。稀梳钢丝间距离为 2.0～2.5 cm,密梳为 0.5～1.0 cm。

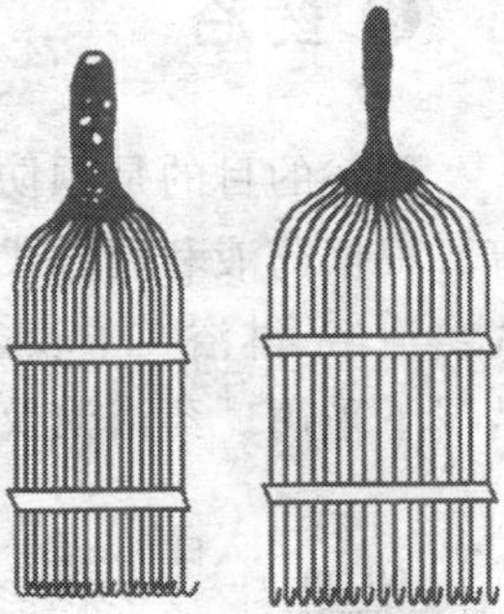

图 6-7　抓绒梳子

梳绒前 12 h,羊停止放牧和饮水。梳绒场地要清扫干净,消毒后铺上席子。梳绒时将羊卧倒,梳左侧捆右肢,梳右侧捆左肢。站立梳绒时,将羊拴在木桩上,夹住羊体,轻轻用梳子梳。梳绒时,先用稀梳顺毛方向梳去草屑和粪土等污物,再用密梳从股、腰、胸、肩到颈部,依次反复顺毛梳理,直到将脱落的绒纤维梳净为止。梳绒动作要轻,以防抓破皮肤。梳子沾上油腻后,可将梳子在土地上往返摩擦,除去油腻。若梳绒和剪毛同时进行，则梳绒和剪毛地点要分开，先梳绒，后剪毛，以免绒毛混杂。对怀孕母羊，要特细心，避免造成流产。一般成年羊先梳，育成羊后梳；健康羊与有皮肤病的羊分开梳，健康羊先梳，病羊后梳；白色山羊和有色山羊也应分开，先梳白色羊，后梳有色羊。羊梳绒后要特别注意气候变化，防止羊感冒。

梳下的绒要揉成小绒毛团。绒团要按黑、白、紫等不同颜色存放。从病羊身上抓下的绒要单独存放。抓绒后即可剪毛，但也有隔 1～2 周再剪毛的。

山羊手工梳绒劳动强度大，1 个中等技术的劳动力，每天只能梳 10 只羊左右。梳绒季节性强，时间短，一般为 10～15 天。梳绒若不及时，往往造成山羊绒丢失。为了减轻梳绒劳动强度，提高梳绒效率，我国先后研制出 9RZ—84 山羊梳绒机和 9RSH—88 中频梳绒机。国外也研制成振动式梳绒机，生产效率很高，每小时梳绒 29 只。

在我国北方有对粗毛羊进行抓绒的习惯，其方法同上。

❽ 药浴

药浴的目的是预防和治疗羊体外的寄生虫病、如疥癣、羊虱等。根据药液利用方式的不同可分为池浴、淋浴、盆浴 3 种药浴方式。池浴、淋浴在羊较多的地区比较普遍，盆浴多在羊数量较少的情况下采用。药浴池及用具见图 6-8 至图 6-11。

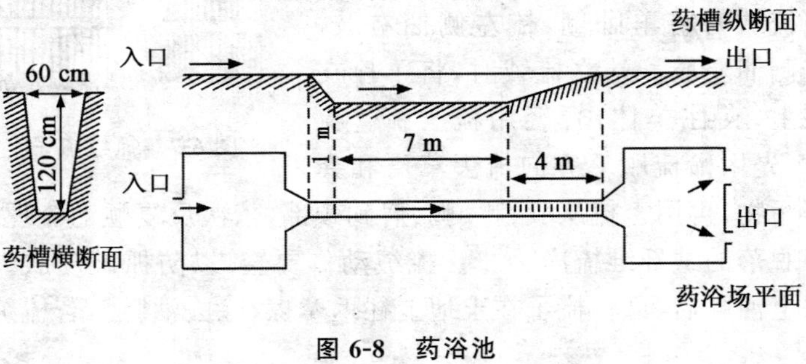

图 6-8 药浴池

图 6-9　去污网

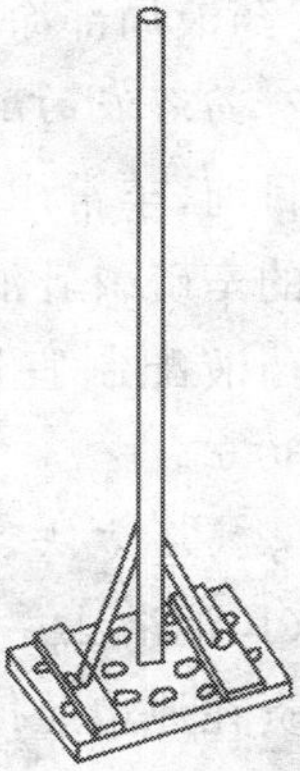

图 6-10　搅拌器

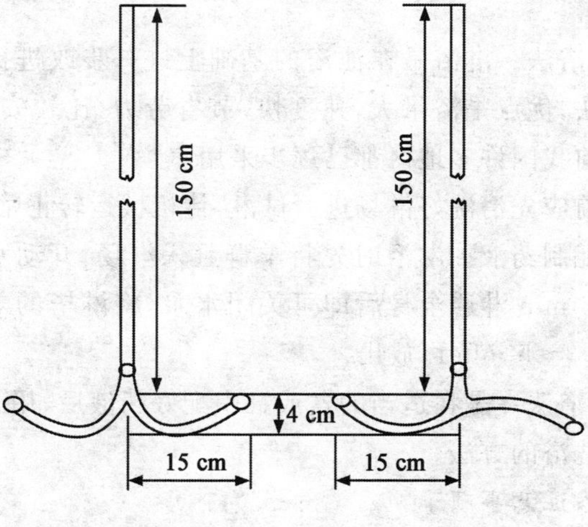

图 6-11　浴叉

1. 药浴的时间

在有疥癣病发生的地区，对羊只 1 年可进行 2 次药浴。1 次是治疗性药浴，在夏末秋初进行。冬季对发病羊只，可选择暖和天气,用药液局部涂抹擦浴。

2. 药浴液的配制

目前,羊常用的药浴液有:0.05%的辛硫磷乳油(100 kg 水加50%的辛硫磷乳油 50 g);0.5%~1%的敌百虫水溶液等。

药液配制宜用软水,加热到 60~70℃,药浴时药液温度为20~30℃。

3. 药浴方法

(1)池浴法。药浴时一个人负责推引羊只入池,另一人手持浴叉负责在池边照护,遇有背部、头部没有渗透的羊将其压入水中浸湿;遇有拥挤互压现象,要及时拉开,以防药水呛入羊肺或淹死在池内。羊只在入池 2~3 min 后即可出池,使其在广场停留 5 min后再放出。

(2)淋浴法。淋浴是在池浴的基础上进一步改进提高后形成的药浴方法,优点是浴量大,速度快,节省劳力,比较安全,药浴质量高。目前我国许多地区都已逐步采用。

淋浴前应先清洗好淋场进行试淋,待机械运转正常后,即可按规定浓度配制药液。淋浴时先将羊群赶入淋场,开动水泵进行喷淋,经 2~3 min 淋透全身后即可关闭水泵,将淋毕的羊只赶入滤液栏中,经 3~5 min 可放出。

(3)盆浴法。是在适当的盆或缸中配好药液后,用人工方法将羊只逐个洗浴的方法。

4. 药浴注意事项

药浴应选在晴朗、暖和、无风天气,于日出后的上午进行,以便药浴后,羊毛很快干燥。羊在药浴前 8 h 停止饲喂,入浴前 2~3 h饮足水,防止羊口渴误饮药液。药浴前,应选用品质较差的羊 3~5 只试浴,无中毒现象,才按计划组织药浴。先浴健康羊,后浴病羊,妊娠 2 个月以上的母羊或有外伤的羊暂时不浴。药液应浸满全身,尤其是头部。药浴后羊在阴凉处休息 1～2 h,即可放牧,如遇风雨应及时赶回羊舍,以防感冒。药浴结束后 2 h 内不得母仔合群,防止羔羊吮乳时中毒。药浴在剪毛后 7～10 天进行较好,过迟过早效果都不好。对患疥癣病羊,第 1 次药浴后隔 1～2 周重复药浴 1 次。羊群若有牧羊犬,也应一并药浴。药浴期间,工作人员应佩戴口罩和橡皮手套,以防中毒。药浴结束后,药液不能任意倾倒,以防牲畜误食中毒,应清出后深埋地下。

❾ 挤奶

挤奶包括机器挤奶和人工挤奶 2 种方法。在此仅介绍人工挤奶法。

挤奶可在室内或室外进行,有条件的要有挤奶台,挤奶场地要求清洁卫生,远离粪堆和厕所。挤奶前应先剪掉乳房周围的长毛,并用 45～50℃的温水浸泡毛巾,擦洗乳房,然后用干毛巾擦干。除保持乳房清洁外,还要对乳房进行充分的按摩。按摩时要前后、左右对揉,以促进血液循环,迅速引起排乳反射。这样不仅有利于挤奶,而且能促进乳腺发育,提高生产力。最初挤出的几把奶应弃掉或用作乳房炎检查,然后以轻快的动作,均匀地将乳汁挤入奶桶中。待大部分乳汁排出后,再按摩数次,将乳挤净,不留残乳。

常用的人工挤奶方法有压榨法(拳握法)和滑榨法(指压法)。实践证明,压榨法符合奶山羊的生理特点和乳房发育规律。压榨法在具体操作时先用大拇指和食指握紧乳头基部,防止乳汁回流,手的位置不动,然后用中指、无名指和小指依次向手心迅速收握,把奶挤出(图 6-12)。挤奶时要用力均匀,动作轻快,使羊有舒适感。挤奶时要用两只手分别握住两个乳头,两只手不要同时挤压或放松，要一个放松，一个挤压，交替进行。对奶孔紧、奶流小的乳头，在挤奶前用手指轻轻捻动乳头尖，使括约肌松弛，这样便于乳汁排出。乳头过长的，手应握在乳头下端，乳头下部应与拳头下端相齐或稍露出乳头。

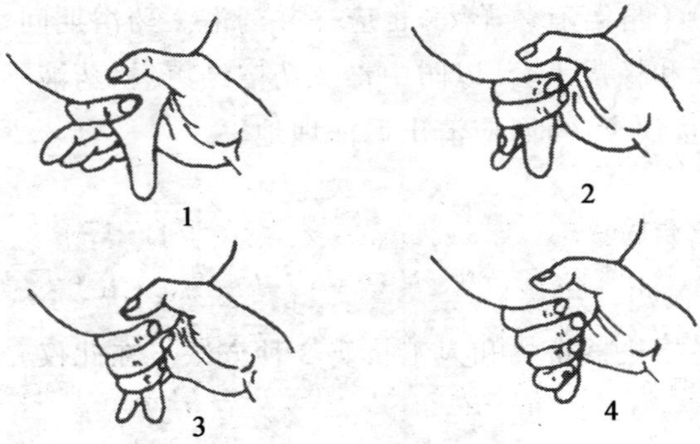

图 6-12　压榨法挤乳示意图

注：图中数字表示挤乳动作顺序

滑榨法是挤奶时用大拇指、食指和中指 3 指指尖握住乳头，从上向下滑动，将乳汁挤出（图 6-13）。这种方法对乳头较短者实用。

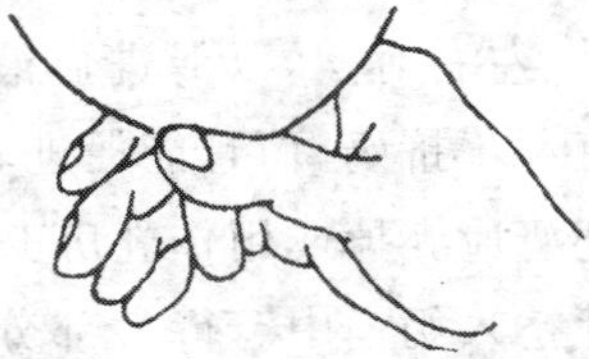

图 6-13　滑榨法挤乳示意图

无论使用哪种方法，挤奶的最后，应再次按摩乳房，按摩后再次挤奶，以便将乳汁挤净。此外，挤奶员要进行健康检查（体检），穿工作服，经常修剪指甲避免损伤乳房。对奶羊态度温和，不许随意打羊和高声惊吓，挤奶时要专心致志，尽快完成挤奶过程。要按规定的时间、次数和顺序进行，不要随意提前或推后。日挤奶次数应根据产奶量确定，一般 2～3 次，这样便于羊形成挤奶条件反射，有利于提高产奶量。

⑩ 去角

1. 去角的目的

去角的羊可以防止争食时相互碰撞，更能避免在角斗时相互致伤，放牧时避免损坏树木或被树枝、藤蔓所缠挂；另外，少数性情恶劣的公羊还会顶伤饲养管理人员。因此要对有角羔羊去角，尤其是奶山羊一定要去角，以便于管理。

2. 去角的时间

去角即破坏角芽或角细胞的再生长。对有角的绵、山羊应在出生后 1～2 周内去角。

3. 去角方法

去角需两人进行。两人对面相坐，一个人保定羔羊，另一个人一手固定羊的头部，另一手去角。固定头部时，用手握住嘴部，使羊不能摆动而能发出叫声为宜。防止把羊拴死或去角时刺激过度而使羊窒息。具体的去角方法有：烙铁去角、苛性钠（钾）棒去角、手术刀去角等，以烙铁去角和苛性钠（钾）棒去角较为常用。

（1）烙铁去角。是用“丁”字形烙铁（烙铁头直径为 1.5 cm，长 8～10 cm）或 300 W 的手枪式电烙铁去角。去角时用烧红的烙铁在角的基部画圈，圈的直径为 2～2.5 cm，烙掉皮肤，露出骨质角突即可。每次烧烙 10～15 s，全部完成用 3～5 min。此法速度快，出血少，值得推广（图 6-14）。

（2）苛性钠（钾）去角。先要剪毛，然后在角的基部涂一圈凡士林，以防药液流入眼睛。去角时用纸缠好的苛性钠（钾）棒蘸水在两个角芽处轮换涂擦，磨到角基出现血迹为止，以破坏角芽。但要注意：若涂磨不足或位置不正，容易长出刺角或畸形角；涂磨过度，容易出血过多或使角基部凹陷。

去角后的羔羊，应将其两后肢加以保定，并单独管理，以防羔

图 6-14　奶山羊去角方法示意图

羊由于疼痛难忍用蹄刨头引起局部出血，使血连同药物流到面部或眼内，致使面部烧伤或眼球受损伤至失明，或因吃奶损伤母羊乳房。经过 2～4 h，疼痛消失，伤口干燥后方可归群。

对大羊去角，可用小钢锯锯掉角，然后用锉打磨边缘即可。

⑪ 修蹄

放牧羊的蹄由于经常在行走中磨损，显得生长很慢，而舍饲的羊磨损慢，故生长较快。长期不修蹄，不仅影响行走，而且会引起蹄病和肢变形，严重者行走异常，采食困难，奶量下降，因而必须经常修蹄。在生产当中因不注意修蹄而使蹄尖上卷，蹄壁裂折，蹄叉腐烂，四肢变形，跪下采食或成残疾者经常可见。公羊蹄子有问题，轻者运动困难，影响精液品质，重者因不能交配而失去种用价值，所以在生产当中要随时注意检查，经常修蹄。

修蹄经常在雨后或潮湿地带放牧或饲养一段时间后进行，这时蹄质变软，容易修理。修蹄工具可用修蹄刀、果树剪。修蹄时开始多削一些，越往后越要少削，当修到蹄底可以看到淡红色时，要特别小心，再削就会出血。修蹄时若有轻微出血可涂以碘酒，若出血较多，可用烧红的烙铁烧烙出血部位止血，注意不要引起烫伤。修理后的羊蹄，底部要求平整，形状要求方圆，以能自然站立为宜。已经变形的蹄子，需要经过几次修蹄才能矫正。舍饲的羊 1～2 个月要修蹄 1 次，放牧的羊在放牧开始前和放牧结束后各进行 1 次。

修蹄时一定要注意安全，千万不可疏忽大意，以免羊蹄出血或削伤工作人员的手。

第二部分
疾病防治

第7章　羊病的发生及传播

羊病的种类很多，主要包括传染病、寄生虫病和普通病三大类。传染病的特点是：传播快、发病急，有些急性、烈性传染病常常引起羊的大批死亡；寄生虫病与传染病一样具侵袭性，能使多数羊发病，除某些寄生虫病可造成羊的大批死亡外，大多都属于慢性消耗性疾病，给养羊业带来的经济损失，比传染病更甚。此外，由于饲养管理不当，也常导致一些普通病的发生，如内科病、外科病、产科病及中毒性疾病等，多为零散发生，虽无传染性和侵袭性，但有时由于误食了某些有毒牧草和化学毒物，也可引起羊的大批死亡，造成经济损失。随着养羊事业的迅速发展，羊病的防治工作显得更为重要。

❶ 羊病发生的原因

羊病的发生原因，一般可分为2大类：一是由生物性因素引起的，这一类疾病都具有传染性和侵袭性；二是由非生物性因素引起的，这类疾病没有传染性。

○ 生物性因素引起的疾病

是由致病性微生物引起的疾病，包括由病毒、细菌、支原体、衣原体、真菌等引起的各种传染病和由寄生虫引起的一些寄生虫病。

1. 传染病

是由病原微生物侵入羊体，能在个体及群体间互相传播的一类疾病。由病毒引起的传染病有口蹄疫、绵羊痘、山羊痘、羊传染性脓疮病（羊口疮）、狂犬病、蓝舌病等等；由细菌引起的传染病，有羊炭疽病、破伤风、布氏杆菌病、羊沙门氏菌病、羊快疫、羊肠毒血症、羔羊梭菌性痢疾、羊巴氏杆菌病和山羊传染性胸膜肺炎（病原为支原体）等。

2. 寄生虫病

是由寄生虫侵袭羊的体内或体表，不断吸取机体营养，分泌毒素，发生机械障碍和损伤，扰乱正常生理功能，造成羊的发育不良、贫血、消瘦、甚至死亡的一类疾病，如常见的肝片吸虫病、双腔吸虫病、莫尼茨绦虫病、消化道线虫病、肺线虫病、棘球蚴病、多头蚴病、螨病、羊鼻蝇蛆病、羊焦虫病和球虫病等。

○ 非生物性因素引起的疾病

这类疾病又称普通病，主要有内科病、外科病、产科病、营养代谢性疾病及中毒性疾病等。

1. 内科病

羊的前胃疾病较多见，其主要原因是由于饲养管理不当造成的，如草、料过于单纯，长期饲喂粗硬难以消化的牧草，一时间采食过多、过精的饲料，草、料发生霉变或冰冻，突然更换饲养方式以及运动、饮水不足等多种原因，均可引发前胃弛缓、瘤胃积食、瘤胃臌气、瓣胃阻塞等疾病。

2. 营养代谢性疾病

主要是由于营养物质缺乏或过多，饲草、饲料中某些维生素、矿物质的含量不足，而引起羊的营养物质失衡、新陈代谢障碍，造成羊的发育不良、生产性能和抗病能力下降，甚至出现危及生命的一类疾病，如羊的白肌病、羊酮尿病、绵羊食毛症、佝偻病以及维生素 A、维生素 B 缺乏症等。

3. 中毒性疾病

主要是由于食入了有毒牧草、霉败的饲草饲料、被肉毒梭菌污染的饲料和饮水、含有氰甙的高粱、玉米幼苗以及食盐、农药、杀虫剂、灭鼠药和治疗时用药过量等而引起的中毒。

科学地放牧和饲养管理是保证羊群健康的根本，否则就会造成疫病的发生与流行。在实践中，病因往往不是单一的，有的一开始就是多种因素构成的，随着病情的不断发展，机体的抵抗力也不断降低，很容易伴发或继发多种疾病。如发生了传染病或寄生虫病的羊，由于机体采食、消化、吸收以及代谢障碍，很容易继发代谢性疾病，同时也可继发其他的传染病或寄生虫病等。

❷羊病的传播

凡是由致病性生物引起的疾病，都具有一定的传染性和侵袭性。这类疾病的传播必须具备 3 个基本条件：一是传染源，就是被病原微生物（病毒、细菌、寄生虫等）感染的羊，包括带菌、带毒、带虫羊和病羊及其他被感染的动物等；二是传播途径，指病原微生物和寄生虫（虫卵、幼虫）等由传染源排出后，经一定的方式再侵入健康羊或其他易感动物所经过的途径，如消化道、呼吸道、皮肤、黏膜等，空气、水、饲草、饲料、粪便、土壤、饲养管理用具、昆虫及其他动物和人类等，都可成为传播媒介；三是易感羊，指对某种传染病或寄生虫病缺乏抵抗力的羊。

上述 3 个基本环节一旦联系起来就构成了传染病和寄生虫病的流行链。这样随着易感羊变为传染源，这一过程不断发展扩大，传染源越来越多，传播面会越来越大。如果能及时采取有效措施切断其中任何一个环节，疾病也就不会发生与流行。

第 8 章　羊病的预防

羊病的防治，必须坚持“预防为主”的方针。应加强饲养管理，搞好环境卫生，做好防疫、检疫工作，坚持定期驱虫和预防中毒等项综合性防治措施。

❶ 加强饲养管理

养羊业要逐步做到饲养管理科学化。应根据农、牧区草场的不同情况，按羊的品种、年龄、性别的差异，分别进行编群放牧。有条件的地方可推行划区轮牧制度。当冬季牧草营养下降或放牧采食不足时，必须进行补饲。特别是对那些幼龄羊、怀孕和泌乳期的成年羊补饲尤为重要。种公羊在配种期间应采取舍饲方式，按饲养标准饲养，以保证较高的营养水平。对剪毛、配种、产羔、断乳和分群等主要生产环节的时间安排应尽量缩短，以增加有效放牧时间。为了提高羊的品质和生产性能，增强机体的抗病能力，防止因羊只的流动而带入病原，要选择健康的良种公、母羊，坚持自繁自养。

❷ 环境卫生与消毒

为了净化周围环境，减少病原微生物滋生和传播的机会，对羊的圈舍、活动场地及用具等，要经常保持清洁、干燥；粪便及污物要做到及时清除，并堆积发酵；防止饲草、饲料发霉变质，尽量保持新鲜、清洁、干燥；固定牧业井，或以流动的河水作为饮用水，有条件的地方可建立自动卫生饮水处，以保证饮水的卫生。此外，还应注意消灭蚊蝇、蜱、虱，防止鼠害等。

消毒的目的是消灭外界环境中、羊体表面及用具上的病原微生物和虫卵、幼虫。切断传播途径，控制或减少传染病和寄生虫病的发生与流行。

○ 羊舍消毒

先彻底清扫，然后使用消毒液将畜舍的天棚、墙壁、饲槽、地面洒匀喷湿。一般情况下每年可安排 2 次消毒(春秋各 1 次)。对产房在产前产后以及产羔高峰时应进行多次消毒。病羊舍、隔离舍的出入口应设置浸有消毒液的麻袋片或草垫。常用消毒液有 10%～20%石灰乳、5%～20%漂白粉溶液、2%～4%氢氧化钠(火碱)溶液、5%来苏儿、0.1%～0.5%过氧乙酸、20%草木灰水和 4%福尔马林等。

○ 地面土壤消毒

对羊舍和病羊停留过的地面，应铲除表土，清除粪便和垃圾，堆积发酵，或予以焚烧(停放过炭疽病羊尸的场所)。小面积的土壤消毒，可用 2%～4%氢氧化钠溶液、0.1%～0.5%过氧乙酸、10%～20%漂白粉溶液或 10%～20%的石灰乳等。

○ 粪便污水消毒

羊的粪便消毒最实用的方法是生物热消毒。即在远离羊舍的地方，将羊粪堆积起来，上面覆盖 10 cm 厚的泥土，进行发酵，一般经 2～3 个月后即可用做肥料。

对污水的消毒，常用的方法是将污水引入污水处理池内，加入消毒药（如漂白粉或生石灰等），一般 1 L 污水加漂白粉 2～5 g。

○ 皮革和羊毛的消毒

死于炭疽病的羊尸禁止剥皮，应将尸体焚烧或深埋。对患口蹄疫、布氏杆菌病、羊痘、坏死杆菌病等的羊皮、羊毛均应加以消毒处理。目前广泛使用环氧乙烷气体消毒，消毒时必须在密闭消毒室或密封良好的容器内进行。此方法对细菌（包括炭疽芽孢）、病毒、霉菌均有很好的消毒作用。

❸ 免疫接种

免疫接种疫苗是激发动物机体对某种传染病发生特异性抵抗力，使其从易感转为不易感的一种手段。在平时常发生某些传染病的地区，或有某些传染病潜在危险的地区，有计划地对健康羊群进行免疫接种，是预防和控制羊传染病的重要措施之一。各地区、各羊场可能发生的传染病各异，而可以预防这些传染病的疫苗又不尽相同，免疫期长短不一。因此，羊场往往需用多种疫（菌）苗来预防不同的羊传染病，这就要根据各种疫苗的免疫特性和本地区的发病情况，合理安排疫苗的种类、免疫次数和间隔的时间。如使用“羊梭菌病四防氢氧化铝菌苗”，重点预防快疫和肠毒血症时，应在历年发病前的 1 个月接种疫苗。当重点预防羔羊痢疾时，应在母羊配种前 1～2 个月或配种后 1 个月左右进行预防注射。个别羊只若距产羔期达 10 个月以上时，应在产羔前对生产母羊再注射 1 次。这就是所谓的免疫程序。目前在国内还没有一个统一的羊免疫程序，只能在实践中探索，不断总结经验，制定出适合本地、本羊场具体情况的免疫程序。现在我国用于预防羊主要传染病的疫苗种类和使用方法详见附表 3。

❹ 药物预防与定期驱虫

羊病的种类很多，其中有些病目前已研制出有效的疫(菌)苗。还有不少羊病，特别是多数的寄生虫病尚无疫苗可资利用。因此应用药物防治也是一项重要措施。最早大规模使用的是用于羊群灭螨(疥螨和痒螨)的药浴，以后发展为以安全药物加入饲料和饮水中的群体化学预防。常见用于畜牧业生产的有磺胺类药物、抗生素和多种抗寄生虫药物等。但是，长期应用化学药物预防，易产生耐药性菌株或虫株，这样不但影响防治效果，还可增加这些细菌感染人的机会，危害人类健康。因此，对各种传染病多倾向于以疫(菌)苗进行防治，不主张采取药物预防的方法。

在羊的寄生虫病的防治过程中，多采取以定期(每年 2～3 次)预防性驱虫的方式，以避免羊在轻度感染后的进一步发展而造成严重危害。驱虫时机，要根据对当地羊寄生虫的季节动态变化而定，一般可在每年的 3～4 月份及 12 月份至翌年 1 月份各安排 1 次。这样有利于羊的抓膘及安全越冬和度过春乏期。常用驱虫药的种类很多，如有驱除多种线虫的左旋咪唑，可驱除多种绦虫和吸虫的吡喹酮，能驱除多种体内蠕虫的阿苯哒唑、芬苯哒唑、甲苯咪唑、奥芬达唑，以及既可驱除体内线虫又可杀灭多种体表寄生虫的伊维菌素或阿维菌素等。所以在实践中应根据本地区羊的寄生虫病的流行情况，选择合适的药物和给药时机及给药途径。

药浴是防治羊体外寄生虫病，特别是防治羊螨病的有效措施。

一般可选择在每年剪毛或抓绒后的 7～10 天进行。常用的药物有:螨净(二嗪农)、胺丙畏(巴胺磷)、双甲脒、溴氰菊酯、杀灭菊酯等配成所需浓度的水乳剂。药浴可在药浴池内或使用特制的药淋装置,也可以人工抓羊在大盆或大锅内逐只进行。在药浴过程中注意药液温度要适宜(36～39℃)并随时补充新药液,以保证药液的有效浓度。

❺ 检疫

即应用各种诊断方法,对羊及其产品进行疫病检查,并采取相应的措施,防止疫病的发生和传播。羊从出栏到出售,要经过出入场的检疫、收购检疫、运输检疫和屠宰检疫,涉及外贸时,还要进行进、出口检疫。其中出入场检疫是所有检疫中最基本、最重要的一环。羊场或专业户引进羊时,只能从非疫区购入,经当地兽医部门检疫、并签发检疫合格证书;运抵目的地后,再经本场或所在地兽医验证、检疫并隔离观察 1 个月以上,确认为健康者,经过驱虫、消毒,对没有注射过疫苗的羊还要补注疫苗后方可混群饲养。

第 9 章　羊病的诊断技术

❶ 临床诊断

临床诊断是诊断羊病的最基本的方法。通过问诊、视诊、嗅诊、触诊、叩诊和听诊等手段发现其症状表现和异常变化，综合起来加以分析。诊断的目的是为了判定疾病的性质，掌握疾病的发生发展规律，对疾病做出诊断或为进一步确诊提供依据。

○ 问诊

即通过向畜主或饲养员询问和了解与发病有关的情况，以诊断病情的方法。问诊内容主要包括：

1. 饲养管理情况

包括羊群的规模大小，羊的品种、年龄、是放牧还是舍饲，饲料的品质，补充矿物质的种类及数量，饮用水的质量及数量等。

2. 既往病史

包括过去曾经发生过什么病、治疗与免疫情况以及当地羊的常见病流行情况等。

3. 现症调查

包括本次病的发生时间、发病只数、发病最初有什么表现，如采食、反刍、排便、排尿及运动等异常变化。在听取回答时应考虑所谈情况的可靠性。通过病史调查，对获得的资料应结合临床检查结果进行综合分析。

○ 视诊

视诊是直接观察病羊的精神状态和所呈现的各种异常变化。视诊时应先从比较远的距离观察病羊放牧、采食及运动等情况。然后再靠近病羊仔细观察病羊的膘情、被毛、皮肤、黏膜和粪便等情况。

1. 放牧情况

健康羊一般争相采食，奔走的速度相等，反应敏捷。病羊常表现落群、停食、呆立或卧地不起等现象。

2. 姿势与步态

健康羊的姿态炯炯有神，行动活泼平稳。当羊患病时常表现行动不稳或不愿行走，有些疾病还呈现特殊姿势，如破伤风，表现为四肢僵直；患有脑包虫或羊鼻蝇蛆病时病羊常做转圈运动；当羊的四肢肌肉、关节或蹄部发生病变时，则表现为跛行。

3. 膘情

一般患有急性病，如急性炭疽、羊快疫、羊黑疫、羊猝狙、羊肠毒血症等病的病羊身体仍可表现肥壮；相反，一般患有慢性传染病和寄生虫病时，病羊多为瘦弱。

4. 被毛和皮肤

健康羊的被毛平整不易脱落，富有光泽。病羊的被毛常粗乱无光、质脆，易脱落。如羊患螨病时，常表现为被毛脱落、结痂、皮肤增厚和蹭痒擦伤等现象。在检查皮肤时除要注意皮肤的外观外，还要注意有无水肿、炎性肿胀和外伤等。如重症寄生虫病，常在颌下、胸前、腹下等部位出现水肿。

5. 可视黏膜

健康羊的可视黏膜(眼结膜、鼻腔、口腔、阴道、肛门等黏膜)呈粉红色,且湿润光滑。当黏膜变为苍白则为贫血征兆;黏膜潮红多为能引起体温升高的热性病所致。黏膜发黄,说明血液内的胆红素增加,见于多种原因造成的肝实质病变、胆管阻塞和溶血性贫血等病。如患羊焦虫病、肝片吸虫病、双腔吸虫病,可视黏膜均呈现不同程度的黄染现象。当黏膜的颜色变为紫红色(又称发绀),说明血液中的还原血红蛋白或变性血红蛋白增加,是严重缺氧的征兆。常见于呼吸困难性疾病、中毒性疾病和某些疾病的垂危期。

黏膜颜色的变化反应,心、肺功能及血液成分的改变,在诊断羊病时不要忽视该项目的检查。

6. 采食、饮水及粪尿的检查

食欲的好坏直接反映出羊全身及消化系统的健康状况。饮食废绝说明病情严重。若想吃而不敢咀嚼,应检查口腔和牙齿有无病变异常。健康羊通常鼻镜湿润,饲喂后 0.5 h 开始出现反刍,每次反刍持续时间 30～40 min,每一食团咀嚼 50～70 次,每昼夜反刍 6～8 次。若发现鼻镜干燥,反刍减少或停止,多见于高热、严重的前胃及真胃疾病或肠道的炎症。热性病的初期,常表现出饮欲增加。

对羊的粪便检查主要应注意其形状、硬度、颜色及附着物等的变化。正常的羊粪呈小球形灰黑色,软硬适中。如粪便过于干小色黑,为缺水和胃肠道弛缓;粪便出现特殊臭味或过于稀薄,多为各类型的急慢性肠炎所致;前部消化道出血时粪便呈现黑褐色,后段肠道出血,粪便为暗红色;当粪便内混有大量黏液时表示肠黏膜有卡他性炎症;粪内混有完整谷粒或粗大的纤维时,表示消化不良;混有纤维素膜时,为患有纤维素性肠炎的表现;当混有寄生虫及其节片时,表示体内有寄生虫寄生。

对尿液的观察,健康羊每天排尿 3～4 次,尿液清亮无色或稍黄。羊排尿的次数和尿量过多或过少，尿液的颜色发生变化以及排尿痛苦、失禁或尿闭等，都是有病的症候。

7. 呼吸检查

胸壁与腹肌同时一起一伏为 1 次呼吸，亦可用听诊器在气管或肺区听取呼吸音来计数。健康羊每分钟呼吸 10～20 次。当患有热性病、呼吸系统疾病、心脏衰弱、贫血、中暑、胃肠臌气、瘤胃积食等病时，呼吸次数增加。某些中毒性疾病和代谢障碍等可使羊呼吸次数减少。此外，还应结合检查呼吸类型、呼吸节律及呼吸是否困难等等。

○ 嗅诊

嗅闻病羊的分泌物、排泄物、呼出的气体及口腔的气味也很重要。如患大叶性肺炎出现肺坏疽时，鼻液和呼出的气体常带有腐败性恶臭；患胃肠炎时，粪便腥臭或恶臭；消化不良时可从呼气中闻到酸臭味；有机磷制剂中毒时可从胃内容物和呼出的气体中闻到有机磷特殊的大蒜味道。

○ 触诊

是用手指、手掌或拳头触压被检部位，感知其硬度、温度、压痛、移动性和表现状态，以确定病变的位置、大小和性质。

1. 浅部触诊

检查者用手掌平放在被检部位，按一定顺序触摸，或以手指及指尖稍加压力于被检部位以检查是否正常。一般用来检查皮肤温度、皮肤弹性、肌肉紧张度及敏感性。也可触摸体表的固定部位感知淋巴结和心搏情况等。

2. 皮肤弹性及敏感度的检查

以拇指和食指捏紧皮肤向上提起，然后突然松开。正常皮肤应立即恢复原状，当羊营养不良，患有皮肤疾病或全身性脱水时，皮肤则失去弹性;中枢或末梢神经麻痹时,则相关皮区的敏感度降低或消失。

3. 体温的检查

一般用手触摸羊的耳根或将手指插入口腔即可感知病羊是否发烧。但最准确的方法是用兽用体温表进行直肠测温。具体方法是:先把体温表用力甩到 35℃以下,涂上润滑剂(凡士林、石蜡油、植物油等)后,再将有水银的一端从肛门口边旋边插入直肠内,然后将体温表的夹子固定在尾根部的背毛上,经 3～5 min 后取出,读取水银柱顶端的刻度数,即为羊的体温度数。正常羊的体温在 38～39.5℃。一般幼羊比成年羊的体温要偏高些,热天比冷天高些,下午比上午高些,运动后比运动前高些,均属正常生理现象。如果体温超过正常范围,则为发烧。多见于传染病、各种炎症性疾病和一些血液原虫病等。但在一些中毒性疾病和蠕虫病过程中,羊的体温常没有变化。

4. 体表淋巴结的检查

主要检查颌下、肩前、膝上和乳房上淋巴结。当羊发生结核病、伪结核病、羊链球菌病以及四肢组织器官发生炎症时,相应的淋巴结往往肿大。患乳房炎时,乳房上淋巴结肿大,有热痛感。患伪结核病时,淋巴结初期肿大变硬,以后化脓,触压有波动感,最后淋巴结内常呈现干酪样病变,容易挤出。一般的传染病或炎症过程,触摸相应淋巴结都有肿大、发热、变硬和疼痛的感觉。只有羊患结核病时,淋巴结只有肿大、变硬但无热无痛。

5. 脉搏的检查

是用手指触摸颌外动脉或股内侧动脉来感知心搏的情况。健康羊的脉搏每分钟跳动 70～80 次,一般在发热、心肌炎初期和疼痛性疾病时心搏数增加;相反,在导致心脏传导和兴奋性降低的疾病中,脉搏的次数减少。

6.深部触诊

是用不同的力量对患部进行按压，以便进一步探知病变的性质。

触压肿胀部位如呈现生面团状，指压后长时间留有痕迹、无热无痛，为组织水肿的表现；当触压感觉发硬，并伴有热痛感觉，此为炎性肿胀；当触压不留痕迹，柔软而有弹性，内有液体移动感，为组织间有血肿、脓肿或淋巴外渗；按压时感觉柔软，稍有弹性且不时发出细小捻发音，并有气泡向邻近组织窜动感，为皮下聚集大量气体所致。

触诊瘤胃或真胃内容物的性状及腹水的波动时，常以一手放在羊的背腰部作支点，另一只手四指伸直并拢，垂直放在被检部位，指端不离开体表，用力作短而急的触压。触诊网胃区（剑状软骨后方）或瓣胃区（羊右侧第7～9肋间和肩关节水平线上下）时，如发生前胃疾患，病羊会感觉疼痛，即哞叫、呻吟或表现骚动不安。

◯ 叩诊

叩诊是通过用手指或叩诊器（叩诊锤和叩诊板）叩打羊的体表相应部位所发出不同的声音，来判断被叩击的组织、器官有无病理变化的一种诊断方法。

1.基本叩诊音

叩诊健康羊可发出4种基本叩诊音：

（1）清音。叩击健康羊的胸廓时，所发出的持续、高而清亮的声音。

（2）浊音。叩击健康羊臀部及肩部肌肉及不含空气的脏器时所发出的弱小而钝浊的声音。病态下，当羊胸腔聚集大量渗出液时，叩打胸壁可出现水平浊音界。

（3）半浊音。为介于浊音和清音之间的一种声音，叩打肺的边缘时即可产生半浊音。患支气管肺炎时，肺泡含气量减少，这时叩诊肺部就可产生半浊音。

(4)鼓音。叩打含有一定量气体的腔体时可产生类似击鼓音，如叩诊左侧瘤胃的上部可发出鼓音，当瘤胃臌气时则鼓音增强。

2. 叩诊方法

常用的叩诊方法有 2 种：

(1)手指叩诊法。检查者以左手食指和中指紧密贴在被检处，充当叩诊板。右手的中指稍弯曲，以中指指尖或指腹做叩诊锤，向左手的第二指节上叩打，则可听到被检部位的叩诊声音。此方法适用于对羔羊及瘦弱成年羊的检查。

(2)用叩诊器叩诊。选用人医用的小型叩诊锤和叩诊板，以左手拇指和食指(或中指)固定叩诊板，注意叩诊板一定要紧贴体表，右手握锤，用同等的力量垂直作短而急的叩打。辨别其声音类型，并注意与对侧进行比较。

○ 听诊

听诊是直接或间接听取体内各种脏器所发出声音的性质，进而推断其病理变化的方法。临床上常用于心、肺及胃肠病的检查。

1. 听诊方法

(1)直接听诊法。用一块大小适当的布(听诊布)贴在被检部位，检查者将耳朵直接贴在布上进行听诊。此方法常用于胸、肺部的听诊，其效果往往优于间接听诊。

(2)间接听诊法。是借助听诊器进行听诊。听诊器的头端要密贴于体表，防止相互间摩擦而影响效果。

2. 羊体各器官的听诊

(1)心脏的听诊。心脏的听诊区位于羊左侧肘突内的胸部。健康羊的心脏随着心脏的收缩与舒张产生“嘣”第一心音和“冬”第二心音，第一心音低而钝、长，与第二心音的间隔时间较短，听诊心尖部清楚。第二心音高、锐、短，与第一心音的间隔时间较长，听诊心的基部明显。两个心音构成1次心搏动。听诊时要注意两个心音的强度、节律、性质有无异常。当第一、二心音均增强时，见于热性病的初期；第一、二心音均减弱时，见于心脏机能障碍的后期或患有渗出性胸膜炎、心包炎；在第一心音增强时，常伴有明显的心搏动增强和第二心音的减弱，这主要见于心脏衰弱的晚期；单纯第二心音强，见于肺气肿、肺水肿和肾炎等病理过程。如在以上2种心音以外，听到其他杂音，如摩擦音、拍水音和产生第三心音（又称奔马调），多因胸膜炎、创伤性心包炎和瓣膜疾病所致。

（2）肺脏的听诊。是听取肺脏在吸入和呼出空气时由肺部直接发出的声音。一般有下列6种。

①肺泡呼吸音：听诊健康羊的肺部，在吸气时可听到"夫"的声音，呼气时可听到"呼"的声音。它是空气在毛细支气管与肺泡之间进出时发出的声音，其音性柔和。当病羊发烧时，呼吸中枢兴奋，局部肺组织代偿性呼吸加强，可出现肺泡呼吸音增强和肺泡呼吸音过强，多为支气管炎、支气管黏膜肿胀等。

②支气管呼吸音：其声音较粗类似"赫"的声音，在羊呼气时容易听到，在肺的前下部听诊较为明显。它是空气通过声门裂隙时所发出的声音。如果在广大肺区都可听到支气管呼吸音，而且肺泡呼吸音相对减弱，则为支气管呼吸音增强，多见于肺炎的肝变期，如羊传染性胸膜肺炎等。

③干性啰音：是支气管发炎时分泌物黏稠或炎性肿胀造成狭窄时，可听到类似笛音、哨音、咝咝声等粗糙而响亮的声音，常见于慢性支气管炎、支气管肺炎、肺线虫病等。

④湿性啰音：当支气管内有稀薄的分泌物时，可随呼吸气流形成类似含漱音（含着水漱口的声音）、沸腾音或水泡破裂音。常见肺水肿、肺充血、肺出血、各种肺炎和急慢性支气管炎等。

⑤捻发音：当肺泡内有少量液体存在时，肺泡随气流进出而张开、闭合，此时即产生一种细小、断续、大小相等而均匀的好似用手

指捻搓一小撮头发时所发出的声音。在肺实质发生病变时，如慢性肺炎、肺水肿等可出现这种呼吸音。

⑥摩擦音：类似粗糙的皮革互相摩擦时发出的断续性的声音。常见有 2 种情况：一种是发生在肺脏与胸膜之间称胸膜摩擦音，多见纤维素性胸膜炎、胸膜结核等，此时胸膜发炎，有大量纤维素沉积，使胸膜变得粗糙，当呼吸运动时互相摩擦而发出声音；另一种是心包摩擦音，在纤维素性心包炎时，听诊心区，有伴随心脏跳动的摩擦声音。

(3)腹部的听诊。主要是听取腹部胃肠蠕动的声音。在健康羊的左侧肷窝处可听到瘤胃的蠕动音，声音由远而近、由小到大的噼啪沙沙音，到达蠕动高峰时声音又由近而远、由大到小，直至停止蠕动，这两个过程为 1 次收缩运动。经过一段休止后再开始下 1 次的收缩运动，平均每 2 min 4～6 次。当羊发生前胃弛缓或患发热性疾病时，瘤胃蠕动音减弱或消失。在健康羊的右侧腹部，可听到短而稀少的流水声音或漱口声，即为肠蠕动音。当羊患肠炎的初期，肠音亢进，呈持续高昂的流水声；发生便秘时肠音减弱或消失。

❷ 病理剖检诊断

病理剖检是羊病现场诊断比较重要的一种诊断方法。羊发生了传染病、寄生虫病或中毒性疾病，一些脏器组织，常常呈现出一些特征性的病理变化。有时通过剖检就可迅速做出诊断。如羊患肠毒血症时，除肠道黏膜出血或溃疡外，肾脏常软化如泥；山羊患传染性胸膜肺炎时，肺实质发生肝变，切面呈现大理石样变化；羊患肝片吸虫病，其肝胆管常肥厚扩张呈绳索状，突出于肝的表面，胆管内膜粗糙不平等。在实践中有条件，应尽可能多剖检几只病羊尸体，必要时可剖杀典型病羊。除肉眼观察外，有的还需采取病料进一步作病理组织学的检查。

○ 剖检方法

尸体左侧卧(左侧在下面),剖检的顺序应先观察尸体外表,注意其营养状况、被毛、可视黏膜等情况。然后剥皮、切开腹壁露出腹腔脏器,进行必要的结扎后。摘除大网膜取出胃肠,依次摘出脾、肝、肾上腺、肾等脏器。最后打开胸腔,将心、肺取出。对病变的形态、位置、颜色、硬度、性质、切面的结构变化等,要客观地记录下来,必要时可以绘图补充说明。最后将对尸体的外部检查、体腔剖开和各器官组织检查的结果进行综合分析,对疾病的本质做出判定,做出诊断。

○ 注意事项

剖检所用器械要预先经煮沸消毒。剖检前对病羊或病变部位;要仔细检查,如怀疑炭疽病时,严禁剖检,先采耳尖血涂片镜检,当排除炭疽病时方可剖检。剖检时间愈早愈好,特别是在夏季,尸体腐败后,影响观察和诊断。剖检时应保持清洁,注意消毒,尽量减少对周围环境和衣物的污染,并做好个人防护。剖检后将尸体和污染物做深埋处理。在尸体上撒生石灰或洒10%石灰乳、4%氢氧化钠、5%～20%漂白粉溶液等进行消毒。污染的表层土壤铲除后投入坑内,埋好后对埋尸地面要再次进行消毒。

❸ 实验室诊断

实验室诊断是羊病综合诊断的重要诊断方法之一,其主要内容包括病料的采集、保存、包装和运送。细菌学检查、病毒学检查、寄生虫学检查及病理学检查等项内容。它是在流行病学调查、临床诊断及病理剖检等初步诊断基础上进行的,是最后确诊的重要手段,往往需要专业人员来进行。

第 10 章　用 药 方 法

羊的给药方法很多，通常有口服法、胃管法、灌肠法、注射法等。应根据病情、药物性质、羊的大小来选择适当的给药方法。

❶ 口服给药方法

○ 自由采食法

多用于大群羊的预防性治疗或驱虫。将药物按一定比例均匀地拌入饲料或饮水中，让羊自行采食或饮用。大群用药前，要先做好小批羊的安全试验。

○ 长颈瓶投药法

适用于稀释后的药液。将药液装入长颈的橡皮瓶、塑料瓶或酒瓶内，抬高羊的头部，使口角与眼呈水平状态，操作者右手持药瓶，左手用食、中二指自羊右口角伸入口中，轻轻按压舌面，羊口即开张。然后右手将药瓶口从右口角插入羊口中，并将左手抽出，待瓶口伸到舌面中部，即可抬高瓶底将药液灌入。

○ 药板投药法

专用于舔剂，将药物按一定剂量混入面糊内，做成舔剂。投药时应使用表面光滑、无棱角的竹制或木制的舌形药板。操作者站在羊的正面，用左手的食、中二指自右口角伸入，压住舌面，同时大拇指抵住上颌或将舌拉出，使口张开。右手持药板，用药板的端部抹取药物，迅速从右口角送入口内达舌根部，翻转药板，把药抹在舌根部，待羊咽下后再抹第二次，如此反复进行直至把药给完。此法也可以用于丸剂或片剂的投服，可不使用药板，直接以右手将药丸或药片送到舌根部即可。

❷ 胃管投药法

给羊插入胃管的方法通常有 2 种：一是经鼻孔插入法，二是经口腔插入法。

○ 经鼻孔插入法

选择一端带漏斗的小号橡皮胃管，用温水浸泡后，在投入羊胃的一端涂上液状石蜡或植物油使之润滑，将胃管插入一侧鼻孔，沿下鼻道慢慢送入，当到达咽部时即有阻挡感觉，待羊进行吞咽时，趁机将胃管插入食道。如不吞咽可轻轻来回抽动胃管，诱发吞咽，胃管通过咽部进入食道后，会感到胃管推进时稍有阻力，并在左侧颈静脉沟处见到胃管的头端逐渐下移的形迹，用手指可摸到管端。这时向胃管内吹气或用橡皮球打气，可见左侧颈沟有起伏，表示胃管已进入食道，继续深送可达胃内，并从胃管内排出酸臭气体。如误插入气管时，胃管向前推进无阻力，病羊常咳嗽不止，从胃管排出的气体与呼吸节律相一致。此时应将胃管拔出重新插送，当确认无误后再向漏斗内灌入药液。

○ 经口腔插入法

先准备好中间带有孔洞的梭形木制开口器一个，将胃管从开口器的中央孔中插入，待吞咽时，将胃管送入食道。以后的操作同鼻胃管插入法。

❸ 注射给药法

注射给药是将各种注射剂型的药液，使用注射器或输液器，注入羊的体内。注射前应将注射器和针头等用清水冲洗干净，煮沸30 min灭菌后方可使用。

○ 皮内注射

主要用于皮内变态反应诊断，常在羊的颈部两侧部位，局部剪毛，碘酊消毒后，使用小型针头，以左手大拇指和食指、中指固定(绷紧)皮肤，右手持注射器，使针头几乎与注射部位的皮面呈平行方向刺入，至针头斜面完全进入皮内后，放松左手，以针头与针筒交界处压迫固定针头，右手注入药液，至皮肤表面形成一个小圆形丘疹即可。

○ 皮下注射

注射部位，在羊的颈侧或股内侧的皮肤松软处，常用于易溶、无刺激性的药物及某些疫苗等注射，如阿托品、肾上腺素、阿维菌素、炭疽芽孢苗等。注射前局部剪毛消毒，以左手的食指和大拇指捏起注射部位的皮肤，右手持注射器，使皮肤和针头呈45°角，迅速刺入捏起的皮肤褶皱的皮下，如针头能左右自由活动，即可注入药液。注射完毕后，在注射部位再次用碘酊棉球消毒。

○ 肌肉注射

羊的肌肉注射部位在颈侧肌肉丰满部位，适用于刺激性较大吸收缓慢的药液，如青霉素、链霉素和各种油剂以及一些疫苗的注射。注射时以左手大拇指、食指分开压绷注射部位的皮肤，右手持注射器垂直刺入后，再将注射器的内塞回抽一下，如无回血，即可缓缓注入药液。

○ 静脉注射

需迅速发生药效，或药物不适于肌肉、皮下注射时应用。羊的注射部位为颈静脉(颈静脉上 1/3 处)。方法是:先剪毛经碘酊棉球消毒后，用左手大拇指按压颈静脉的近心端，使其怒张，其余四指在颈的对侧固定。右手持针头或注射器，将针头向斜上方刺入静脉内，松开左手见到有回血后，再将药液慢慢注入静脉内，药液注射完毕后，以左手按住注入孔，右手拔出针头，于注射处涂以碘酊消毒即可。如药液量大，也可使用输液器进行静脉输液。

○ 瘤胃穿刺术

当羊发生瘤胃臌气时可采用本方法，穿刺部位在左肷窝中央或臌气的最高处。方法是局部剪毛，碘酊消毒，将皮肤稍向上移，将套管针头向下，向右侧肘的方向刺透皮肤及瘤胃胃壁，左手固定套管针，右手拔出套管针芯，使气体缓缓放出。如无专用套管针也可使用较粗的盐水针头代替套管针。放气完毕，用左手指压紧皮肤，右手迅速拔出针管或针头，穿孔处再用碘酊涂擦消毒。必要时也可直接向瘤胃内注射药物。

❹ 灌肠术

羊一般采取站立保定，配好的灌肠液应与体温相一致，盛于盆内。选用小形胃管或一端磨圆的橡皮管，前端涂上凡士林或植物油插入直肠内，另一端接上漏斗，加入灌肠液后，举高漏斗以增大灌肠液的压力，使其压入直肠内。灌肠完毕后一只手压住肛门和尾根，另一只手的手指掐压羊的腰荐部，以防药液的流出，停留一段时间后，再松手拔出胃管或橡皮管。

第 11 章　羊的主要传染病

❶ 细菌性传染病

○ 羊炭疽

本病是由炭疽杆菌引起的人、畜共患的急性、热性、败血性传染病。绵羊与山羊多取急性经过。病原为炭疽杆菌，革兰氏染色阳性，在体外能很快形成芽孢，芽孢对外界的抵抗力很强，干燥环境中可存活 12 年以上，在土壤内经 30 多年仍有生存的芽孢。煮沸需 15～25 min 才能将其杀死。临床上常以 20%漂白粉、0.5%过氧乙酸和 10%热火碱水消毒（图 11-1）。

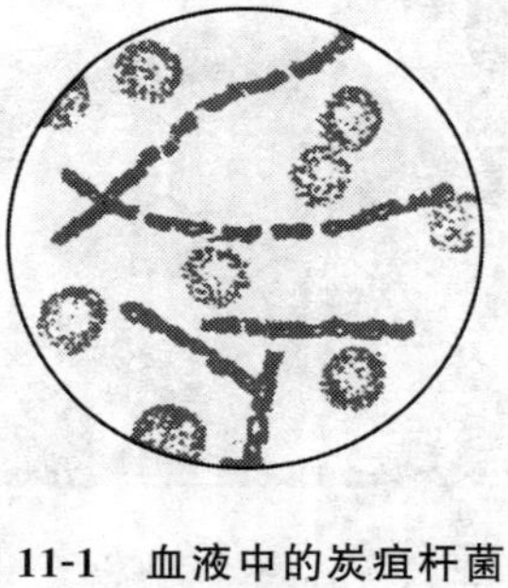

图 11-1　血液中的炭疽杆菌
（带荚膜，放大 2 000 倍）

1. 诊断要点

羊炭疽病发生急剧，死亡很快，加之一般严禁剖检，仅根据流行病学和临床症状很难确诊，所以必须配合细菌学和血清学的检查做最后确诊。

（1）流行特点。各种家畜和人对本病均有易感性，其中羊最易感。主要传染源是病羊,在其分泌物、排泄物和天然孔流出的血液中含有大量病菌。当尸体处理不当,炭疽杆菌形成芽孢并污染土壤、水源、牧地,羊吃了被污染的饲草和饮水而被感染。本病多为散发,常在夏季雨后发生,在发生过炭疽的地区,有可能年年发病。

(2)临床症状。本病潜伏期 1～5 天,有的可长达 14 天。患羊表现昏迷、摇摆、磨牙、全身战栗,呼吸困难,可视黏膜发绀,口、鼻流出血色泡沫,肛门、阴门流出不凝固的黑红色血液,经数分钟即可死亡。当羊的病情稍缓和时,体温可升高到 40.5～42.5℃,稽留不降。脉搏、呼吸增数,黏膜红紫色,后期全身痉挛,天然孔出血,数小时死亡。

(3)实验室检查。采取临死前或刚死后病羊的末梢血管(耳、四肢)的血液涂片。必要时可做局部解剖,采取小块脾脏涂片(切口要用 0.2%升汞或 5%石炭酸浸过的棉花或纱布塞好),用瑞氏或姬姆萨染色,显微镜下观察,若发现有多量单个、成对或呈短链,带有荚膜、菌端平直的粗大杆菌,再结合临床症状,即可确诊。有条件时可进行细菌分离培养和炭疽环状沉淀反应(Ascoli 氏反应)。

2.类症鉴别

羊炭疽病与羊快疫、羊肠毒血症、羊猝狙、羊黑疫在临床上很相似,都是突然发病,病程短,死亡快。但致病菌不同,可通过微生物学检查,对病原进行鉴别。

3.防治措施

(1)预防。对经常发生炭疽及受威胁地区的羊,每年用无毒炭疽芽孢苗(仅用于绵羊)或第二号炭疽芽孢苗(绵羊、山羊均可)作预防注射,使用方法见附表 3。当有炭疽病发生时,要及时隔离病羊,对污染的羊舍、地面及用具要立即用 10%热火碱水或 20%漂白粉溶液喷洒消毒,每隔 1 h 1 次,连续 3 次。对同群的未发病羊,使用青霉素连续注射 3 天,有预防作用。

(2)治疗。由于病羊常呈最急性经过,往往来不及治疗。病程稍缓者,必须在严格隔离条件下进行治疗。初期可使用抗炭疽血清,羊每次 40～80 mL,静脉或皮下注射。第 1 次注射剂量应适当加大,经 12 h 后再注射 1 次。炭疽杆菌对青霉素、土霉素敏感,其中青霉素最常用,剂量按每千克体重 1.5 万 U,每隔 8 h 肌肉注射 1 次。实践证明,抗炭疽血清与青霉素合用效果更好。

○ 破伤风

又称“锁口风”、“强直症”。本病是由破伤风梭菌引起的一种急性、创伤性,人畜共患的中毒性传染病。其特征是患羊骨骼肌持续性痉挛和对外界刺激反射兴奋性增高。

1. 诊断要点

根据病羊的创伤史和典型的全身强直症状,不难确诊。

(1)流行特点。该病的病原破伤风梭菌在自然界广泛存在。羊常因断角、去势、断脐和其他创伤或擦伤感染,特别是狭小而深的创伤(如刺伤、钉伤)。病原菌最适宜在缺氧的条件下生长繁殖,产生大量毒素,侵害中枢神经系统而发病。临床许多病例往往找不到创伤,多因在潜伏期中创伤表面已愈合。有时也可经胃肠黏膜的损伤而感染。本病多为散发。

(2)临床症状。病初症状不明显,只表现起卧困难,精神呆滞。随着病情的发展,四肢逐渐强直,运步困难,头颈伸直,角弓反张,肋骨突出,牙关紧闭,流涎,尾直,常有轻度腹胀,先腹泻后便秘。体温一般正常,仅在临死前体温上升至 42℃以上,死亡率很高。

2. 防治措施

(1)预防。免疫接种,每年定期皮下注射破伤风类毒素 1 mL,次年再注射 1 次,免疫期可达 4 年;在发生外伤、阉割或处理羔羊脐带时就及时用 2%～5%的碘酊严格消毒。

(2)治疗。将病羊置于僻静、较暗的厩舍内,避免惊动。给予易消化的饲料和充分的饮水。对伤口要及时扩创，彻底清除伤口内的坏死组织，可用3%的过氧化氢（双氧水）、1%高锰酸钾或5%～10%的碘酊进行消毒处理。病初可先静脉注射4%乌洛托品5～10 mL，再用破伤风抗毒素5万～10万U静脉或肌肉注射，以中和毒素。为了缓解肌肉痉挛，可使用氯丙嗪以每千克体重0.002 g剂量，或用25%硫酸镁注射液10～20 mL肌肉注射。并配合5%碳酸氢钠100 mL，静脉注射。当牙关紧闭、开口困难时，可用2%普鲁卡因5 mL，和0.1%肾上腺素0.1～1 mL混合注入两侧咬肌。如不能采食可进行补液、补糖。当发生便秘时，可用温水灌肠或投服盐类泻剂。

配合中药治疗能缓解症状，缩短病程。可应用"防风散"，即防风8 g、天麻5 g、羌活8 g、天南星7 g、炒僵蚕7 g、清半夏4 g、川芎4 g、炒蝉退7 g，水煎2次，将药液混在一起，待温加黄酒50 mL。胃管投服，连服3剂，隔天1次。上述方剂可适当加减，当伤在头部，重用白芷；伤在四肢加独活5 g；瞬膜外露严重者，重用防风、蝉退；流涎量多者，重用僵蚕、半夏；牙关紧闭者加蜈蚣1～2条，乌蛇3～6 g、细辛1～2 g。

○ 羊布氏杆菌病

本病是由布氏杆菌引起的人畜共患的慢性传染病。主要侵害动物的生殖系统，引起母羊流产、不育，公羊发生睾丸炎等。布氏杆菌在冷暗处或粪水中，可存活数月之久。一般消毒药物在数分钟内可杀死本菌。

1. 诊断要点

由于发生流产的原因很多，而该病的临床症状和病理变化均缺乏明显特征，同时隐性感染较多，所以确诊需依靠实验室检查。

(1)流行特点。母羊较公羊易感性高，随着性的成熟，易感性增强。主要经口感染，也可在配种时经黏膜接触感染。流产胎儿、羊水、胎衣和阴道分泌物及乳汁中都含有大量病原体。羊群一旦流行此病，首先仅为少数孕羊流产，以后逐渐增多，严重时羊群中50%～90%孕羊发生流产或产出死胎、弱胎。多数患病母羊只流产1次，便可获得终身免疫。

(2)临床症状。绵羊及山羊事前常无异常表现，而首先注意到的症状是流产。流产多发生在妊娠后的3～4个月。流产前病羊表现减食、口渴、沉郁、阴门流出黄色黏液，有时病羊还可发生关节炎、滑液囊炎、支气管炎、睾丸炎、乳房炎等。

(3)剖检变化。胎衣呈黄色胶冻样浸润，有些部位覆有纤维蛋白和脓液，有的增厚，并有出血点。流产胎儿的第四胃中有淡黄色或白色的黏液絮状物，胃肠或膀胱的浆膜下可见到出血点和出血斑。

(4)实验室检查。布氏杆菌的实验室检查方法很多，除流产材料的细菌学检查外，以平板凝集反应简便易行。绵羊和山羊的大群检疫也可用血清平板凝集试验和变态反应检查。

2. 防治措施

该病应以“预防为主”，无治疗价值。发病后可用试管凝集反应或平板凝集反应对羊群进行检疫，发现阳性和可疑反应者应及时隔离，以淘汰屠宰为宜。严禁与健康羊接触。对被污染的用具和场地可使用5%克辽林、10%～20%石灰乳、2%氢氧化钠溶液或含有2%～2.5%有效氯的漂白粉溶液等进行消毒。流产胎儿、胎衣、羊水和产道分泌物要深埋。凝集反应阴性羊，可用布氏杆菌猪型2号苗、布氏杆菌羊型5号弱毒冻干菌苗或布氏杆菌无凝集原(M—Ⅲ)菌苗进行免疫接种(详见附表3)。

本病若一定治疗，可用土霉素以每千克体重5 mg肌肉注射，每天2次，首次加倍，连用2～3周。也可试用四环素、链霉素及磺胺类药物，最好将2种抗菌药物联合应用。

○ 羊李氏杆菌病(转圈病)

该病是家畜、家禽等动物和人共患的一种散发性传染病。其特征是幼羊常呈现败血症经过,较大的羊多呈现脑膜炎或脑脊髓炎。临床表现典型地转圈运动,孕羊发生流产。病原为产单核细胞李氏杆菌,革兰氏染色阳性。该菌对热耐受力强,一般消毒药均能使之灭活。

1. 诊断要点

(1)流行特点。本病易感动物广泛,其中绵羊较山羊容易发病。均可通过消化道、呼吸道及损伤的皮肤而感染。多为散发,发病率低,而死亡率很高。

(2)临床症状。病初体温升高到 40～41.6℃,不久降至常温。病羊精神沉郁,采食减少或停止。多数病羊出现各种神经症状,如视力减弱或消失,头颈偏向一侧。遇到障碍物时,常以头顶抵着不动,转圈倒地,四肢做游泳姿势,颈项强直,角弓反张。面部神经、咬肌和咽部出现麻痹,最后昏迷等。孕羊流产,羔羊呈急性败血症而迅速死亡,病死率甚高。

(3)剖检变化。出现神经症状的病羊,脑及脑膜充血、水肿,脑脊液增多稍混浊。流产母羊胎盘发炎、子叶水肿,子宫内膜充血、出血或坏死。血液和组织中单核白细胞增多。

(4)实验室检查。采取血、肝、脾、肾、脑脊髓液和脑的病变组织,做涂片和触片,经革兰氏染色镜检,如发现有革兰氏阳性,呈"V"形排列或并列的细小杆菌,结合临床症状和流产,可做出诊断。有条件时应进一步做细菌分离培养。

2. 类症鉴别

该病应与具有神经症状的(转圈运动)疾病相区别。如羊的脑包虫病、羊狂蝇蛆病和羊莫尼茨绦虫病等(详见有关章节)。此外,应与有流产症状的其他疾病相区别,主要靠实验室的检查。

3. 防治措施

(1)预防。注意环境卫生,加强饲养管理,定期驱虫,消灭啮齿类动物;对发病羊群,应立即检疫,病羊隔离治疗,其他羊使用药物预防;病羊尸体要深埋处理,对污染的环境和用具等使用5%来苏儿进行消毒。

(2)治疗。早期大剂量应用磺胺类药物或与抗生素并用疗效较好,如磺胺嘧啶钠、氨苄青霉素、链霉素、庆大霉素等。病羊出现神经症状时可使用镇静药物盐酸氯丙嗪治疗,以每千克体重1~3 mg 剂量,肌肉注射。

○ 羊副结核病

又称副结核性肠炎。本病是牛、羊的一种慢性接触性传染病,其特征为慢性黏液性肠炎。临床表现长期顽固性腹泻和进行性消瘦。本病的病原为副结核分枝杆菌,为革兰氏染色阳性的一种小杆菌,与结核杆菌相似,具有抗酸染色特性。对外界抵抗力较强,在粪便内可存活4~8个月,对热抗力差。75%酒精、10%漂白粉能很快将其杀死。

1. 诊断要点

流行区内,根据临床症状和病理变化,一般可做出初步诊断。

(1)流行特点。本病多为散发或呈地方性流行。病原菌主要集中在病羊的肠道黏膜和肠系膜淋巴结内,通过粪便污染饲料和饮水等,经消化道感染健康羊。以幼龄羊最易感,往往经数月或数年的潜伏期后,到成年才出现临床症状。特别是当母羊怀孕、分娩或过度挤乳,以及饲料单一,缺乏矿物质等情况下,均可促发本病。

(2)临床症状。本病的主要特征呈现间断性或顽固性腹泻。初期为间歇性,排稀薄带恶臭的粪便,此时体温、食欲、精神、脉搏等常无异常;后期为持续性腹泻,水样便,混有多量气泡,有时带有血丝。食欲减少,贫血、消瘦,特别是后躯常形成“狭尻”,泌乳下降，前胸浮肿。病程一般经 3～4 个月，有的可拖 6 个月至 2 年，最后因高度衰弱而死。

(3)剖检变化。病羊尸体消瘦，主要病理变化在肠道和肠系膜淋巴结。空肠、回肠和结肠前段的肠壁比正常增厚 5～20 倍，形成纵横交错的褶皱，很似脑回样。肠系膜淋巴结肿胀、坚硬、色苍白，淋巴管变粗呈索状。

(4)实验室诊断

①送检病料的采取。采取 3～4 处不同部位病变明显的肠道黏膜(各 3～5 cm)，以及回肠所属肠系膜淋巴结数个(以肿胀明显者为佳)，分别浸泡于盛有灭菌的 30%甘油生理盐水容器内，或放在加塞的小瓶中，以便进行细菌学的检查。需作病理组织学检查的肠管和淋巴结，可放 10%福尔马林溶液中，尽快送往有关单位检查。

②变态反应诊断。对于没有临床症状或症状不明显的病羊，可使用副结核菌素或禽结核菌素 0.1 mL，注射于尾根皱皮内或颈中部皮内，经 48～72 h，局部发红肿胀者，判为阳性。

2. 类症鉴别

该病应与肠道寄生虫、营养不良、沙门氏菌病等进行鉴别。寄生虫病在粪检中可发现大量虫卵，剖检胃肠道内有大量寄生虫，肠黏膜缺乏副结核病的褶皱变化；营养不良多见冬春枯草季节，在早春抢青阶段，也会发生腹泻，但肠道缺乏副结核的病理变化；沙门氏菌病多呈急性或亚急性经过，粪便内可分离出致病性沙门氏菌。

3. 防治措施

本病无治疗价值。发病后，对发病羊群每年用变态反应检疫 4 次，对出现症状或变态反应阳性羊，及时淘汰；感染严重，经济价值低的一般生产羊群应全部淘汰。对病羊的圈栏、用具可用 20%漂白粉或 20%石灰乳彻底消毒，并空闲一年以后再引入健康羊。

○ 羔羊大肠杆菌病

该病是由致病性大肠杆菌引起的羔羊急性传染病，其特征是呈现剧烈的下痢和败血症。病羊常排出白色稀粪，所以又称"羔羊白痢"。病原菌为革兰氏染色阴性，中等大小的杆菌，对外界的抵抗力不强，一般常用的消毒液均能迅速将其杀死。

1.诊断要点

依据流行情况，临床症状和病理变化可初步诊断，但确诊还需进行实验室检查。

(1)流行特点。本病多发生于数日龄至6周龄以内的羔羊，有些地方6～8月龄的羔羊也可发生。呈地方性流行或散发。病的发生与气候不良、营养不足、场圈潮湿污秽有关。冬春舍饲期间多发，而放牧季节则很少发病。本病主要经消化道感染。

(2)临床症状。潜伏期数小时至1～2天，临床上可分肠型和败血型2类：

①肠型(下痢型)：主要见于7日龄以下的羔羊。病初体温升高，随之出现腹泻，体温下降，粪便先为半稀状，由黄变黑，以后呈液状，混有气泡、血液和黏液。病羊表现腹痛、虚弱、严重脱水、卧地不起。如不及时救治，经24～36 h死亡。病死率可达15％～17％。

②败血型：主要发生在2～6周龄的羔羊。病初体温高达41.5～42℃，呈败血症表现。病羊很快发生虚脱和神经症状。很少或不发生腹泻。有的四肢关节肿胀、疼痛或伴发肺炎，最后昏迷死亡。病程很少超过24 h。

(3)剖检变化。肠型病羊的病理变化主要在消化道，胃肠充满乳样内容物，瘤胃、网胃黏膜脱落，皱胃和肠道黏膜充血、出血。肠系膜淋巴结肿大，切面多汁有出血点。败血型病羊表现胸、腹腔和心包大量积液,内有纤维素。肘关节和腕关节肿大,滑液混浊,内有纤维素性絮片。脑膜充血,有很多小出血点。

(4)实验室检查。采取内脏组织、血液或肠内容物做细菌分离鉴定。

2. 类症鉴别

本病应与 B 型魏氏梭菌引起的初生羔羊下痢(羔羊痢疾)相区别。本病如能分离出纯致病性大肠杆菌,具有鉴别诊断意义。

3. 防治措施

(1)预防。加强孕羊的饲养管理,确保新产羔的健壮,抗病力强。改善羊舍的环境卫生,做到定期消毒,尤其是分娩前后对羊舍应彻底消毒 1～2 次。注意幼羊的保暖,尽早让羔羊吃到足够的初乳。对污染的环境、用具,可用 3%～5%来苏儿液消毒。

(2)治疗。大肠杆菌对土霉素、新霉素、磺胺类、恩诺沙星均具敏感性。但必须配合护理和对症治疗。土霉素粉,以每天每千克体重 30～50 mg 剂量,分 2～3 次口服;磺胺脒,第 1 次 1 g,以后每隔 6 h 内服 0.5 g。对新生羔羊可同时加胃蛋白酶 0.2～0.3 g 内服;心脏衰弱者可注射强心剂,脱水严重者可适当补充生理盐水或葡萄糖盐水,必要时还可加入碳酸氢钠或乳酸钠以防止全身酸中毒;对于有兴奋症状的病羊,可内服水合氯醛 0.1～0.2 g(加水内服)。

中药治疗用大蒜酊(大蒜 100 g,95%酒精 100 mL,浸泡 15 天,过滤即成)2～3 mL,加水 1 次灌服,每天 2 次,连用数天。白头翁、秦皮、黄连、炒神曲、炒山楂各 15 g,当归、木香、杭芍各 20 g,车前子、黄柏各 30 g,加水 500 mL,煎至 100 mL。每次 3～5 mL,灌服,每天 2 次,连用数天。

○ 坏死杆菌病

该病是畜禽共患的一种慢性传染病,临床表现为皮肤、皮下组织和消化道黏膜坏死，有时在其他脏器上形成转移性坏死病灶。病原为坏死梭杆菌革兰氏染色阴性，一般的消毒药物可很快将其杀死，但在污染的土壤和粪尿中可存活 10～50 天。

1. 诊断要点

根据流行情况和临床症状可以确诊。

(1)流行特点。坏死杆菌广泛存在于自然界，动物的饲养场、被污染的土壤、沼泽地、池塘等处均可发现。此外，还常存在于健康动物的口腔、肠道和外生殖器等处。羊主要通过损伤的皮肤黏膜而感染。多发生于低洼潮湿地区和多雨季节的潮湿、拥挤圈舍内的羊只。本病呈散发和地方性流行。

(2)临床症状。绵羊患坏死杆菌病多于山羊，因患病部位的不同而表现不同的症状。当病原侵害蹄部时，可引起腐蹄病，多为一侧肢患病。表现蹄间隙、蹄踵、蹄冠红肿热痛，尔后溃烂，挤压肿烂部有腐臭脓样液体流出。重症病例可引起深部组织坏死，蹄匣脱落，坏死，也可波及腱、韧带和关节。羔羊可发生坏死性口炎，又称“白喉”，齿龈、颊、硬腭、舌及咽喉发生肿胀，上面覆盖的坏死物形成伪膜，伪膜脱落后露出溃烂面。轻症病例能很快恢复。重症病例若治疗不及时往往由于内脏形成转移病灶，俗称“羊烂肝、烂肺病”而导致死亡。给养羊业造成很大损失。

(3)实验室检查。必要时，可以从病羊的病灶与健康组织交界处采取病料涂片，用石炭酸复红——美蓝(碱性复红 0.15 g，无水酒精 20 mL，结晶石炭酸 10 g，美蓝 2.5 mL，蒸馏水 200 mL)染色 30 s，坏死杆菌呈着色不匀的长丝状或细长的杆菌。

2. 防治措施

(1)防治。加强饲养管理，经常保持圈舍的干燥卫生，防止过度拥挤，避免外伤发生。如一旦发生外伤，应及时用 5%碘酊涂擦伤口，以防感染。

(2)治疗。首先清除坏死组织，用 1%高锰酸钾液冲洗或用

6%福尔马林、5%～10%硫酸铜，或在 20%食盐水中加 1%高锰酸钾脚浴，然后用抗生素软膏或磺胺软膏涂抹。为了防止硬物刺激，可用绷带包扎患蹄。对坏死性口炎的治疗，先除去口腔内的伪膜，用 1%高锰酸钾冲洗口腔，然后涂抹碘甘油或撒布冰硼散(冰片 15 g、朱砂 18 g、元明粉 150 g，研末备用)。当发生转移性病灶时，应进行全身治疗，以注射磺胺嘧啶或土霉素的效果最好，连用 5 日，并配合强心解毒药物，可促进康复，提高治愈率。

○ 绵羊巴氏杆菌病

羊巴氏杆菌病又称出血性败血症。由多杀性巴氏杆菌引起的畜禽及野生动物的一种传染病。绵羊主要表现呼吸道黏膜和内脏出血性炎症。病原菌革兰氏染色阴性，该菌对外界抵抗力不强，对干燥阳光敏感，使用一般消毒药物数分钟即可将其杀死。

1.诊断要点

(1)流行特点。绵羊多发生于幼龄羊和羔羊，山羊不易感染。病原菌随病羊和带菌羊的分泌物和排泄物排出体外，经呼吸道、消化道及损伤的皮肤而感染其他羊。带菌羊经受寒和长途运输机体抵抗力下降时，可发生自体内源性感染。

(2)临床症状。按病程长短可分 3 种类型。

①最急性型。多发生于哺乳羔羊，往往突然发病，只表现寒战、虚弱、呼吸困难等症状，可在几分钟至数小时内死亡。

②急性型。病羊精神沉郁、不食、体温升高到 41～42℃，咳嗽，眼、鼻流出黏液，鼻孔常有出血。初期便秘后期腹泻，有时粪便全部为血水。消瘦虚脱而死，病程 2～5 天。

③慢性型。主要见于成羊，病程可达 3 周，消瘦，病羊表现咳嗽气喘，呼吸困难，流黏脓性鼻液，有时颈部和胸下出现水肿。角膜发炎，出现腹泻；临死前极度衰弱，四肢厥冷，体温下降。

(3)剖检变化。一般在皮下有液体浸润和小点出血。心包和胸腔内有渗出液及纤维素凝块。肺脏膨大、水肿，呈现紫红色，一般在前腹侧区有显著实变。病程长的绵羊，病理变化界线更为明显，呈暗红色，胸膜粘连。有的肺部还见有黄豆至胡桃大的化脓灶。其他脏器呈水肿和淤血，间有小点出血。脾脏不肿大，肝脏有坏死灶。

(4)实验室检查。采取病死羊的新鲜病料，肺、肝、脾及胸腔液涂片，用碱性美蓝或瑞氏染色镜检，可见有两极浓染，中间着色较浅的卵圆形小杆菌。

2. 类症鉴别

羔羊患巴氏杆菌病时需注意与肺炎链球菌(旧名肺炎双球菌)所引起的败血症相区别。后者剖检时可见脾肿大，而且在病料中很易查到以成双排列为特征的肺炎链球菌。

3. 防治措施

(1)预防。羊群应避免拥挤、受寒，长途运输时，防止过度劳累。发病后，羊舍可用5%漂白粉或10%石灰乳等彻底消毒。必要时羊群可用高免血清或菌苗做紧急免疫接种。

(2)治疗。对病羊和可疑病羊立即隔离治疗，可分别选用土霉素以每千克体重 20 mg、庆大霉素每千克体重 1 000～1 500 U、20%磺胺嘧啶钠 5～10 mL 进行肌肉注射，每天 2 次；或使用复方新诺明片，内服量为每千克体重 10 mg，每天 2 次，直到体温下降，食欲恢复为止。

○ 羊链球菌病

本病是羊的一种急性、热性败血性传染病，主要发生于绵羊。以颌下淋巴结和咽喉肿胀、各脏器出血、大叶性肺炎、呼吸异常困难、胆囊肿大为特征。病原属链球菌属 C 群兽疫链球菌的一种，革兰氏染色阳性，有清晰荚膜。本菌对外界环境抵抗力较强，而对一般的消毒药物抵抗力较差。

1. 诊断要点

(1)流行特点。主要感染绵羊,山羊次之。自然感染主要通过呼吸道、皮肤损伤或羊虱蝇叮咬等途径传播。病羊与带菌羊为主要传染源。以冬春体质下降的二三月份流行最甚。特别是当天气严寒或大风雪以后,发病和死亡数显著增加,本病在新疫区危害最烈。

(2)临床症状。病羊体温升高,以呼吸异常困难、咽喉部及下颌淋巴结肿大为特征,间有咳嗽,流浆液、脓性带血鼻液(呈铁锈色)。结膜充血发绀,粪便松软,带有黏液或血液。眼睑、唇部、面颊及乳房肿胀。病死前常出现磨牙、呻吟及抽搐现象。

(3)剖检变化。主要以败血性病变为主,尸僵不明显,胸腔积液,各脏器广泛出血,尤以大网膜、肠系膜等部位明显。肺脏水肿、气肿、实质出血,发生肝变,呈大叶性肺炎变化。胆囊肿大,急性病例还可见肝、肾肿大。各脏器表面常覆有丝状黏稠的纤维素样物质。

(4)实验室检查。采取心血或脏器组织涂片、染色镜检可发现带有荚膜,多呈双球状,偶见 3～5 个菌体相连成短链为特征的病原体存在。也可将肝、脾、淋巴结等病料组织做成生理盐水悬液,给家兔腹腔注射。若为链球菌病,则家兔常在 24 h 内死亡,取材涂片、染色镜检,可发现上述典型形态的细菌。同时也可进行病原的分离鉴定。

2. 类症鉴别

本病应与羊炭疽、羊梭菌性痢疾、羊巴氏杆菌病相鉴别(表 11-1)。羊炭疽,病羊缺少大叶性肺炎症状,病原形态不同;羊梭菌性痢疾,无高热和全身广泛出血变化,病原形态有差别;羊巴氏杆菌与羊链球菌病在临床症状和病理变化上很相似,但病原形态不同,前者为革兰氏阴性菌。

表 11-1　羊五种传染病鉴别诊断要点

	巴氏杆菌病	羊链球菌病	羊肠毒血症	羊快疫	羊炭疽
发病年龄	幼龄和羔羊，绵羊多发，山羊不易感染	任何年龄的绵羊多发，山羊少发	2～12个月的绵羊多发，山羊少发	6～8个月的绵羊多发，山羊少发	成年羊多发，羔羊少发
发病季节	四季均可发生，受寒、过劳、拥挤等为诱因	多在冬、春季节	春秋及夏收和秋收季节	早春、秋冬季节	夏、秋多发
营养状况	机体抗力下降时多发	营养不良者多发	膘情较好者多发	膘情较好者多发	营养不良者多发
体温变化	升高	升高	一般正常	一般正常	升高
呼吸困难，黏性、脓性鼻液，咳嗽	＋	＋（呼吸异常困难）	－	－	－
咽喉肿大	－	＋	－	－	－
血凝不全	－	－	－	（血凝不良）	＋
肺炎	＋	＋	－	－	－
脾脏肿大	－	＋	－	±	＋
胆囊肿大	＋	＋	＋	±	－
肾脏软化	－	－	＋	－	－
脏器表面纤维素	＋（胸腔）	＋（腹腔）	－	－	－
肠内毒素	－	－	＋	－	－
抹片镜检	脏器及胸腔液涂片，有两极浓染、中间着色较浅的卵圆形小杆菌，革兰氏染色阴性	心血、脏器组织涂片，有带荚膜，呈双球形，革兰氏染色阳性菌	肾等实质器官涂片，可见D型魏氏梭菌，革兰氏染色阳性	肝被膜触片有无关节长丝状的腐败梭菌，革兰氏染色阳性	血液和脏器涂片见有荚膜的炭疽杆菌，单在，成对，及3～5个菌体的短链，革兰氏阳性

注："＋"表示有；"－"表示无；"±"表示有的有，有的无。

3. 防治措施

(1)预防。疫区每年发病季节到来之前,使用羊链球菌氢氧化铝甲醛苗进行预防注射(方法见附表 3)。做好夏秋抓膘,冬春保膘防寒保温工作。发病后,及时隔离病羊,粪便堆积发酵处理。羊圈可用含 1%有效氯的漂白粉、10%石灰乳、3%来苏儿等消毒液消毒。在本病流行区,病羊群要固定草场、牧场放牧,避免与未发病羊群接触。对未发病羊提前注射青霉素或抗羊链球菌血清有良好的预防效果。

(2)治疗。早期应用青霉素或磺胺类药物治疗。青霉素每次 80 万～160 万 U,每天肌肉注射 2 次,连用 2～3 天;20%磺胺嘧啶钠 5～10 mL,每天肌肉注射 2 次或磺胺嘧啶每次 5～6 g(小羊减半),每天内服 1～3 次,连用 2～3 天。

○ 羊沙门氏菌病(副伤寒)

主要是由鼠伤寒沙门氏菌、都柏林沙门氏菌和羊流产沙门氏菌引起的,以羔羊急性败血症和下痢、母羊怀孕后期流产为主要特征的急性传染病。病原菌革兰氏染色阴性,对外界的抗力较强,在水、土壤和粪便中能存活数月。一般消毒药物可将其迅速杀死。

1. 诊断要点

(1)流行特点。本病各种年龄的羊均可发生,其中以断乳或断乳不久的羊最易感。病原菌可通过羊的粪、尿、乳汁及流产胎儿、胎衣、羊水污染饲料和饮水等,经消化道感染健康羊,通过交配或其他途径也可感染。各种不良因素均可促使本病的发生。

(2)临床症状。本病据临床表现可分以下 2 型。

①下痢型。多见羔羊,体温升高达 40～41℃。食欲减少,腹泻,排黏性带血稀粪,有恶臭。精神沉郁,虚弱,低头弓背,继而卧地。病程 1～5 天死亡,有的经 2 周后可恢复。发病率一般为 30%,病死率 25%左右。

②流产型。绵羊多在怀孕的最后 2 个月发生流产或死产。病羊体温升高、不食、精神沉郁，部分羊有腹泻症状。病羊产出的活羔多极度衰弱，并常有腹泻，一般 1～7 天死亡。发病母羊也可在流产后或无流产的情况下死亡。羊群暴发 1 次，一般可持续 10～15 天，流产率和病死率均很高。

(3)剖检变化。下痢型羊尸后躯常被稀粪污染，组织脱水。真胃和小肠空虚，内容物稀薄，常含有血块。肠黏膜充血，肠系膜淋巴结肿大，心内外膜有小出血点。流产、死产的胎儿或生后 1 周内死亡的羔羊，呈败血症病变。表现组织水肿、充血，肝脏、脾脏肿大，有灰色病灶，胎盘水肿出血。死亡的母羊呈急性子宫炎症状，其子宫肿胀，内含有坏死组织，浆液性渗出物和滞留的胎盘。

(4)实验室检查。可采取下痢死亡羊的肠系膜淋巴结、胆囊、脾、心血、粪便或发病母羊的粪便、阴道分泌物、血液以及胎盘和胎儿的组织进行病原——沙门氏菌的分离培养。要与引起羔羊痢疾的 B 型魏氏梭菌和引起羔羊下痢的大肠杆菌相区别。

2. 防治措施

(1)预防。对流产母羊及时隔离治疗，流产的胎儿、胎衣及污染物进行销毁，流产场地全面彻底进行消毒处理。对可能受传染威胁的羊群，注射相应菌苗预防。

(2)治疗。对患病羊应隔离治疗，用土霉素或新霉素。羔羊每天每千克体重按 30～50 mg 剂量，分 3 次内服；成羊按每次每千克体重 10～30 mg 剂量，肌肉或静脉注射，每天 2 次，连用 5～7 天。

○ 绵羊生殖道弯杆菌病

主要是由胎儿弯杆菌和空肠变杆菌引起的多种动物罹患的传染病，临床上主要表现为暂时性不育、流产等症状。病原菌为革兰氏阴性的细长弯曲杆菌，呈撇形、S 形和鸥形。弯杆菌对干燥、阳光和一般消毒药敏感。58℃加热 5 min 即死亡。在干草、厩肥和土壤中，于 20～27℃可存活 10 天，于 6℃可存活 20 天。在冷冻精液（－79℃）内仍可存活。

1. 诊断要点

（1）流行特点。2 种细菌随食物、饮水被羊摄入后而感染胎盘和胎儿。带菌羊是主要的感染源。病羊通过流产胎儿、胎膜向外界排菌，而空肠弯杆菌广泛存在自然界中。

（2）临床症状。典型症状为妊娠期的后 8 周流产或足月分娩出弱羔。胎儿死亡通常于流产前 1～2 天，一般无流产先兆。也有些母羊在流产前出现阴道排出物，一般康复比较迅速，下一个繁殖季节生殖力恢复正常。有时流产后可继发子宫内膜炎。本病与衣原体流产具有几乎相同症状，并可同时伴发（见绵羊和山羊地方性流产）。

（3）剖检变化。在尽足月的流产胎儿的肝脏上可见典型的灰色坏死病灶，体腔内有红色液体，胎膜水肿，子叶苍白坏死。

（4）实验室检查。对子叶触片，阴道排泄物或胎儿皱胃液涂片染色镜检，可见细而弯曲的细菌，作为诊断依据。

2. 防治措施

（1）预防。隔离流产母羊，及时清理流产胎儿及相应的排泄物。将未感染的母羊转移至干净场地，给予未被污染的饲料和饮水。母羊应在配种前使用二价苗进行 1 次免疫接种，并于怀孕的第二个月后再加强免疫 1 次，以后每年在这个时期免疫 1 次。

（2）治疗。本病使用青霉素、链霉素、红霉素、泰乐菌素、庆大霉素、新霉素、金霉素等治疗均有效。

○ 绵羊和山羊地方性流产

本病是由鹦鹉热衣原体血清Ⅰ型菌株引起牛、羊地方性流产的一种地方性传染病。其特征性症状是流产、死胎。有的于妊娠最后 1 个月早产，流产胎儿保存完好，表面被覆一层土色的片状物质,母羊常见胎盘炎症。少部分病例发生胎衣不下,母羊很快衰竭甚至死亡。

该病的临床症状与病理剖检变化与羊的弯曲杆菌病、布氏杆菌病等较为相似,最后确诊必须进行病原学检查。前者镜检经姬姆萨染色的子叶触片,衣原体性原生小体呈现单个或集结的红色小点状。观察子叶或子叶间组织冰冻切片时,于胞浆内有红色原生小体。

治疗与控制,可在怀孕中期对易感羊进行 2 次长效土霉素注射,2 次的间隔时间为 2 周,能明显降低流产的发生。对被感染的新生羔羊及流产母羊可用四环素治疗。

其他防治方法可参考绵羊生殖道弯杆菌病。

○ 肉毒梭菌中毒症

是由于食入肉毒梭菌毒素而引起的一种中毒性疾病。其主要特征为运动神经麻痹和延脑麻痹。

1. 诊断要点

通过调查发病原因和发病经过,并结合临床症状和病理剖检变化,可初步诊断,但确诊必须检查饲料和病死尸体内有无毒素存在。

(1)流行特点。肉毒梭菌的芽孢广泛分布于自然界,土壤为其自然居留地。在腐败尸体和腐烂的饲料中含有大量的肉毒梭菌毒素。本病无传染性。各种畜禽均有易感性,动物只有食入被肉毒梭菌毒素污染的饲料、饮水后才能发病,所以该病多呈散发或地方性流行。

(2)临床症状。患病初期常表现兴奋症状,共济失调,步态强硬。行走时头弯于一侧或做点头运动,尾向一侧摆动。流涎,有浆液性鼻漏。腹式呼吸,终至呼吸麻痹死亡。

(3)剖检变化。尸体剖检无特异性变化,咽喉黏膜、胃肠黏膜、心内外膜可能有出血斑点,肺可能充血、水肿,脑膜可能充血。

(4)实验室检查。取可疑饲料或病羊胃内容物,加 2 倍以上无菌生理盐水,充分研磨,做成悬液,置室温下浸出 1～2 h,离心取上清液,加抗生素处理后,分为 2 份。一份不加热,供毒素试验用;另一份经 100℃加热 30 min,供对照用。用鸡做试验时,吸取上述液体注射于眼皮下,一侧供试验用,另一侧供对照。注射量均为 0.1～0.2 mL。如注射后 0.5～2 h,注射未加热滤液一侧眼睑逐渐闭合(麻痹)而对照眼仍正常。试验鸡于 10 h 后死亡,则证明被检物内含有毒素。上述供试动物也可使用小白鼠、豚鼠等。

2. 防治措施

(1)预防。注意环境卫生,在牧场或畜舍内如发现有动物尸体和残骸应及时清除,特别注意不用腐败饲料饲草喂羊。平时在饲料中添加适量的食盐、钙和磷等矿物质,以防止动物发生异食癖,乱舔食尸体和残骸等。发现该病应及时查明毒素的来源,予以清除。

(2)治疗。发病早期可使用肉毒梭菌多价血清,同时使用盐类泻剂和洗胃、灌肠,以促进消化道内的毒素排除。据报道使用盐酸胍,以每千克体重 1 mg 的剂量治疗,可解除毒素引起的某些麻痹症状。遇有体温升高时,可注射抗生素或磺胺类药物,以防止继发肺炎。

○ 羊快疫

羊快疫是主要发生于绵羊的一种急性、致死性传染病,发病突然,病程极短。其主要特征为真胃呈出血性、炎性损害。病原为腐败梭菌,是一种革兰氏染色阳性的厌气大杆菌(图 11-2)。有的呈无关节长丝状,可产生多种毒素。在动物体内外均能产生芽孢,所以必须使用强力消毒药进

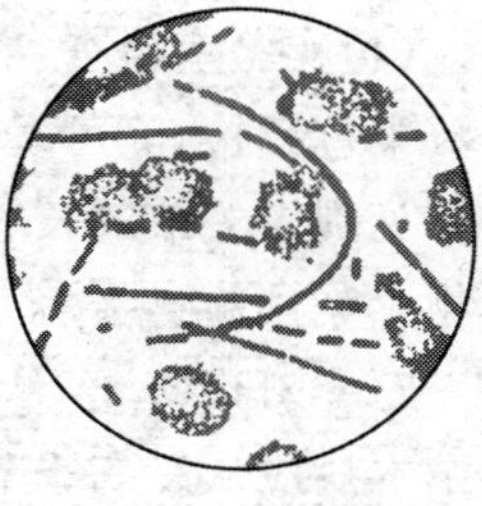

图 11-2　腐败梭菌

(肝脏表面触片放大 1 200 倍)

行消毒，如 20％漂白粉，3％～5％氢氧化钠等。

1. 诊断要点

(1)流行特点。绵羊比山羊易感，以 6～8 月龄的羊多发，一般经消化道感染。腐败梭菌常以芽孢形式分布于低洼的草地、熟耕地及沼泽地之中。羊采食被污染的饲料和饮水后，芽孢便随之进入消化道，一般情况并不发病，只有在秋冬和初春季节，羊受寒或采食了冰冻带霜的草料和受肠道寄生虫的侵袭等，机体抵抗力低下时，容易诱发本病。病原大量繁殖产生的外毒素，使消化道黏膜，特别是真胃黏膜发生坏死和炎症。毒素刺激中枢神经系统，引起急性休克，病羊迅速死亡。该病以散发为主。

(2)临床症状。病羊往往来不及表现症状，突然死亡。常见到患羊在牧场放牧时死亡或早晨发现死于羊圈内。死亡慢者表现离群、卧地、虚弱、行走困难、运动失调，腹胀、腹痛、腹泻，体温有的正常，有的升高。最后极度衰竭而昏迷，表现磨牙抽搐，口吐泡沫，常经数分钟至几小时死亡。很少有耐过者。

(3)剖检变化。病羊死后，尸体迅速腐败膨胀。剖检新鲜尸体主要是真胃的出血性炎症变化，胃底部及幽门附近的黏膜，常见有略低于周围正常黏膜的出血斑块和坏死区。黏膜下组织水肿，胸、腹腔及心包积液，心的内外膜和肠道有出血点，胆囊多肿胀。

(4)实验室检查。使用病死羊的肝脏被膜触片，以瑞氏或美蓝染液染色镜检，除可发现有两端钝圆、单在及呈短链的细菌之外，还可见到无关节的长丝状菌体链。必要时可进行细菌分离培养或动物感染试验。

2. 鉴别诊断

本病应从发病季节、病原形态和真胃病理变化等方面注意与羊肠毒血症、羊黑疫、羊炭疽进行鉴别，详见有关章节。

3. 防治措施

(1)预防：在该病的常发区，每年应定期注射有关预防羊快疫的单苗或混合苗(见附表 3)。当本病发生严重时,应及时转移放牧地。对所有尚未发病羊加强饲养管理,防止受寒,避免羊只采食冰冻饲料。同时可使用羊梭菌病三联苗、四联苗和五联苗进行紧急接种。

(2)治疗:该病由于病程短促常常来不及治疗。对病程稍长的病羊,可选用青霉素肌肉注射,剂量每次 80 万～160 万 U,每天 2 次;磺胺嘧啶内服,剂量每次 5～6 g,每天 2 次,连服 3～4 次;也可给病羊内服 10%～20%石灰乳,1 次 50～100 mL,连服 1～2 次。在使用上述抗菌药物的同时应及时配合强心、输液等对症治疗措施。

○ 羊肠毒血症

是由 D 型魏氏梭菌在羊的肠道中大量繁殖,产生毒素而引起绵羊的一种急性毒血症。本病发病急、死亡突然,其临床症状类似羊快疫,因此又称“类快疫”。剖检死后的病羊,肾脏呈现软泥状,肠道出血,所以又称“软肾病”、“血肠子”病。魏氏梭菌为革兰氏阳性的厌气性粗大杆菌,在动物体内能形成荚膜,故又称产气荚膜杆菌,可产生强烈的多种外毒素。

1. 诊断要点

(1)流行特点。本病多为散发,绵羊发生较多,山羊少见,尤以 2～12 月龄羊最易发病。在牧区多发于春末夏初,青草萌发和秋季牧草结子后的一段时期;在农区则常在蔬菜、粮食收获季节羊吃了多量蔬菜和大量谷类时发生此病,所以病羊多为膘情较好者。

(2)临床症状。本病发生突然,常常当晚不见症状,次晨死于圈内。病程稍缓者呈现腹痛、腹胀、离群呆立、嚼食泥土或其他异物。病初粪球干小,濒死期发生肠鸣腹泻,排出黄褐色水样粪便,有时混有血丝或肠伪膜。有的卧地或独自奔跑,出现四肢划动、全身颤抖、眼球转动、磨牙、头颈向后弯曲等神经症状。最后口、鼻流沫,常于昏迷中死亡。病羊一般体温不高,但血糖、尿糖常呈现升高的现象。

(3)剖检变化。肾脏表面充血,实质松软,呈不定形的软泥状(一般认为是死后的变化)。肝脏肿大、充血、质脆,胆囊肿大1～3倍,充满胆汁。小肠黏膜充血出血,严重者整个肠壁呈血红色或有溃疡。全身淋巴结肿大、充血,切面黑褐色。体腔积液,心外膜有出血点。

(4)实验室检查。采集小肠内容物、肾及淋巴结等制片染色镜检,可观察到具有荚膜的魏氏梭菌。同时利用小肠内容物滤液接种家兔、小白鼠、豚鼠等进行毒素检查及中和试验。以确定毒素的存在和菌型。

2.类症鉴别

本病应注意同炭疽、巴氏杆菌病和大肠杆菌病进行鉴别诊断。

3.防治措施

(1)预防:农、牧区春夏之际,应尽量减少抢青、抢茬,秋季避免过食结子饲草和蔬菜等多汁饲料。当羊群出现本病时要立即搬圈,转移到高燥的地区放牧。在常发地区应定期注射羊厌气菌病三联、四联或五联菌苗(方法见附表3)。

(2)治疗:对病程较缓慢的病羊,可使用青霉素肌肉注射,每80万～160万U,1天2次;内服磺胺脒8～12 g,第一天1次灌服,第二天分2次灌服;也可灌服10%石灰水,大羊200 mL,小羊50～80 mL,连服1～2次。此外,应结合强心、补液、镇静等对症治疗,有时尚能治愈少数病羊。

○ 羊猝狙

本病是由C型魏氏梭菌引起的一种毒血症,以急性死亡、腹膜炎和溃疡性肠炎为特征,十二指肠和空肠黏膜严重充血糜烂,个别区段有大小不等的溃疡灶。常在死后8 h内,由于细菌的增殖,于骨骼肌肌间积聚有血样液体,肌肉出血,有气性裂孔。以1～

2 岁的绵羊发病较多。

本病的流行特点、症状与羊快疫相似，这两种病常混合发生。诊断主要靠肠内容物毒素种类的检查和细菌的定型，其方法见肠毒血症的诊断。预防和治疗同羊快疫和羊肠毒血症。

○ 羊黑疫

又名羊传染性坏死性肝炎，是绵羊和山羊的一种急性高度致死性毒血症。该病以肝实质发生坏死性病灶为特征。病原为 B 型诺维氏梭菌，是呈革兰氏染色阳性的粗大杆菌。

1. 诊断要点

(1)流行特点。以 2～4 岁的膘情较好的羊多发，特别是由于肝片吸虫的寄生可诱发本病，所以在肝片吸虫流行地区和季节，在低洼潮湿的沼泽草地放牧的羊只发病较多。

(2)临床症状。该病的临床症状与羊肠毒血症、羊快疫极其相似，病程十分急促，常突然死亡。少数病例病程可拖至 1～2 天。表现掉群、不食、呼吸困难、体温升高、呈昏睡俯卧、无痛苦地突然死亡。

(3)剖检变化。病羊尸体皮下静脉显著充血，使其皮肤呈暗黑色外观，故有“黑疫”之称。肝脏表面和深部有直径数厘米大界限清晰的淡黄色或草绿色不整圆形的坏死灶。病灶周围常有一鲜红色充血带围绕，切面呈半月形。肝被膜的实质常见有肝片吸虫幼虫移行造成的出血区。真胃幽门部和小肠充血、出血。体腔多积液，心内膜有出血点。

(4)实验室检查。取肝脏坏死灶边缘组织涂片镜检，可见革兰氏阳性、两端钝圆、粗大的 B 型诺维氏梭菌，多数单在或两两相处，少数 3～4 个菌体连成短链。可将病理组织悬液给豚鼠肌肉注射，若系黑疫，则豚鼠死后剖检可见除了注射部位出血、水肿外，腹部皮下组织呈胶样水肿，透明无色或呈玫瑰色，厚度有时可达

1 cm，极为特征，具有诊断意义。也可在厌氧条件下分离细菌或通过卵磷酯酶试验检查毒素。

2. 类症鉴别

本病应与羊快疫、羊肠毒血症和羊炭疽进行鉴别诊断（见有关章节）。

3. 防治措施

（1）预防。在肝片吸虫病流行地区，对羊群每年至少安排 2 次定期驱虫。一次在秋末、冬初由放牧转为舍饲之前；另一次在冬末、春初，由舍饲改为放牧之前。药物可选用蛭得净（溴酚磷），羊每千克体重剂量 16 mg，1 次内服；或使用丙硫苯咪唑以每千克体重 15～20 mg 剂量，1 次内服；也可使用三氯苯唑以每千克体重 8～12 mg 剂量 1 次内服。定期注射羊黑疫菌苗、黑疫快疫混合苗或羊厌气菌五联苗（方法详见附表 3）。发病时将羊圈搬至高燥处，也可使用抗诺维氏梭菌血清早期预防，皮下或肌肉注射 10～15 mL，必要时可重复 1 次。

（2）治疗。对病程稍缓的病羊，可肌肉注射青霉素（用法同羊快疫），也可静脉或肌肉注射抗诺维氏梭菌血清，1 次 10～80 mL，连用 1～2 次。

○ 羔羊痢疾

是初生羔羊的一种急性毒血症。以剧烈腹泻和小肠发生溃疡为特征的急性传染病。病原为 B 型魏氏梭菌。

1. 诊断要点

（1）流行特点。主要发生在 7 日龄以内的羔羊，其中以 2～3 日龄羊发病最多。主要经消化道感染，也可通过脐带或创伤感染。当母羊在孕期营养不良，羔羊体质瘦弱，特别是大风雪过后，羔羊受冻，哺乳不当，饥饱不均时很容易诱发本病。

（2）临床症状。自然感染潜伏期 1～2 天，病初精神委顿，低头弓背，不想吃奶，即之发生腹泻，粪便恶臭，有的稠如面糊，有的稀薄如水，呈黄绿色或灰白色，后期有的还含有血液甚至成为血便。病羔逐渐虚弱，卧地不起。若不及时治疗，常于 1～2 天内死亡。少数病轻者，可能自愈。有的病羔只腹胀不下痢，或只排少量稀粪(可能带血或呈血便)，主要表现神经症状，四肢瘫软，卧地不起，呼吸急促，口流白沫，最后昏迷，头后仰。体温常降至常温以下，常在数小时到十几小时内死亡。

(3)剖检变化。尸体脱水严重，尾部常被稀粪污染。第四胃内常存有未被消化的凝乳块，小肠(尤其是回肠)黏膜充血发红，可见有很多直径 1～2 mm 大小的溃疡，在其周围有出血环带，有的肠内容物呈血红色。心内膜有出血点，肺常出现充血区或淤血斑。

(4)实验室检查。病原形态学检查和毒素检查方法同羊肠毒血症。在羔羊濒死期或刚死后立即采取病料作细菌学检查，如能分离出纯培养的致病菌株时具有诊断意义。

2. 类症鉴别

本病应注意与沙门氏菌引起的初生羔羊下痢和大肠杆菌病进行鉴别诊断。前者粪便内也夹杂有血液，第四胃和肠黏膜潮红并有出血点，从尸体脏器内可分离到沙门氏菌；后者是由大肠杆菌引起的羔羊下痢，用抗魏氏梭菌的免疫血清预防无效，而使用大肠杆菌免疫血清有一定预防作用。若从新鲜病料内分离出纯培养的大肠杆菌致病菌株则更具诊断意义。

3. 防治措施

(1)预防。对孕羊做到产前抓膘增强体质，产后保暖，防止受凉。合理哺乳，避免饥饱不均。做好圈舍及用具的消毒工作。一旦发病应随时隔离病羊。对未发病羊要及时转圈饲养。在常发疫点可采取药物预防。羔羊出生后 12 h 内，灌服土霉素 0.12～0.15 g，每天 1 次，连服 3 天。每年秋季及时注射羊厌气菌病五联苗，必要时可于产前 2～3 周再接种 1 次(方法详见附表 3)。

(2)治疗。可选用如下方法治疗:土霉素0.2～0.3 g、胃蛋白酶0.2～0.3 g,加水灌服,每天2次;磺胺胍0.5 g、鞣酸蛋白0.2 g、次硝酸铋0.2 g、碳酸钠0.2 g,加水灌服,每天3次;先灌服含0.5%福尔马林的6%硫酸镁溶液30～60 mL,6～8 h后再灌服1%高锰酸钾溶液10～20 mL,每天2次;如并发肺炎时可用青霉素、链霉素各20万U混合肌肉注射,每天2次。在使用上述药物的同时,要适当采取对症治疗措施,如强心、补液、镇静,食欲不好者可灌服人工胃液(胃蛋白酶10 g,浓盐酸5 mL,水1 L)10 mL或番木别酊0.5 mL,每天1次。

可配合中药疗法,对已下痢的病羔,可服用加减乌梅汤:乌梅(去核)、炒黄连、黄芩、郁金、炙甘草、猪苓各10 g,诃子肉、焦山楂、神曲各12 g,泽泻8 g,干柿饼(切碎)1个,上药研碎,加水400 mL,煎至150 mL,加红糖50 g为引,1次灌服。或服加味白头翁汤:白头翁10 g、黄连10 g、秦皮12 g、生山药30 g、山萸肉12 g、诃子肉10 g、茯苓10 g、白术15 g、白芍10 g、干姜5 g、甘草6 g,将上药水煎2次,每次煎汤300 mL,混合后每个羔羊灌服10 mL,1天2次。

○ 山羊传染性胸膜肺炎

该病又称"烂肺病",是由丝状霉形体引起的山羊特有的高度接触性传染病。以高热、咳嗽、肺和胸膜发生浆液性和纤维蛋白性炎症为特征。病原体为一种细小、多形性的微生物,革兰氏染色阴性,病菌主要存在病羊的肺、胸水和纵隔淋巴结中。

1.诊断要点

(1)流行特点。本病只发生于山羊,其他畜禽不感染,尤以3岁以下的山羊最敏感。病羊是主要的传染源。主要通过接触,经呼吸道感染。冬春枯草季节,羊只瘦弱,营养缺乏以及寒冷潮湿、羊群拥挤等因素,常可诱发本病。多呈地方性流行,一旦发病,在羊群中传播迅速。

(2)临床症状。多呈急性经过,病初体温升高,精神委顿。继之咳嗽,流浆液至脓性鼻漏,呈铁锈色。多在一侧出现支气管肺炎变化,叩诊肺部有浊音及实音区。听诊出现支气管呼吸音及摩擦音,按压胸壁有疼痛感,最后卧地不起,头颈伸直。有的发生腹胀、腹泻甚至口腔发生溃烂,唇、乳房皮肤出现疹块。孕羊发生流产,濒死前体温降至常温以下。急性病例不超过 4～5 天,一般病程 7～15 天。死亡率高达 60%～93.8%。

(3)剖检变化。主要病变在胸腔,多见一侧(有的两侧)肺脏发生明显肝变,病肺呈红灰色,切面呈大理石样,肺小叶间质增宽,界线明显。支气管淋巴结、纵隔淋巴结肿大。胸膜增厚、粗糙,有的与胸壁发生粘连。胸腔积有多量黄色胸水。

(4)实验室检查。采集肺、胸水及纵隔淋巴结进行细菌学的分离培养,镜检可见革兰氏阴性、极为细小的多形性菌体。

2. 类症鉴别

该病临床症状和病理剖检变化,与山羊巴氏杆菌病较为相似,但可从病原形态上进行区别。

3. 防治措施

(1)预防。提倡自繁自养,新引入的山羊,应隔离观察 1 个月确定无病后方可混群;对疫区的假定健康羊,每年用山羊传染性胸膜肺炎氢氧化铝苗接种(方法见附表 3)。病菌污染的环境、用具等应严格消毒。

(2)治疗。使用新砷凡纳明“914”治疗、预防本病有效,剂量:5 月龄以下羔羊 0.1～0.15 g、5 月龄以上羊 0.2～0.25 g,用灭菌生理盐水或 5%葡萄糖盐水稀释为 5%溶液,1 次静脉注射,必要时,间隔 4～9 天再注射 1 次。可试用磺胺嘧啶钠注射液,皮下注射,每天 1 次。病的初期可使用土霉素,以每天每千克体重 20～50 mg 剂量分 2 次内服,也可试用强力霉素、红霉素、泰乐菌素等药物治疗,效果明显。

❷ 病毒性传染病

○ 口蹄疫

口蹄疫俗称“口疮”、“蹄癀”，是偶蹄兽的急性高度接触性传染病。其特征是：在口腔黏膜、蹄部和乳房皮肤部位发生水疱和溃疡。其病原为口蹄疫病毒，该病毒在不同条件下容易发生变异，而变异后的各型之间抗原性不同，互相不产生交叉免疫，使得本病在诊断和疫苗的制造上增加了困难。

1. 诊断要点

(1)流行特点。本病在流行中最易感染的是牛，而绵羊、山羊次之，各种偶蹄兽及人也具有易感性。病畜是主要传染源，病毒以直接或间接的接触方式传播。主要经消化道感染，也可经黏膜和皮肤感染。该病传染性很强，一旦发生往往呈现流行性。新疫区发病率可达 100%，老疫区发病率在 50%以上。常呈现一定的季节性。如在牧区多为秋末开始，冬季加剧，春季减轻，夏季平息。

(2)临床症状。在病羊的口腔黏膜和蹄部的皮肤处形成水疱、溃疡和糜烂，有时也见于乳房。在水疱期病羊体温可升高至 40～41℃，精神沉郁，食欲下降。口腔损害常在唇内侧、齿龈、舌面及颊部黏膜发生水疱、糜烂、疼痛，流出带泡沫的口涎。如单纯在口腔发病，则经 1～2 周可痊愈。如累及蹄部时，跛行明显，病程可达 2～3 周，但死亡率不高。幼畜常为恶性口蹄疫，主要表现出血性胃肠炎和心肌炎变化，而不出现水疱，病死率可达 20%～50%。

(3)剖检变化。在口腔、蹄部、乳房等部位出现水疱、烂斑和溃疡。消化道黏膜可见出血性炎症变化，心包膜有散在出血点，心肌切面有灰白色或灰红色斑纹，称“虎斑心”，心肌松软，似煮熟状。

(4)实验室检查。为了尽快了解当地流行的口蹄疫的毒型，可采取病羊的水疱皮或水疱液，置 50%甘油生理盐水中，迅速送往有关单位，做补体结合试验鉴定毒型。也可送检病羊恢复期的血清进行乳鼠中和试验，以及其他血清学试验等以鉴定毒型。

2. 类症鉴别

应注意与羊传染性脓疱病和蓝舌病相区别，详见两病有关内容。

3. 防治措施

(1)预防。严格畜产品的进出口和地区间的检疫制度。当发现疫情时应及时向上级有关部门报告，同时在疫区严格实施封锁、隔离、消毒和做好紧急预防接种工作。

(2)治疗。本病一般不准许治疗，应就地扑杀，进行无害化处理。羊被感染后大多经 10～14 天可自愈，所以必要时可在严格隔离下作如下对症治疗，能促进病羊痊愈，缩短病程。除加强护理外，可使用食醋或 1%高锰酸钾洗涤口腔，糜烂面涂以 1%～2%明矾或碘甘油(碘片 7 g、碘化钾 5 g、酒精 100 mL，溶解后加入甘油 10 mL)，也可使用冰硼散涂布(冰片 15 g、硼砂 150 g、芒硝 18 g 研为细末)。蹄部使用 3%克辽林或来苏儿洗涤，然后涂以碘甘油或四环素软膏，用绷带扎好。乳房治疗可先用肥皂水或 2%～3%硼酸水清洗，然后涂以 1%龙胆紫溶液或抗菌消炎软膏等。

○ 羊传染性脓疱病

羊传染性脓疱病，又称羊口疮，是绵羊和山羊的一种由口疮病毒引起的一种传染病。其特征为口唇等部位皮肤和黏膜形成丘疹、脓疱、溃疡和结成疣状厚痂。该病毒对外界有相当强的抵抗力，暴露于夏季日光下的病变干痂其传染性达 30～60 天。

1. 诊断要点

(1)流行特点。本病多发于秋季，感染羊无性别、品种差异，以 3～6 月龄羔羊发病最多，常见群发。成年羊同样被感染，但很少发病，人和猫也可感染本病。传染源为病羊和其他带毒动物。皮肤或黏膜擦伤为主要感染途径。本病在羊群中可连续危害多年。

(2)临床症状。潜伏期 4～7 天，临床上分 3 型，也有混合型病者。

①唇型。是一种最常见的病型。病羊先在口角、上唇或鼻镜上发生散在的小红点，继之发展成水痘或脓疱，脓疱破溃后，形成黄色或棕色的疣状结痂。如为良性，经过 1～2 周内痂皮脱落恢复正常。严重病例，患部波及整个唇部、面部、眼睑和耳廓等部位，形成大面积龟裂和易出血的痂垢，痂垢下伴有肉芽组织增生。整个嘴唇肿大外翻呈桑葚状突起，严重影响采食。病羊日趋衰弱而死，病程可长达 2～3 周。个别病例常继发化脓菌和坏死杆菌感染，引起深部组织的化脓坏死。有的病例可波及口腔黏膜，发生口腔糜烂，影响采食吞咽。少数严重病例可因继发肺炎而死亡。

②蹄型。几乎只侵害绵羊，常在蹄叉、蹄冠或系部皮肤上形成水疱或脓疱，破裂后形成溃疡。如有继发感染，则化脓坏死变化可波及皮肤基部或蹄骨，病羊表现跛行，长期卧地。有的可能在肺脏、肝脏和乳房中发生转移病灶，常因衰弱或败血症死亡。

③外阴型。此型少见，有黏性和脓性阴道分泌物。肿胀的阴唇和附近皮肤发生溃疡，乳头、乳房的皮肤发生脓疱，烂斑和痂垢。公羊阴鞘和阴茎肿胀，出现脓疱和溃疡。单纯的外阴型很少有死亡。

2. 类型鉴别

根据临床症状，特别是病羊口角周围有增生性桑葚状突起，及流行情况不难做出诊断。本病应与羊痘和坏死杆菌病相互鉴别。羊痘的痘疹多为全身性的，而且体温升高，全身反应严重，结节呈圆形凸出表面，界线明显，呈脐状。坏死杆菌主要表现组织坏死，无水疱、脓疱和疣状增生物。必要时可通过补体结合试验或琼脂扩散试验进行血清学诊断。

3. 防治措施

(1)预防。保持皮肤黏膜不发生损伤,尽量清除饲料或垫草中的芒刺和异物,并加喂适量食盐以减少啃土、啃墙。新购入的羊应隔离检查并对蹄部、体表进行消毒处理。发现病羊及时隔离治疗。被污染的草料应烧毁。圈舍、用具可用 2%氢氧化钠、10%石灰乳、20%热草木灰水或 0.1%～0.5%过氧乙酸进行喷洒消毒。

(2)治疗。对病羊可先涂以水杨酸软膏将痂垢软化,除去痂垢,用 0.2%～0.3%高锰酸钾冲洗创面或用浸有 5%硫酸铜的棉球擦掉溃疡面上的污物,再涂以 2%龙胆紫或碘甘油(5%碘酊加入等量的甘油)或土霉素软膏,每天 1～2 次。蹄部病患可将蹄部置于 5%福尔马林溶液中浸泡 1～2 min,连泡 3 次。也可加用 3%龙胆紫溶液、1%苦味酸液或土霉素软膏涂拭患部。

○ 绵羊痘

本病是各种家畜痘病中危害最严重的一种热性接触性传染病,具有典型的病理过程。以在无毛或少毛的皮肤和黏膜上发生特征性的痘疹。病原为绵羊痘病毒,对外界抗力较强,但一般消毒药物可将其杀死。在干燥环境中可存活 6～8 周。

1. 诊断要点

(1)流行特点。本病主要通过呼吸道感染,也可经损伤的皮肤、黏膜侵入机体。仅发生于绵羊,而且羔羊容易感染。主要在冬末春初呈地方性或广泛流行。

(2)临床症状。病羊体温高达 40～41℃,结膜潮红,鼻孔流出浆液或脓性分泌物,呼吸脉搏次数增加,经 1～4 天后在全身的皮肤无毛和少毛部位相继出现红斑、丘疹(结节呈白色、淡红色)、水疱(中央凹陷呈脐状)、脓疱。结痂脱落后并遗留一红色或白色瘢痕,后痊愈。非典型病例,不呈上述典型经过,常发展到丘疹期而终止,呈现良性经过,即“顿挫型”。有的病例有继发感染时痘疱发生化脓、坏疽恶臭，形成较深的溃疡，常为恶性经过，病死率可达20％～50％。

(3)剖检变化。前胃和第四胃的黏膜常发现有大小不等的圆形或半球形坚实结节，有的融合在一起形成糜烂或溃疡。咽和支气管黏膜也常出现痘疹，肺部有干酪样结节和卡他性炎症变化。

(4)实验室检查。可应用琼脂扩散试验检查血清抗体的存在，必要时可采集痘疱液、痘疱皮或痂皮经青霉素处理后，接种鸡胚的绒毛尿囊膜上或易感组织细胞，观察病变。

2. 类症鉴别

本病应注意与羊传染性脓疱病相区别，后者全身症状不明显，病变多局限于口、唇部，痂垢下肉芽组织增生明显。

3. 防治措施

发病后对病羊及其同群羊只及时扑杀销毁，并对污染场所进行严格消毒，防止病毒扩散；周围未发病羊只或受威胁羊群用羊痘鸡胚化弱毒疫苗进行紧急接种(方法详见附表3)。疫区内羊群每年定期进行预防接种。平时加强饲养管理，抓好秋膘，特别是冬春季适当补饲，注意防寒过冬。

○ 山羊痘

是山羊痘病毒引起的一种急性接触性传染病，只感染山羊。本病临床症状和病理变化与绵羊痘相似，主要在皮肤和黏膜上形成痘疹。在诊断时应与羊传染性脓疱性皮炎鉴别，后者发生于绵羊和山羊，病变主要局限于口唇和鼻周围的皮肤上形成水疱、脓疱，然后结痂。一般无全身反应。目前，对本病尚无特异的免疫预防制剂，防治措施参见绵羊痘病。

○ 蓝舌病

是由蓝舌病毒引起，由媒介昆虫“库蠓”传播的一种主要发生于绵羊的传染病。其特征是:病羊发热,白细胞减少,口腔、鼻腔和胃肠道黏膜呈溃疡性炎症变化。病羊乳房和蹄部也常出现病变。

1. 诊断要点

(1)流行特点。绵羊为主要的易感动物,以 1 岁左右绵羊多发,纯种美利奴羊更为敏感。病羊、病后带毒羊以及患病的牛、山羊和其他反刍兽动物常为隐性带毒者。本病发生与库蠓的分布密切相关,多发生于湿热的夏秋季节和池塘、河流分布广阔的潮湿低洼地区。

(2)临床症状。病初体温升高,稽留 2～3 天。病羊厌食、沉郁、落群、口流涎,上唇水肿可蔓延至面颊和耳部。口腔黏膜充血发绀呈青紫色,发热几天的,则形成溃疡、糜烂,致使吞咽困难。如继发感染可进一步引起局部坏死,出现口臭。常从鼻孔流出浆液性、脓性带血的分泌物,并在鼻孔周围结成干痂,引起呼吸困难,鼻腔黏膜和鼻镜糜烂出血。有的可引起蹄冠和蹄叶部炎症,呈现疼痛和跛行。病羊消瘦、衰弱。部分病例由于并发肺炎或胃肠炎而死亡,病程 6～14 天。

(3)实验室检查。病羊白细胞明显减少。为了确诊可采取早期病羊的血液,分别接种易感绵羊和已免疫绵羊。也可采取病料接种鸡胚或乳鼠分离病毒,进一步确定毒型。近年来使用补体结合反应、琼脂扩散沉淀试验和荧光抗体技术等诊断本病。

2. 类症鉴别

应与口蹄疫鉴别,口蹄疫为高度接触性传染病,而蓝舌病必须通过库蠓叮咬传播。临床上不出现水疱,不感染猪且人工不能感染豚鼠。

3. 防治措施

(1)预防。加强海关对畜产品的检疫工作,严禁从有此病的地区和国家购买牛、羊。非疫区一旦传入本病,应立即采取坚决措施,扑杀发病羊和与其接触过的所有易感动物,并彻底进行消毒处理。在疫区每年接种疫苗是防止本病的可靠方法。目前国外有鸡胚化弱毒疫苗和牛胎肾细胞致弱的组织苗,对绵羊有较好的免疫力。

(2)治疗。药物对本病毒无杀灭作用,但采取对症与加强护理相结合疗法,对加速病羊的康复,防止继发感染具有重要意义。先用食醋或0.1%的高锰酸钾溶液冲洗口腔,然后再使用1%～3%硫酸铜或1%～2%明矾及碘甘油涂拭糜烂面。也可使用中药冰硼散外敷患部治疗。蹄部病患可先使用3%来苏儿冲洗,再用碘甘油或土霉素软膏涂拭后以绷带包扎。对严重病例结合强心、补液。也可试用磺胺或抗生素类药物注射,以防止继发感染。

第 12 章　羊的主要寄生虫病

❶ 肝片吸虫病

是由肝片吸虫、大片吸虫寄生于牛、羊等反刍兽的肝脏、胆管内引起的慢性或急性肝炎、胆管炎，同时伴发全身中毒现象及营养障碍等病症的寄生虫病。危害相当严重，尤其可引起幼畜和绵羊的大批死亡。其他动物和人偶尔也可被感染。

○ 病原

肝片吸虫外观扁平叶状,体长 20～30 mm,宽 5～13 mm。新鲜虫体呈棕红色,固定后灰白色。虫体前端呈圆锥状突起,称头锥。头锥后方变宽,形成肩,从肩部以后逐渐变窄。体表生有很多小刺。口吸盘位于头锥的前端,腹吸盘位于肩水平线中部。生殖孔开口于腹吸盘前方。口孔位于口吸盘中央。

大片吸虫形态基本与肝片吸虫相似,只是身体较窄、较长、肩部不明显。肝片吸虫虫卵呈椭圆形,金黄色,长径 120～150 μm,宽径 70～80 μm,前端较窄,有一不明显的卵盖,后端较钝。在表面光滑、薄而透明的卵壳内充满许多卵黄细胞和一个胚细胞。

肝片吸虫产下的虫卵随粪便排出后,在水中孵出毛蚴,然后钻入中间宿主椎实螺体内,经多次无性生殖形成很多尾蚴,离开螺体在水生植物和水面上形成囊蚴,当牛、羊食入带有囊蚴的水草后而被感染。幼虫在动物体内移行最后到达肝胆管内寄生,经 2.5～4 个月发育为成虫(图 12-1)。

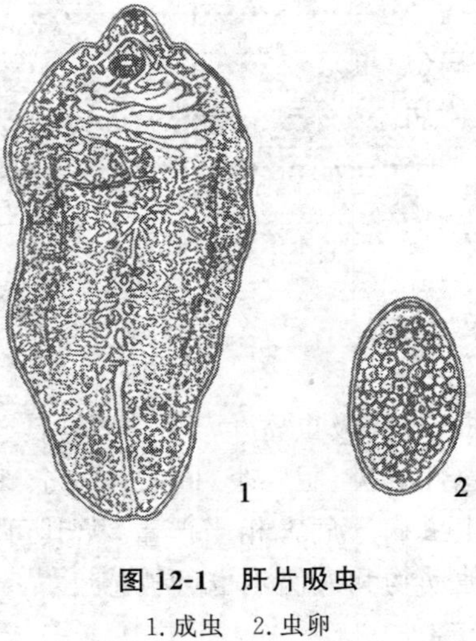

图 12-1　肝片吸虫

1. 成虫　2. 虫卵

○ 诊断要点

1. 流行特点

外界环境和季节对本病的流行有很大影响。常流行于河流、山川小溪和低洼、潮湿沼泽地带。特别在多雨年份和多雨季节由于淡水螺类剧增,本病流行严重。我国南方以 9～11 月份,北方 8～9 月份,牛、羊受感染最为严重。

2. 临床症状

急性型(童虫寄生阶段),多因短期感染大量囊蚴所致。病羊初期发热、不食、精神委顿、衰弱易疲劳、离群,肝区压痛明显,排黏液性血便,全身颤抖。红细胞及血红素显著降低,严重者多在几天内死亡。慢性型(成虫寄生阶段),主要表现消瘦、贫血、黏膜苍白黄染、食欲不振、异嗜、被毛粗乱无光、步行缓慢。在眼睑、颌下、胸腹下出现水肿,便秘与下痢常交替发生,最后可因极度衰竭死亡。

3. 剖检变化

急性死亡病例,可见急性肝炎和大出血后的贫血变化。肝脏肿大,包膜有纤维素沉积,常见有 2～5 mm 长的暗红色虫道,内有凝固的血液和少量幼虫。腹腔有血红色液体,呈现腹膜炎病变。慢性病例,剖检主要呈现慢性增生性肝炎和胆管炎变化。肝实质萎缩、退色、变硬、边缘钝圆,小叶间结缔组织增生,胆管肥厚,扩张呈绳索样突出于肝表面。胆管内有磷酸钙和磷酸镁等盐类沉积,而使内膜粗糙,刀切时有沙沙声。胆管内充满虫体(似木耳状)和污浊稠厚棕褐色的黏性液体。病羊出现明显的贫血、水肿现象。胸腹腔及心包内积液。

4. 实验室检查

常用水洗沉淀方法检查虫卵。注意应与前后盘吸虫卵相区别。肝片吸虫卵镜下呈金黄色,而前后盘吸虫卵为灰白色。对急性病例,因虫体尚未发育成熟,粪便内查不到虫卵时,必须结合病理剖检,在肝脏和胆管内是否有大量童虫存在。此外,生前还可应用沉淀反应、补体结合反应、酶联免疫吸附试验、对流电泳和间接血凝试验等免疫学诊断方法，均可取得较好的效果。

○ 防治措施

(1)必须采取综合性防治措施，才能取得较好的效果。包括以下内容：

①定期驱虫。在本病流行区每年应结合当地具体情况进行1～2次驱虫，一般可选择在秋末、冬初进行。如进行2次驱虫，另1次可安排在翌年的春季。

②粪便处理。对畜粪及时清理堆积发酵，杀死虫卵。

饮水及饲草卫生。尽可能避开在有椎实螺滋生的地方放牧，以防感染囊蚴。饮用水最好使用自来水、井水或流动的河水。

③消灭中间宿主。可结合水土改造破坏椎实螺的生活条件。沼泽地区可施用硫酸铜溶液(1∶50 000)或以2.5×10^{-6}质量分数的血防67灭螺。此外，还可辅以生物灭螺，如养鸭和其他水禽等。

(2)药物治疗：常用驱虫药物有如下几种。

①丙硫苯咪唑。剂量以每千克体重15～25 mg，1次口服。

②蛭得净(溴酚磷)。剂量为每千克体重16 mg，1次口服，对成虫和幼虫均有很高疗效。

③硝氯酚(拜耳9015)。剂量每千克体重4～5 mg，1次口服，驱成虫有高效。

④肝蛭净(三氯苯唑)。剂量每千克体重10 mg，1次内服，对发育各阶段的肝片吸虫均有效。

⑤碘醚柳胺。剂量按每千克体重7.5 mg 1次内服，对成虫和6～12周的未成熟的肝片吸虫均有效。

❷ 双腔吸虫病

是由矛形双腔吸虫和中华双腔吸虫寄生于牛、羊等多种反刍兽的肝胆管和胆囊内所引起的寄生虫病。此外，可寄生于猪、马属动物、犬、兔、猴等，也偶见于人。本病在全国各地均有发生，尤以西北、华北、内蒙古及东北地区最为常见，严重感染可引起羊、牛的死亡，危害严重（图 12-2）。

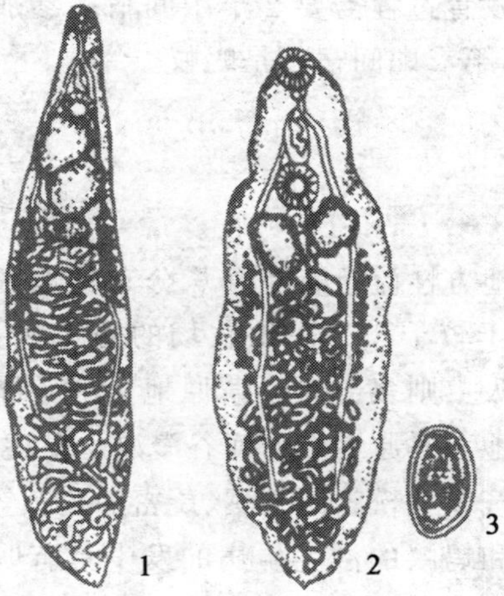

图 12-2　双腔吸虫

1. 矛形双腔吸虫　2. 中华双腔吸虫　3. 虫卵

○ 病原

矛形双腔吸虫：虫体扁平，呈柳叶状，新鲜虫体半透明，呈棕红色。肉眼可见到内部器官，固定后灰白色，表面光滑。前端尖细，后端较钝，又好似矛状。体长 5～15 mm，宽 1.5～2.5 mm。腹吸盘大于口吸盘，两个近圆形的睾丸前后或斜列于腹吸盘之后。睾丸后方偏右侧为卵巢和受精囊。卵黄腺呈颗粒状，分布于虫体中部两侧，虫体后部是充满虫卵的子宫。虫卵椭圆形，暗褐色，卵壳厚，不对称，一端有明显的卵盖。卵内含有一个毛蚴。虫卵大小为（38～45）μm×（22～30）μm。

中华双腔吸虫:其形态基本与矛形双腔吸虫相似。不同之处是前者两吸盘大小近于相等,腹吸盘前方的体部呈头锥状,其后两侧似肩样突起,虫体较为宽、短。虫卵与矛形双腔吸虫卵相似(图12-2)。

双腔吸虫的发育过程需要 2 个中间宿主参加,第一中间宿主是陆地螺(蜗牛),第二中间宿主是蚂蚁。

○ 诊断要点

1. 流行特点

本病呈明显地方性流行特点。从分布的地区特点来看,矛形双腔吸虫多分布于较干燥的高山牧场的灌木丛及高原的阳坡地带。而中华双腔吸虫则多分布于草原地区的沼泽、苔草地段以及丘陵区的山间谷地和平原地带的河谷漫滩。上述地带均具备一个终年温暖潮湿的气候及松软的土壤、茂密的植被等特点,很适于中间宿主陆地螺蛳和蚂蚁的滋生。病的发生具有明显的季节性,一般夏、秋季感染而多在冬、春季发病。

2. 临床症状

羊的症状表现可因感染强度不同而有所差异。轻度感染的羊只常不显临床症状。严重感染时则表现精神沉郁,食欲不振,黏膜苍白黄染,颌下水肿,腹胀,下痢,行动迟缓,渐进性消瘦,终因极度衰竭死亡。有些病羊常继发肝源性感光过敏症。其表现为,多在阳光明媚的上午(10～11 时)放牧时,突然发生耳和头面部急性肿胀(水肿),影响采食视物,全身症状恶化,常常引起死亡。不死者肿胀很难消退,往往形成大面积破溃、渗出、结痂或继发细菌感染等。

3. 剖检变化

肝脏肿大变硬,胆管扩张,管壁增厚,周围结缔组织增生,挤压切开的肝脏断面,常见从大、小胆管内流出多量黄白色脓性物质,内含有大量发育不同阶段的虫体和虫卵。胆囊肿大,同样在胆汁内也混有大量发育不同阶段的虫体和虫卵。

4. 实验室检查

生前主要依靠粪便水洗沉淀法查出虫卵(方法同肝片吸虫病)。

○ 防治措施

药物治疗:常用驱虫药物如下。

①海涛林。剂量以每千克体重 30～80 mg,1 次灌服,对双腔吸虫病有特效。

②丙硫苯咪唑。剂量以每千克体重 30～40 mg,1 次灌服。

③吡喹酮。剂量以每千克体重 60～80 mg,1 次灌服。

④噻苯唑。剂量以每千克体重 150～200 mg,1 次灌服。

❸ 前后盘吸虫病

是由前后盘科的各属吸虫寄生而引起的寄生虫病。成虫主要寄生于牛、羊等多种反刍兽的瘤胃壁上,有时在网胃、瓣胃也可发现,一般危害不大。而幼虫阶段,则因在发育过程中移行于真胃、小肠、胆管、胆囊,可造成较严重的疾病,甚至死亡。

○ 病原

前后盘吸虫的种、属很多,虫体的大小和颜色不同,有的呈淡红色或乳白色。但它们的共同特征是:虫体呈圆柱形、圆锥形或长梨形,2 个吸盘,口吸盘位于虫体前端,腹吸盘位于虫体的后端,并明显大于口吸盘,所以称之为前后盘吸虫。

前后盘吸虫的发育与肝片吸虫相似,其中间宿主为淡水螺类——扁卷螺。

虫卵椭圆形,灰白色,大小(以常见的鹿前后盘吸虫为例)为(114～176) μm×(73～100) μm,一端有卵盖,卵黄细胞不充满虫卵，两端空隙较大，有时可见内含一圆形胚细胞。

○ 诊断要点

1. 流行特点

该病主要发生于夏、秋季节。其中间宿主分布广泛，几乎在沟塘、小溪、湖沼、水田中均有大量扁卷螺，在低洼潮湿地区也有大量小椎实螺滋生，与本病的发生流行有直接关系。

2. 临床症状

本病常因童虫在体内移行时而表现出明显症状。患羊表现顽固性腹泻，粪便常有腥臭味，体温有时升高，消瘦，贫血，颌下水肿，黏膜苍白，后期因极度消瘦衰竭死亡。

3. 剖检变化

可见尸体消瘦，黏膜苍白，唇和鼻镜上有浅在的溃疡，腹腔内有红色液体，有时在液体内还可发现幼小虫体。真胃幽门部、小肠黏膜有卡他性炎症，黏膜下可发现幼小虫体，肠内充满腥臭的稀粪。胆管、胆囊膨胀，内有童虫。成虫寄生部位损害轻微，常可在瘤胃壁的胃绒毛之间吸附有大量成虫。

4. 实验室检查

生前诊断可用沉淀法或直接涂片方法镜检粪便内的虫卵。应注意与肝片吸虫卵相区别。

○ 防治措施

1. 预防

参照肝片吸虫病。

2. 治疗

可选用下列药物：

氯硝柳胺（灭绦灵） 剂量按每千克体重 75～80 mg，1 次灌服，对童虫效果较好。

❹ 东毕吸虫

是由东毕属的吸虫寄生在牛、羊等反刍兽和其他多种动物的门静脉、肠系膜静脉内，引起贫血、消瘦与营养障碍等疾患的一种寄生虫病。其尾蚴也可引起人的皮肤炎症，但不能在体内发育。本属中较常见的虫种有土耳其斯坦东毕吸虫、彭氏东毕吸虫及土耳其斯坦东毕吸虫变种 3 种，其中以前 2 种较为普遍。

○ 病原

东毕属吸虫的形态共同特征为：虫体乳白色，圆形线状，略弯曲雌雄异体。雄虫有睾丸 70～80 个，从腹吸盘以后的体壁向腹面卷曲形成"抱雌沟"。雌虫较细长，通常雌雄虫体呈合抱状态。虫体大小以常见的土耳其斯坦东毕吸虫为例：雄虫平均长度为 4.47 mm，宽 0.39 mm；雌虫平均长度为 4.83 mm，宽 0.095 mm。虫卵呈椭圆形无卵盖，长 72～77 μm，宽 18～26 μm。卵的两端各有一附属物，一端尖一端较钝。子宫内通常只有一个虫卵，见图 12-3。

东毕吸虫的发育均需经过成虫、虫卵、毛蚴、母胞蚴、子胞蚴、尾蚴、童虫等阶段。其中胞蚴及尾蚴需在中间宿主椎实螺的肝脏中发育，并通过无性繁殖大量增殖(成数千倍的增加)。

○ 诊断要点

1. 流行特点

东毕吸虫在我国主要分布于长江流域及长江以北各省区，特别在几个大的牧区普遍存在，其宿主广泛。感染方式，主要是牛、羊在饮水或涉水过程中，尾蚴直接钻入四肢皮肤侵入体内，个别尾蚴也可经消化道黏膜感染。

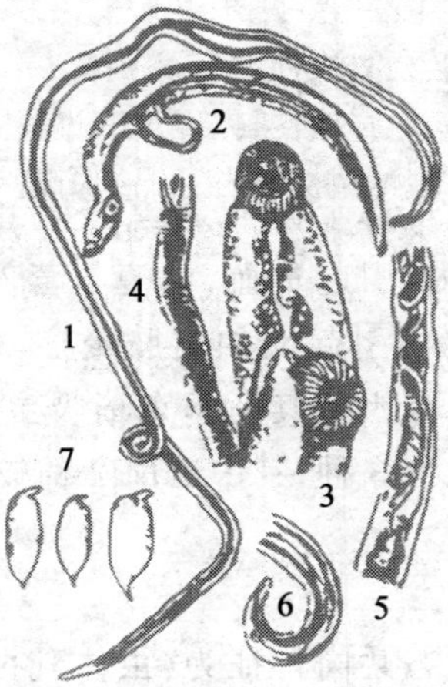

图 12-3　土耳其斯坦东毕吸虫

1. 雌虫　2. 雌雄合抱　3. 雄虫头端　4. 雌虫卵黄腺部分　5. 卵巢部分　6. 雌虫尾端　7. 虫卵

2. 临床症状

牛、羊患本病多呈慢性经过，只有当突然感染大量尾蚴后，常为急性发病，表现体温升高，似流感症状，食欲减退，精神沉郁，呼吸迫促，有浆液性鼻漏，下痢，消瘦等，常可造成大批死亡。一经耐过则转为慢性。感染强度低的羊，缺乏急性表现。慢性病例一般呈现黏膜苍白黄染，下颌及腹下水肿，腹围增大，消化不良，软便或下痢。幼羊发育停滞，母羊不发情、不孕或流产。

3. 剖检变化

尸体明显消瘦，贫血，腹腔内有大量腹水。严重感染病例，肠系膜、大网膜及浆膜层呈胶样浸润，小肠黏膜，有出血点或坏死灶，肠系膜淋巴结水肿坏死。肠系膜静脉内有成虫寄生。肝脏初期肿大，后期萎缩变硬，被膜增厚呈灰白色，肝脏表面凹凸不平，布满大小不等的灰白色结节。

4. 实验室检查

对可疑病例可采取锦纶筛兜集卵涂片镜检法或虫卵孵化法检查粪便内有否虫卵。因东毕吸虫排卵极少，因此，必须收集大量粪便，先经水洗过筛（40～60 目）弃去筛上粪渣，取滤下液的沉淀物再置锦纶绢筛中，用水反复冲洗，直至冲出的水无色为止。取绢筛中的沉淀物涂片镜检。或将绢筛中的沉淀物放入瓶中，加水少许，置 25℃左右温度下任其自然孵化，每隔 2 h 观察 1 次是否有毛蚴出现。有毛蚴时，可见水中有小白点在不规律地游动，可用吸管吸出后在镜下观察。此外，也可试用皮内变态反应等方法进行生前诊断。

○ 防治措施

（1）预防。同肝片吸虫病。

（2）治疗。常用药物如下：

①吡喹酮。剂量每千克体重 60～80 mg，分 2 次内服。

②硝硫氰胺。剂量按每千克体重 4 mg，配成 2%水悬液，颈静脉 1 次注射。

③敌百虫。剂量，绵羊每千克体重 70～100 mg；山羊每千克体重 50～70 mg，1 次内服。

也可应用敌百虫、硫酸铜等药物杀灭水源内的毛蚴、尾蚴，以防止牛、羊被感染。

❺ 脑多头蚴病

本病是由多头绦虫的幼虫——多头蚴（或称脑包虫）等寄生于绵羊、山羊脑及脊髓内引起的一种绦虫蚴病。其临床特征为周期性的转圈运动。

○ **病原**

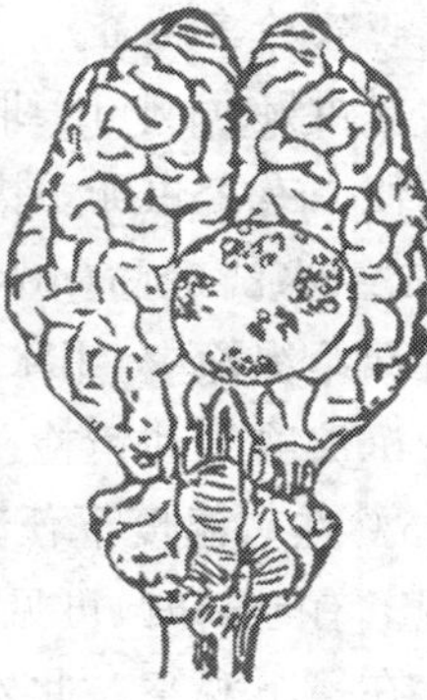

图 12-4　寄生在羊脑部的多头蚴包囊

多头蚴呈囊泡状，小如豌豆粒，大的至鸡蛋大，囊内充满透明液体。在囊的内壁上有 100～250 个头节(原头蚴)，其直径为 2～3 mm。成虫为多头绦虫，寄生于犬、狐、狼的小肠内。虫体长 40～80 cm。头节小，有 4 个吸盘，顶突上有两排角质小钩。虫卵直径 29～37 mm，呈球形，外被一层辐射线条状的胚膜，内含 1 个六钩蚴(见图 12-4)。

○ **诊断要点**

1. 流行特点

犬等肉食兽吞食了含有多头蚴的脑，多头蚴内的每 1 个原头蚴在其小肠内均可发育成 1 条绦虫，成熟后即可见孕节排出。当羊等食入被孕节或虫卵污染的饲草、饮水后，每 1 个六钩蚴即可在脑部形成 1 个多头蚴。因此，无论在牧区或农区只要有养犬的习惯，绵羊或牛就可感染本病。

2. 临床症状

初期由于幼虫移行可引起羊脑和脑膜的急性炎症，常见离群、目光无神、减食、行动迟缓，呈现无任何规律的强制运动。重者精神高度沉郁，步态蹒跚，头转向一侧或转圈，个别出现癫痫发作。由于多头蚴在脑部的寄生部位不同，病羊常呈现：头高举、下垂、偏于一侧或头抵障碍物不动；有的做直线运动或转圈运动等，并常为周期性发作；也有的出现痉挛和失明。病的后期，寄生部位骨质松软甚至穿孔。病羊常因急度衰弱死亡。

本病患羊表现出一系列特征性神经症状，容易确诊，但应与羊莫尼茨绦虫病、羊鼻蝇蛆病以及其他脑部疾患的神经症状相区别，即这些病均不出现头骨变软、变薄和皮肤隆起现象。

3. 剖检变化

急性死亡病羊呈现脑膜炎和脑炎病变，在脑部还可见六钩蚴移行时留下的弯曲伤痕。慢性病例可在脑、脊髓的不同部位发现数量不等的囊状多头蚴。

4. 实验室检查

生前可使用多头蚴囊液、头节或多头蚴膜制成变应原进行变态反应诊断。

方法　将变应原以 10%生理盐水作 1∶20 倍稀释成乳剂，在绵羊上眼睑皮内注射 0.2 mL，患羊注射 1 h 后，呈现皮肤肥厚肿大(2.1～4.2 mm)，并保持 6 h。

○ 防治措施

(1)预防。防止犬等肉食兽食入带多头蚴的脑、脊髓，对患畜的脑和脊髓应烧毁或做深埋处理。对护羊犬和家犬应用吡喹酮(每千克体重 5～10 mg，1 次内服)或氢溴酸槟榔碱(每千克体重 1.5～2 mg，1 次内服)定期驱虫。对野犬、豺、狼、狐狸等终末宿主应予以捕杀。

(2)治疗。对早期病例可试用吡喹酮治疗，剂量为每天每千克体重 50 mg 内服，连用 5 天为一个疗程。对晚期病例，可采取手术摘除。方法是：定位后，局部剃毛、消毒，将皮肤作“U”字形切口，打开术部颅骨，先用注射器吸出囊液，再摘除囊体，然后对伤口作一般外科处理。为防止细菌感染，可于手术后 3 天内连续注射青霉素。也可不作切口，直接用注射针头从外面刺入囊内抽出囊液，再注入 95%酒精 1 mL。

❻ 棘球蚴病(包虫病)

本病是由细粒棘球绦虫的幼虫期——棘球蚴,寄生在绵羊、山羊、牛、猪、骆驼及其他动物和人的肝、肺等脏器组织内引起的一种人、兽共患的绦虫蚴病。其成虫寄生在犬、狼、狐及其他肉食动物的小肠内。本病不但给畜牧业造成严重经济损失,对公共卫生的影响很大,严重威胁着人类生命安全。

○ 病原

棘球蚴为充满无色透明液体的囊泡,大小不一。在囊泡内膜上(生发层)生长许多头节(原头蚴)或含有头节的生发囊(子囊),子囊内还可产生头节和生发囊。有的子囊还可产生外生囊。这样一个发育良好的棘球蚴内所含有原头蚴(头节)可达上百万个。肉眼观察这些游离在囊液内的子囊和头节很似砂粒,所以又将其称为棘球砂。有的囊泡内无头节生成,称不育囊。不育囊牛为90%,羊为8%,猪为20%,这表明羊是棘球蚴最适宜的中间宿主(图12-5)。

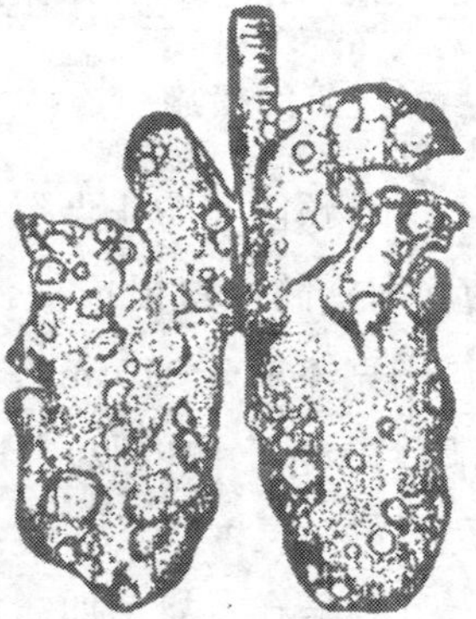

图 12-5 患棘球蚴病的绵羊肺脏

细粒棘球绦虫的成虫很小,全长仅2～7 mm,由1个头节和3～4个节片组成。粪便内的虫卵直径32～36 μm,外被一层辐射状的胚膜,内含1个六钩蚴。

○ 诊断要点

1. 流行特点

棘球蚴病分布广泛，常呈地方性流行，尤以西北、东北、内蒙古、华北等地较为常见。犬、狼为散播病原的主要来源，被虫卵污染的饲草和饮水可直接感染宿主。初期临床无明显症状，严重感染时患羊表现被毛粗乱，发育不良，消瘦。肺部感染时表现呼吸困难、咳嗽。肝脏感染时，表现消瘦、贫血、黏膜黄染。按压肺、肝区可引起疼痛，严重者常引起死亡。

2. 剖检变化

病变主要在虫体经常寄生的肝脏和肺脏。可见肺、肝表面凹凸不平，有数量不等的棘球蚴包囊突出于肝肺表面，肝、肺实质中也可发现大、小不等的棘球蚴包囊。除不育囊外，吸取囊液可见大量棘球砂。有时棘球蚴也可发生钙化和化脓。此外，在其他脏器、肌肉及皮下偶尔也可发现棘球蚴。

3. 实验室检查

生前诊断可应用皮内变态反应试验。方法是：以新鲜棘球蚴的囊液加入 0.01%的硫柳汞，置冰箱过夜，沉淀后取上层液经无菌操作过滤，得到不含头节的囊液作为抗原，于剪毛消毒后的颈部皮肤上作皮内注射。5～15 min 后，如注射局部出现 0.2～2 cm 的肿胀或水肿红斑，即为阳性反应。此方法与感染其他绦虫蚴的羊能产生交差反应，故准确率仅为 70%左右。此外，也可试用其他免疫学诊断方法进行生前诊断。

○ 防治措施

1. 预防

加强兽医卫生检验工作，对有病脏器一律深埋或烧毁，严禁用来喂犬和随便丢弃；饲草、饮水防止被犬粪污染。对牧羊犬和家犬至少每个季度进行 1 次驱虫，常用药物有吡喹酮，剂量每千克体重

5～10 mg,1 次内服;或用氢溴酸槟榔碱,剂量每千克体重 1～4 mg,1 次内服。服药后应拴留一昼夜,并将所排出的粪便烧毁或深埋处理,以防病原扩散。对野犬、狼、狐狸等终末宿主应予以捕杀。

2. 治疗

目前对本病尚无有效治疗方法,比较可靠的方法是手术摘除棘球蚴或切除被寄生的器官。但很少用于家畜的治疗。

❼ 羊绦虫病

是由莫尼茨绦虫、曲子宫绦虫和无卵黄腺绦虫寄生于绵羊、山羊和牛的小肠内引起的一种寄生虫病。其中以莫尼茨绦虫危害最严重。特别是羔羊和犊牛被感染时,轻者影响生长发育,严重感染常可造成死亡。以上 3 种绦虫即可单独感染,也可混合感染。

○ 病原

1. 莫尼茨绦虫

常见有扩展莫尼茨绦虫和贝氏莫尼茨绦虫两种。两者外观形态相似难以区别,均为大型绦虫。虫体扁平带状,乳白色,由头节、颈节及链体部组成。长 1～6 m,宽约 16 mm(两者相比,后者较宽且长)。头节呈球形,有 4 个圆形吸盘。每一成熟节片内有两组生殖器官,生殖孔分别开口在每个节片的两侧缘。每个节片后缘,布有节间腺。扩展莫尼茨绦虫节间腺呈均匀的颗粒状;贝氏莫尼茨绦虫节间腺呈短线状,分布于每个节片后缘中部。扩展莫尼茨绦虫虫卵浅灰色,呈三角形或圆形,直径 50～60 μm,内含梨形器和六钩蚴;贝氏莫尼茨绦虫虫卵呈扁方形或圆形,内含梨形器和六钩蚴(图 12-6)。

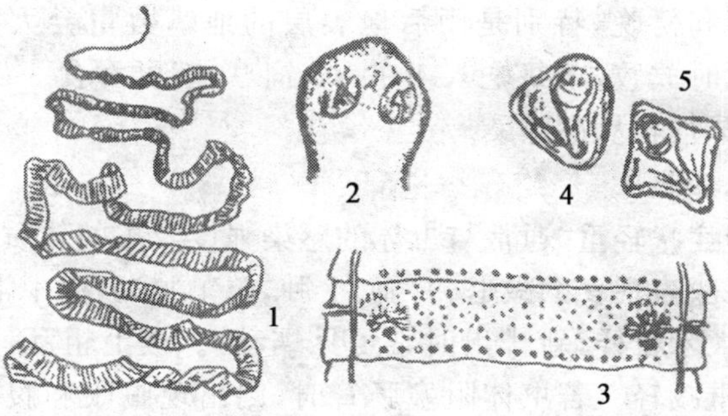

图 12-6　莫尼茨绦虫

1. 成虫　2. 头节　3. 成熟节片　4、5. 虫卵

2. 曲子宫绦虫

也呈乳白色，虫体长 1～2 m、宽约 12 mm，每个节片有一组生殖器官，生殖孔不规则地交互开口于虫体两侧，使虫体边缘呈不规则的锯齿状。子宫长弯曲极多，呈波浪状，内含有许多卵袋，每个卵袋内有 3～8 个虫卵。虫卵近于圆形，无梨形器，内含一个六钩蚴。

3. 无卵黄腺绦虫

是反刍兽绦虫较为纤细的一类，虫体长 2～3 m，宽仅为 3 mm，每个节片有一套生殖器官，无卵黄腺。虫卵内无梨形器，有六钩蚴。

○ 诊断要点

1. 流行特点

该病在全国广泛分布，但在三北牧区流行更为普遍。以上 3 种绦虫在发育过程中，幼虫阶段必须在中间宿主地螨体内发育成似囊尾蚴以后才能感染家畜。所以，本病的发生、流行与中间宿主地螨的分布有直接关系。在森林牧场或有灌木丛的地带，以草层较厚腐殖质较多的地方，土壤螨的种类和数量也最多。夏、秋时节的每天早晨和傍晚，特别是雨后地表层的地螨数量会大大增加。有报道在此时放牧，羊每吃入 1 000 g 饲草，就可吞食 3 200 多个地螨，所以羊很容易被感染。

2. 临床症状

患羊的症状轻重，通常与虫体的感染强度及羊的体质、年龄密切相关。一般表现食欲减退、贫血、水肿，羔羊腹泻，粪中常混有虫体节片（呈大米粒样，新排出时常可见蠕动）。被毛粗乱，喜卧，起立困难，体重减轻。若虫体阻塞肠管时，则出现腹胀和腹疼表现，严重者因肠道破裂死亡。有的病羊也可出现转圈、肌肉痉挛或头向后仰等神经症状。后期患羊卧地不起，常作咀嚼样运动，口周围有泡沫流出，反应丧失，直至全身衰竭死亡。

3. 剖检变化

尸体瘦弱贫血，可在小肠内发现数量不等的虫体。寄生部位呈现卡他性炎症变化。有时可见肠扩张、套叠乃至肠破裂。肠黏膜、心内膜和心包膜有明显的出血点，脑内见有出血性浸润和出血，腹腔及颅腔有渗出液。

4. 实验室检查

可使用饱和盐水漂浮法检查粪便内的虫卵。

对因绦虫尚未成熟，粪便内无节片和虫卵的可疑患病羊，可进行诊断性驱虫。如发现排出虫体或病情好转，即可做出诊断。

○ 防治措施

1. 预防

根据本病的季节动态，在流行区对羊群进行成虫期前驱虫，即在羊开始放牧 30 天后进行第 1 次驱虫，经 10～15 天再行第 2 次驱虫，可防止牧场被污染。避免在雨后、清晨或傍晚放牧，以减少羊只食入地螨的机会。有条件的地方，最好实行牛、羊与马属动物轮牧。

2. 治疗

可选用如下药物：

①丙硫苯咪唑(阿苯哒唑)。剂量按每千克体重 10～16 mg,1 次内服。

②苯硫咪唑(芬苯达唑)。剂量按每千克体重 5～10 mg,1 次内服。

③吡喹酮。剂量按每千克体重 5～10 mg,1 次内服。

④灭绦灵(氯硝柳胺)。剂量按每千克体重 75～100 mg,早晨或空腹时 1 次灌服。

⑤甲苯咪唑。剂量按每千克体重 20 mg,1 次内服。

❽ 羊消化道线虫病

寄生于消化道内的线虫种类很多,且多为混合感染。各种消化道线虫引起的病状大致相似,对羊可造成不同程度的危害。其中以捻转血矛线虫最甚,也是每年春乏季节引起羊只大批死亡的重要原因之一,给养羊业造成巨大的经济损失。

○ 病原

寄生于羊消化道内的线虫种类很多,虫体多细小,线状,其长度在 4～30 mm,寄生部位及形态各异(表 12-1)。

表 12-1　羊主要消化道线虫特征

	寄生部位	虫体大小/mm		主要形态特征
		雄虫	雌虫	
捻转血矛线虫	真胃	15～19	18～30	雌虫呈红、白相间的麻花状,口囊内有一角质齿。雄虫交合伞背叶、背肋不对称,背肋呈倒“Y”形。虫卵的长度小于 85 μm
奥斯特属线虫(棕色胃虫)	真胃 小肠	10～12		虫体中等大小、棕色。虫卵较小
毛圆属线虫	小肠 真胃	3.5～7.5		虫体纤细,排泄孔距头端很近。交合刺粗短而扭转

续表 12-1

	寄生部位	虫体大小/mm		主要形态特征
		雄虫	雌虫	
古柏属线虫	小肠	4.7～11.0	5.3～11.4	呈红色或淡黄色，前端角皮膨大，并有许多横纹。雄虫交合伞侧叶大、背叶小，背肋分叉为“U”字形
细颈属线虫	小肠真胃	7.5～15	15～23	虫体前部细线状，后部较粗，头泡明显，交合刺细长，虫卵长度大于 130 μm
马歇尔属线虫	真胃	11.5～15.5	16～19.5	似棕色胃虫，但虫体较大，雄虫交合伞宽，背叶不明显，有附加背叶，外背肋和背肋细长，背肋远端分两枝，交合刺粗短。虫卵较大
毛首线虫(鞭虫)	盲肠	40～80		虫体前端细长(约占全虫的3/4)，后部较粗，形似鞭子“鞭虫”
仰口属线虫(钩虫)	小肠	12～17	15～21	虫体粗大，粉红色，口囊大，内有一个大背齿，两个亚腹齿，头弯向背侧，口缘有腹切板一对
食道口属线虫(结节虫)	大肠	12～16.5	16～22	虫体粗大，口囊不发达，多数有侧翼膜，在寄生部位形成坚硬结节
夏伯特属线虫(阔口线虫)	大肠	14.2～17.5	17～25	虫体粗大，呈淡黄色，口囊大，虫体前端略弯向腹侧，口孔由两圈锯齿状小叶冠围绕

以上各属线虫虫卵，除细颈线虫和马歇尔线虫卵个体较大外，其他各属线虫卵的形态特征都很相似，呈卵圆形或椭圆形，卵壳薄，光滑，呈灰白色或稍带黄色，内充满数量不等的胚细胞。在镜下很难鉴别。只有鞭虫卵形态较特殊，呈腰鼓状，两端有塞状物。

○ 诊断要点

1. 流行特点

该病在全国各地均有不同程度发生和流行。以西北、华北、内蒙古、东北广大牧区最为普遍。羊消化道线虫的发育均不需要中间宿主参加，多数种类的虫卵排到外界后即可孵出幼虫，幼虫经 2 次蜕皮后发育为第三期幼虫（侵袭性幼虫），即可经口感染宿主。从卵的排出到第三期幼虫的形成，需 6～7 天。也有的侵袭性幼虫（钩虫）可通过皮肤感染。虫卵对外界的抵抗力较强，最适发育温度为 20～30℃。只要温、湿度和光照适宜，特别在早、晚和小雨后的初晴天，草叶湿润，日光不十分强烈，这时幼虫大量向草叶上爬行。也是牛、羊被感染的最易发生时机（图 12-7）。有时在一个露滴内就含有几十条甚至上百条幼虫。

图 12-7　捻转血矛线虫发育史

1. 虫卵　2. 侵袭性幼虫

2. 临床症状

主要表现为消化紊乱，胃肠发炎，腹泻，消瘦，贫血，可视黏膜苍白，严重病例下颌水肿，幼畜发育受阻。少数病例体温升高，呼吸脉搏加快，心音减弱，最后因急度衰竭死亡。

3. 剖检变化

尸体消瘦贫血，内脏明显苍白，胸腹腔内常积有多量淡黄色液体，胃和肠道各段有数量不等的相应线虫寄生。大网膜、肠系膜有胶样浸润。肝、脾呈不同程度萎缩、变性。真胃黏膜水肿，有出血点。小肠、盲肠黏膜呈现卡他性炎症。大肠可见有黄色点状结节或化脓性结节与溃疡，当溃疡破溃后可见腹膜炎泛发性粘连和溃疡性化脓性肠炎等。

4. 实验室检查

生前可直肠取粪或采取新鲜粪便，应用饱和盐水漂浮法和直接涂片法镜检虫卵。必要时可进行虫卵计数。虫卵检查，除了毛首线虫卵、细颈线虫卵、仰口线虫卵、马歇尔线虫卵等具有特征外，其他各种虫卵均不容易区分辨认。加之各种线虫病的防治方法基本相同，所以在实践中勿需一一加以鉴别，只要在粪检中发现大量线虫卵存在。即：羊的每克粪便内含 1 000 个以上虫卵就应该驱虫，羔羊每克粪便含 2 000～6 000 个虫卵则认为是重感染。死后剖检可以在相应肠段发现虫体，加以鉴定，可区别是哪些线虫引起的疾病。

○ 防治措施

1. 预防

定期驱虫，一般可安排在每年秋末进入舍饲后（12 月份至翌年 1 月份）和春季放牧前（3～4 月份）各 1 次。但因地区不同，选择驱虫时间和次数可依具体情况而定；粪便要经过堆积发酵处理；羊群应饮用自来水、井水或干净的流水；尽量避免在潮湿低洼地带和早、晚及雨后时放牧（即：禁放露水草），有条件的地方可以实施轮牧。

2. 治疗

可选择下列药物：

①丙硫苯咪唑。剂量以每千克体重 5～20 mg，1 次内服。

②芬苯达唑。剂量以每千克体重 5～10 mg，1 次内服。

③甲苯咪唑。剂量以每千克体重 10～15 mg，1 次内服。

④左旋咪唑。剂量以每千克体重 10～15 mg，1 次内服，也可皮下或肌肉注射。

⑤阿维菌素或伊维菌素。剂量按每千克体重 0.2 mg,1 次皮下注射或内服。对体内的各种线虫和体表寄生虫均有杀灭作用。

⑥精制敌百虫。剂量绵羊按每千克体重 80～100 mg,山羊按每千克体重 50～70 mg,加水 1 次内服。

❾ 羊肺线虫病

是由网尾科的丝状网尾线虫和原圆科的多种线虫寄生于羊的气管、支气管、细支气管乃至肺泡所引起的以支气管炎和肺炎为主要症状的一种寄生虫病。其中丝状网尾线虫属于大型肺线虫,致病力强,常呈地方性流行,特别是在春乏季节可造成羔羊和幼龄羊的大批死亡。原圆科线虫较小,为小型肺线虫,危害较轻。

○ 病原

1. 丝状网尾线虫

虫体呈细线状,乳白色,肠管似一条黑线穿行体内。雌虫长 50～110 mm,雄虫长 30～80 mm,尾端交合刺短,呈靴形,黄褐色,为多孔性结构。新鲜粪便内的虫卵已孵化出幼虫(第一期幼虫),长 0.5～0.54 mm,头端有一纽扣样突起,尾端较钝。

2. 小型肺线虫

种类很多,其中以原圆属、缪勒属线虫分布最广,危害也较大。这类线虫都比较纤细,长为 12～28 mm,多呈棕色或褐色。其第一期幼虫较小,尾端均较纤细,常具背刺、刚毛。本科线虫的发育都需要经中间宿主陆地螺或淡水螺蛳来完成。

○ 诊断要点

1. 流行特点

丝状网尾虫幼虫,所需发育温度偏低,4～5℃就可发育,并可保持活力达 100 天。在 21℃以上时幼虫活动就受影响。所以肺线虫病在我国分布广泛,尤以西北等高寒地区为甚,是常见的蠕虫病之一。

2. 临床症状

羊群被感染的第一个症状就是咳嗽。先是个别羊发生,继之成群羊发作,特别是在早晨、夜间或被驱赶时咳嗽更为明显,常发出拉风箱似的呼吸声。严重时咳嗽频繁,常打喷嚏,有时咳出成团虫体和大量幼虫、虫卵。流黏性鼻液,干涸后形成鼻痂。有时分泌物黏稠,常拖悬在鼻孔下面。患羊逐渐消瘦,贫血,头部及四肢水肿,被毛粗乱,体温一般不高。羔羊症状较为严重,感染较轻的幼羊和成羊常呈慢性经过,症状不明显。

3. 剖检变化

尸体消瘦,贫血,肺膨胀不全和气肿,表面隆起,呈灰白色,触诊有坚硬感,切开时常有虫体。支气管黏膜混浊、肿胀充血,有小出血点,内充有黏性或脓性混有血丝的分泌物团块,团块内有成虫、虫卵和幼虫。

4. 实验室检查

使用漏斗幼虫分离方法,检查新鲜粪便内有否第一期幼虫,即可做出诊断。其操作步骤为:取新鲜粪便 15～20 g,放在带有粪筛(40～60 目)或垫有数层纱布的漏斗内,粪便不必捣碎,漏斗下接一短橡皮管,管下再接一小试管,加入 40℃温水至淹没粪球为止,静置 1～3 h。此时大部分幼虫游于水中,并沉于试管底部,然后用水止夹紧橡皮管,拔下底部小试管,取其沉渣,在显微镜下检查第一期幼虫。

○ 防治措施

1. 预防

在本病流行区,每年春、秋两季(春季在 2 月,秋季在 11 月份为宜)进行 2 次以上计划性驱虫。对粪便进行堆积发酵。羔羊与成羊分群放牧,有条件的地区,可实行轮牧。避免在低湿沼泽地区放牧。冬季应适当补饲，补饲期间每隔 1 天加喂硫化二苯胺(羔羊 0.5 g，成羊 1 g)对预防网尾线虫有效。

2. 治疗

①左旋咪唑。剂量以每千克体重 10 mg，1 次内服。

②丙硫苯咪唑。剂量以每千克体重 5～15 mg，1 次内服。

③氰乙酰肼(网尾素)。剂量以每千克体重 17 mg，1 次内服，连用 3 天；肌肉或皮下注射剂量为每千克体重 15 mg。

④乙胺嗪(海群生)。剂量以每千克体重 200 mg，1 次内服。该药适用于对早期幼虫的治疗。

⑤阿维菌素或伊维菌素。用法、用量见羊消化道线虫病。

⑩ 硬蜱

是硬蜱科多种蜱属蜱的简称，俗称“草爬子”、“草蜱”。是寄生于各种家畜和多种野生动物体表的吸血性外寄生虫。硬蜱除直接侵袭、危害畜体外，还是家畜各种梨形虫(焦虫)病和某些传染病的传播媒介。对羊危害十分严重(图 12-8)。

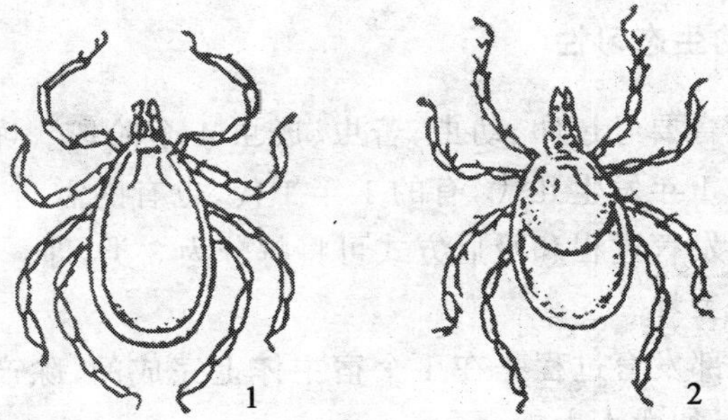

图 12-8　硬蜱

1. 雄虫　2. 雌虫

○ 病原

硬蜱的种类很多,其中与羊关系较密切的包括 6 个属,即硬蜱属、璃眼蜱属、革蜱属、血蜱属、扇头蜱属和牛蜱属。其共同的形态特征是:无头、胸、腹之分,三者融合为一体。虫体呈长椭圆形,背腹扁平,雌雄异体。大小相差悬殊,未吸血的雌蜱和雄蜱如同芝麻粒大小,而饱血后的雌蜱大如蓖麻子。

按其外部附器的功能与位置,可区分为假头与躯体两部分。假头包括假头基和口器;躯体的腹面,成虫、若虫各有 4 对腿,幼虫有 3 对腿。腹面前部正中为生殖孔(成虫),后部正中为肛门。有的蜱种在腹面还有几块几丁质板。躯体的背面最显著的构造是有角质的盾板,雌虫、若虫和幼虫的背盾板覆盖背部的前 1/3 处;雄虫背盾板覆盖整个背面。在盾板上有各种花纹、刻点和沟。有的蜱种在背盾板的前外侧缘上方有一对眼,有的蜱种在躯体后缘还具有方块形的花边(缘垛)等。在蜱的鉴定上常以肛沟的有无和位置、假头基的形状、须肢的长短、背盾板的颜色、眼和缘垛的有无,以及腹面的第一基节的形状和腹板的多少及有无等多种特征,来进行蜱的属、种鉴定。

○ 蜱的生态习性

蜱的发育要经过卵、幼虫、若虫、成虫 4 个阶段。卵在土壤内孵化。有的 1 年发生几代,有的 1 年 1 代,也有的需两三年发生 1 代。根据其发育过程和吸血方式可将蜱分为 3 类,即:

1. 一宿主蜱

蜱的全部发育过程是在 1 个宿主体上完成的,除产卵期外均不离开宿主,如微小牛蜱。

2. 二宿主蜱

蜱在全部发育过程中需要更换 2 个宿主,即在饱血若虫落地蜕皮后再侵袭第二个宿主，直至发育为成虫再落地产卵，如残缘璃眼蜱。

3. 三宿主蜱

全部发育过程需要更换 3 个宿主，即幼虫侵袭一个宿主经吸血发育后，落地蜕皮变为若虫。再侵袭第二个宿主吸血发育后落地蜕皮变为成虫。成虫再侵袭第三个宿主，成虫吸血后落地产卵，如长角血蜱、草原革蜱等。

我国硬蜱科蜱的分布、出没时间随着各地的气候、地理、地貌等自然条件不同而不同，有的蜱种分布于深山草坡及丘陵地带，有的多分布于森林及草原，也有的栖息于草原和农区的家畜圈舍及停留处。一般成蜱在石块下或地面的缝隙内越冬。蜱的活动季节也随蜱种的不同而不同，如草原革蜱，在我国的北方 2 月末就可出现在畜体上；华北地区的长角血蜱，在 3 月底就开始侵袭羊体，一直到 11 月中旬才消失。

羊被蜱侵袭，多发生于放牧采食过程中，寄生部位主要在被毛短少部位，特别是常密集于羊的耳壳内外侧、口周围和头面部，直至饱血后落地蜕化或产卵。

○ 蜱的危害

1. 直接危害

蜱侵袭羊体后，由于吸血时口器刺入皮肤可造成局部损伤，组织水肿、出血、皮肤肥厚。有的还可继发细菌感染引起化脓、肿胀和蜂窝织炎等。当幼羊被大量蜱侵袭时，由于过量被吸血，加之蜱的唾液内的毒素进入机体后，破坏造血器官，溶解红细胞，形成恶性贫血，使血液有形成分急剧下降。此外，由于蜱唾液内的毒素作用有时还可出现神经症状及麻痹，造成“蜱瘫痪”。

2. 间接危害

蜱可传播森林脑炎、莱姆病、布氏杆菌病、炭疽、立克次氏体等多种传染病。蜱也是各种家畜梨形虫病的必需宿主和传播媒介。

○ 防治措施

1. 消灭畜体上的蜱

(1)人工捕捉。在饲养量少、人力充足的条件下,要经常检查羊的体表,发现蜱时应及时摘掉(摘取时应与体表垂直向上拔取)销毁。

(2)粉剂涂擦。可用3%马拉硫磷、5%西维因等粉剂,涂擦体表,羊剂量30 g,在蜱的活动季节,每隔7～10天处理1次。

(3)药液喷涂。可使用1%马拉硫磷、0.2%辛硫磷、0.2%杀螟松、0.25%倍硫磷等乳剂喷涂畜体,剂量羊每次200 mL,每隔3周处理1次。也可使用氟苯醚菊酯,剂量每千克体重2 mg,1次背部浇注,2周后重复1次。

(4)药浴。可选用0.05%双甲脒、0.1%马拉硫磷、0.1%辛硫磷、0.05%毒死蜱、0.05%地亚农、1%西维因、0.002 5%溴氰菊酯、0.003%氟苯醚菊酯、0.006%氯氰菊酯等乳剂,对羊进行药浴。

此外,也可试用皮下注射阿维菌素或伊维菌素,剂量为每千克体重0.2 mg。

2. 消灭圈舍内的蜱

有些蜱如残缘璃眼蜱在圈舍的墙壁、地面、饲槽等缝隙中栖息,可先选用上述药物喷洒或粉刷后,再用水泥、石灰或黄泥堵塞。必要时也可隔离停用圈舍10个月以上或更长时间,使蜱自然死亡。

3. 消灭自然界的蜱

根据具体情况可采取轮牧,相隔时间1～2年,牧地上的成虫即可死亡。也可在严格监督下进行烧荒,破坏蜱的滋生地。有条件时,可选择上述有关杀虫剂的高浓度制剂或原液,进行超低量喷雾。国外还试用以遗传防治和生物防治的方法灭蜱。

⑪ 螨病

又称疥癣，俗名“癞”。是由疥螨和痒螨引起的一种高度接触传染性皮肤病。其病症主要为剧痒、皮肤炎症、脱毛和消瘦。可在短期内感染整个羊群，危害相当严重(图 12-9)。

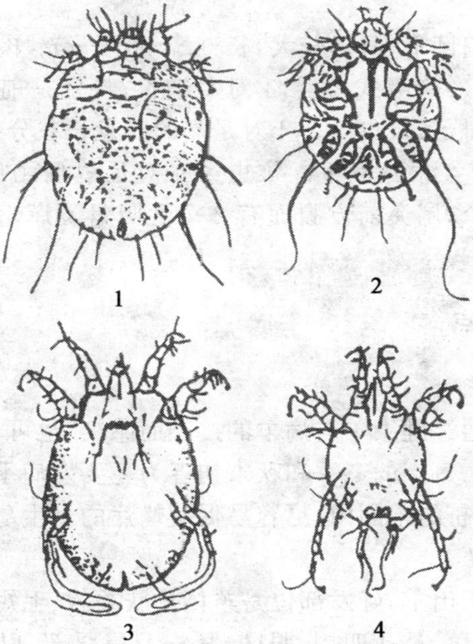

图 12-9　疥螨和痒螨

1. 疥螨雌虫　2. 疥螨雄虫　3. 痒螨雌虫　4. 痒螨雄虫

○ 病原

1. 疥螨

虫体很小呈扁圆形或龟形，长 0.2～0.5 mm，浅黄色，肉眼很难看见。镜下可见体表有很多刚毛和小刺，假头后方长有一对粗短的垂直刚毛，前端有一半圆形的咀嚼式口器。虫体腹面、前后各有两对粗短的足。后两对足均不突出于体的后缘。雄虫 1,2,4 对足，雌虫 1,2 对足的末端具有一钟形吸盘，被不分节的柄与肢端连接着，无吸盘的足末端具有长的刚毛。疥螨终生寄生在皮内，不断挖凿隧道，在隧道内生长、繁殖。

2. 痒螨

虫体呈长扁圆形，身体较大，长 0.5～0.9 mm，肉眼可见。口器较长，呈圆锥形刺吸式口器，4 对足细长，特别是前 2 对足较粗壮。雄虫前 3 对足，雌虫 1,2,4 对足端的吸盘长在分节的柄上，第 3 对足端各长有 2 根长刚毛。雄虫第 4 对足短且无吸盘和刚毛，尾端有尾突 2 个，尾突前方腹面有 2 个性吸盘。痒螨终生寄生于皮肤的表面。

○ 诊断要点

1. 流行特点

本病主要通过健康羊与病羊的接触而感染，也可借助圈舍、用具等间接传播。每年的冬季和秋末初春为主要发病季节。特别是在那些阴湿、拥挤的羊圈内，更容易促使螨病的发生蔓延。

2. 临床症状

疥螨多发于山羊，好发部位是羊体皮肤柔软、毛短的部位。常先侵害嘴唇、口角、鼻孔四周、眼圈、耳根及鼠蹊部，以后逐渐向周围蔓延。绵羊疥螨主要在头颈部明显，病变部位形成坚硬白色胶皮样痂皮，农牧民称之为“石灰头”病。痒螨多发生于绵羊，常发部位是被毛长而稠密的背部、臀部及体侧、尾根等处，是对绵羊危害最为严重的一种螨病。

由于螨虫的机械刺激和毒素作用，引起患羊剧痒，不时在围墙、栏杆等处摩擦、啃咬而脱毛，继之皮肤出现丘疹、结节、水疱，乃至脓疱，以后侧形成痂皮和龟裂、皮肤增厚。特别是当绵羊感染痒螨以后，背毛常成束结缕悬于羊体两侧，继之大面积脱落，甚至背毛完全脱光，体躯下部泥泞不洁。病羊表现贫血、消瘦，在寒冷的季节常常引起大批死亡。

3. 实验室检查

利用虫体检查法，可直接发现病原以做出诊断。

○ 类症鉴别

本病应注意与湿疹性皮炎、秃毛癣和毛虱鉴别。前者的痒觉不剧烈，无传染性，皮屑内查无虫体；秃毛癣（即真菌性皮炎），患部呈圆形或椭圆形，界线明显常覆盖淡黄色或白色干痂，易于剥落，痒觉不明显，通过10%氢氧化钾处理过的病料镜检，可发现癣菌芽孢或菌丝，而查不到螨虫；毛虱所致症状较轻，局部容易找到虱及卵，病料中也找不到螨虫。

○ 防治措施

1. 预防

每年定期对羊群进行药浴。对新引进的羊应隔离检查确定无螨寄生后再混群饲养。圈舍应经常保持干燥、通风，并定期清扫和消毒。对患病羊要及时隔离治疗。治疗期间可应用0.1%的蝇毒磷乳剂对环境消毒，以防散布病原。

2. 治疗

（1）涂药疗法。适于病羊少、患部面积小，特别适合在寒冷季节使用。涂药应分几次进行（每次涂药面积不得超过体表的1/3）。

（2）药浴疗法。适用于病羊数量多及气候温暖的季节，常用于对螨病的预防和治疗。

（3）注射疗法。适用于各种情况的螨病治疗，省时、省力，优于以上各种疗法。

3. 注意事项

涂擦药物之前，应先剪毛去痂，可用温肥皂水或2%来苏儿彻底洗刷患部,以除去痂皮,然后擦干患部后用药;药浴时间应选择在山羊抓绒、绵羊剪毛后 5～7 天进行;大规模药浴之前应对所选药物做小群安全试验;药液温度保持在 36～38℃,并随时补充新药液;药浴时间 1～2 min,注意浸泡羊头;药浴前让羊饮足水,以防误饮药液。因大部分药物对螨卵无杀灭作用,无论治疗和药浴时必须重复用药 2～3 次,每次间隔 7～8 天为宜。常用药物如下:

①阿维菌素或伊维菌素。剂量羊每千克体重 0.2 mg,1 次皮下注射。市售商品为含 1%阿维菌素或伊维菌素的注射液,则每 50 kg 体重羊,只需注射 1 mL 即可。此外,本品也有粉剂可供内服和渗透剂供外用(浇注),其效果与其他剂型完全一样。

②双甲脒。按每吨水加入 12.5%双甲脒乳油 4 000 mL,配成乳油水溶液,对羊药浴或涂擦体表。

用于药浴的有机磷制剂有:0.05%辛硫磷乳液、0.015%～0.02%巴胺磷水乳液、0.05%蝇毒磷水乳液、0.025%螨净(二嗪农)水乳液、0.5%～1%敌百虫水溶液(应慎用)等。

用于药浴的拟除虫菊酯类杀虫剂有:0.005%溴氰菊酯水乳剂、0.006%氯氰菊酯水乳剂、0.008%～0.02%杀灭菊酯水乳剂等。

此外,过去也常使用 0.025%林丹水乳剂,进行药浴,由于本药不易降解,长期在动、植物和环境中残留,所以目前很少应用。

○ 羊蠕形螨病

该病又称毛囊虫病或脂螨病。是由山羊蠕形螨和绵羊蠕形螨寄生于羊的毛囊或皮脂腺内引起的一种皮肤病。

蠕形螨虫体狭长似蠕虫状,半透明乳白色。体长 0.17～0.44 mm,宽 0.045～0.065 mm。虫体分颚体、足体和末体 3 部分,有 4 对粗短的足。

本病见于山羊和绵羊,可造成皮肤损伤和消瘦。山羊的皮肤病理变化主要发生在颈部、肩部、胸部,形成很多结节,呈囊状,小

如针尖大似蚕豆粒不等。部分结节中央可见小孔，可挤压出浓稠的干酪样物，镜检能发现大量蠕形螨。结节外围组织有轻度炎性反应，病状经久不愈，使皮张严重受损。

1. 诊断

诊断本病，可切破皮肤上的结节或脓疱，取其内容物，适当滴加些甘油水或常水涂片镜检虫体即可。

2. 治疗

治疗前，应先将患部剪毛，用双氧水清洗干净，然后选用下述方法进行治疗。

①阿维菌素或伊维菌素。剂量为每千克体重 0.2～0.3 mg，皮下 1 次注射，间隔 7～10 天重复用药 1 次。

②双甲脒。以每千克体重 250 mg 剂量配成水乳液患部涂擦，间隔 7～10 天重复应用。对脓疱型重症病例还应同时选用高效抗菌药物，以防继发细菌感染。对体质虚弱患羊应注意补饲，以增强体质及抵抗力。

⑫ 羊狂蝇蛆病

是由羊狂蝇的幼虫"蛆"寄生在羊的鼻腔、额窦或鼻窦内（少数可进入颅腔）引起的疾病，又称羊鼻蝇蛆病。在我国西北、华北、内蒙古、东北及西南各省区较为常见。主要危害绵羊，对山羊危害较轻。流行区的绵羊感染率可达 80%以上（图 12-10）。

○ 病原

羊狂蝇的成虫形似蜜蜂，淡灰色，全身密生短的绒毛，略带金属光泽，体长 10～12 mm。头大呈半球形，两复眼小，缺口器。第一期幼虫淡黄色，长约 1 mm，前端有 2 个口前钩；第二期幼虫为长椭圆形，长 20～25 mm；第三期幼虫长约 30 mm，复面平直，各节前缘生有很多小刺，背部隆起。各体节上有深棕色横带，虫体前

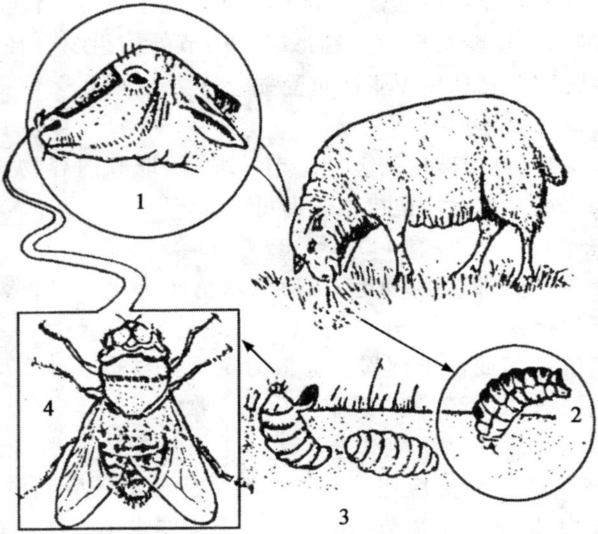

图 12-10 羊狂蝇

1.鼻腔内的幼虫 2.第三期幼虫 3.蛹 4.成虫

端较尖，有一对发达的黑色口前钩，后端齐平，有 2 个黑色后气孔。

○ 诊断要点

1.流行特点

羊狂蝇成虫出现于每年 5～9 月份，尤以 7～9 月份为多。只在炎热晴朗无风的白天活动，当遇到羊时则突然冲向羊鼻，将幼虫产于羊的鼻孔内或鼻孔周围。幼虫渐向深部移行，寄生 9～10 个月，到第二年春天发育为第三期幼虫，再由深部向浅部移行。当羊打喷嚏时喷出，成熟幼虫落地化蛹。所以本病常于每年的夏季感染，春季发病明显。

2.临床症状

成蝇侵袭羊群产幼虫时，可引起羊群骚动不安，互相拥挤，将

头藏于腹下或抵地不动，严重影响采食和休息。幼虫在移行时可引起各腔窦黏膜的炎症，鼻漏初为浆液性，后转为脓性，有时混有血液。当大量鼻漏干涸在鼻孔周围形成硬痂，则阻塞鼻孔，造成呼吸困难。此时，病羊极度不安，表现喷嚏、甩鼻子、摇头以及眼睑水肿、流泪等急性症状。病羊食欲减退，日渐消瘦。到幼虫寄生后期，症状加剧。当个别幼虫侵入颅腔损伤脑膜或因继发感染而累及脑膜时，均可引起神经症状，表现运动失调，呈现转圈运动或发生痉挛、麻痹等。最后食欲消失，终因极度衰竭而死亡。

本病早期、生前诊断，可使用杀虫药液向鼻腔喷射后观察有无幼虫从鼻腔排出。

3. 剖检变化

死后剖检可在鼻腔、鼻窦或额窦内发现各期幼虫。

○ 类症鉴别

诊断本病应注意与羊的莫尼茨绦虫病、羊多头蚴病(脑包虫)等有神经症状的疾病相区别，有时临床上均可出现转圈运动(详见有关病症)。

○ 防治措施

防治本病应以消灭第一期幼虫为主要措施。实施药物防治一般可选在每年的 10～11 月份进行。其方法如下：

(1)敌百虫或敌百虫软膏。在成蝇飞翔季节，可用 10%敌百虫或 1%敌百虫软膏涂在羊鼻孔周围，有驱避成蝇和杀死幼虫的作用。

(2)阿维菌素或伊维菌素。剂量以每千克体重 0.2 mg，1 次皮下注射，药效可维持 20 天，且疗效高，是目前治疗羊鼻蝇蛆病最理想的药物。

(3)敌百虫酒精溶液。精制敌百虫 60 g，溶于 31 mL 蒸馏水和 31 mL 95%的酒精内。剂量以每千克体重 0.4 mg，1 次肌肉注射。50 kg 以上的羊 2.5 mL，对一期幼虫驱虫率达 100%。

(4)敌敌畏。绵羊以每千克体重 5 mg 配成水乳剂，每天口服 1 次，连服 2 天。

(5)药液鼻腔内喷射。可使用 0.1%～0.2%辛硫磷、0.03%～0.04% 巴胺磷、0.012%氯氰菊酯水乳液，羊每侧鼻孔各 10～15 mL，用注射器分别先后向两侧鼻孔内喷射，两侧喷药间隔时间 10～15 min。对杀灭羊鼻蝇的早期幼虫有效。

(6)烟雾法。常用于大群防治，需在密闭的圈舍或帐幕内进行。按室内空间每立方米使用 80%敌敌畏 0.5～1 mL 剂量，加热(放在厚铁板上等)或高压喷雾。令羊在其内，吸雾时间 15 min 即可杀死第一期幼虫。

⓭ 羊梨形虫病(焦虫)

是由巴贝西科和泰勒科的多种梨形虫所引起羊的血液原虫病。其中以莫氏巴贝西虫和山羊泰勒虫对绵羊和山羊的致病性最强。后者引起的疾病常称为绵羊、山羊恶性泰勒虫病。死亡率高，危害严重(图 12-11)。

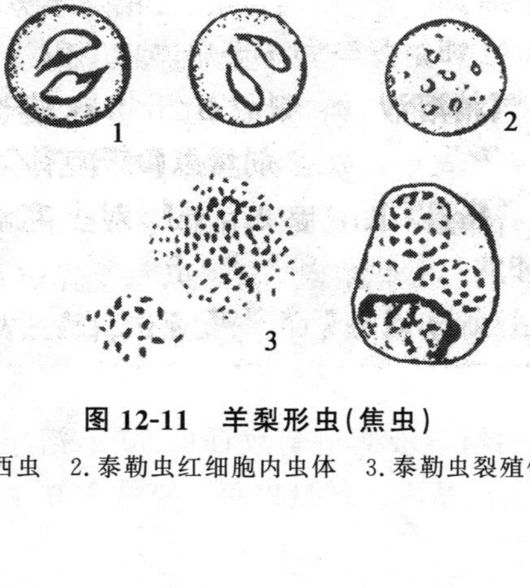

图 12-11　羊梨形虫(焦虫)

1. 莫氏巴贝西虫　2. 泰勒虫红细胞内虫体　3. 泰勒虫裂殖体(石榴体)

○ 病原

1. 莫氏巴贝西虫

红细胞内的虫体形态与牛双芽巴贝西虫相似，呈梨子形、椭圆形和不定形等多种形态，长度大于红细胞半径，每个虫体有两团染色质团块。其中典型虫体形态为双梨子形，以尖端连成锐角，位于红细胞的中部，占各种形态的比例达 60%以上。国内四川甘孜州曾有本病的报道。

2. 山羊泰勒虫

红细胞内虫体形态不一，以圆形（直径 0.6～2.0 μm）或卵圆形（直径 1.6 μm）占大多数（约 80%），其次为杆状，圆点状较少。一般红细胞内虫体数为 1～4 个。在脾脏和淋巴结的涂片中，可见淋巴细胞内和游离存在的裂殖体（石榴体）。其内包含 1～90 个、直径 1～2 μm 呈紫红色的染色质颗粒。

○ 诊断要点

1. 流行特点

该病在我国四川、青海、甘肃等省均有发生。国内的多种牛蜱、扇头蜱等是羊的巴贝西虫病的主要传播者；而璃眼蜱属和血蜱属的多种蜱为羊的泰勒虫病的主要传播者。本病的流行具有一定的季节性，与蜱的出没密切相关。在四川甘孜，本病每年发生于 4～6 月份和 9～10 月份。流行区以 1～2 岁羊发病最多，耐过的病羊为带虫者，不再重新发病。

2. 临床症状

感染巴贝西虫的病羊体温升高至 41～42℃，呈稽留热型，病初呼吸、脉搏加快，食欲废绝，可视黏膜充血，黄疸，血液稀薄，红细胞每立方毫米减少到 300 万～400 万以下，而且大小不均，出现血红蛋白尿。有的病例出现兴奋，无目的地狂跑，突然倒地死亡。

感染泰勒虫的病羊,体温升高到 40～42℃,呈稽留热型,脉搏加快,呼吸急促,肺泡音粗厉,精神沉郁,喜卧,食欲减退,便秘或下痢。可视黏膜初期充血,继则苍白、轻度黄染,有小出血点。病羊消瘦,体表淋巴结肿大,有痛感,特别是肩前淋巴结肿大尤为明显。病程 6～12 天,急性病例常于 1～2 天内死亡。

3. 剖检变化

死于巴贝西虫病的羊尸,可视黏膜及皮下组织充血、黄疸。心内外膜有出血点,肝脏、脾脏肿大,表面也有出血点。胆囊肿大 2～3 倍,充满胆汁;第二胃常塞满干硬的物质,尿液呈红色。

死于泰勒虫病的羊尸,外观消瘦,贫血。剖检变化主要以全身性出血,第四胃黏膜有溃疡斑,肝、脾、淋巴结高度肿胀为特征,只是各尸体的表现程度有所不同而已。

4. 实验室检查

目的是发现血液或淋巴结内的病原体。血检可采取羊静脉血液制成血片,固定后经姬姆萨或瑞氏染色后镜检。当血液内虫体较少时,可采用虫体浓集法,先进行集虫再制片检查。操作过程是:在离心管内加入 2%的柠檬酸钠生理盐水 3～4 mL,再加病羊血 6～7 mL,混匀后,以每分钟 500 r 的速度,离心 5 min,用吸管将上层液移入另一离心管中,并补加一些生理盐水后再以每分钟 2 500 r 的速度离心 10 min,取其沉淀物制成抹片固定后,按上述方法染色镜检。也可在体表淋巴结肿至极限,触摸稍稍开始变软时进行淋巴结穿刺,以穿刺液涂片染色镜检裂殖体(石榴体)。死后也可取淋巴结直接涂片染色镜检。

○ 防治措施

1. 预防

在本病流行区,于每年发病季节到来之前,对羊群用咪唑苯脲或贝尼尔(血虫净)进行预防注射,后者以每千克体重 3 mg 剂量

配成 7％的溶液深部肌肉注射，每 20 天 1 次，对预防泰勒虫病有效；也可选用多种杀虫剂或人工进行灭蜱；并注意做好购入、调出羊的检疫工作。

2. 治疗

(1)贝尼尔。按每千克体重 7 mg 剂量配成 7％水溶液，作分点深部肌肉注射。每天 1 次，连用 3 天为一疗程。

(2)咪唑苯脲。剂量每千克体重 1.5～2 mg 配成 5％～10％水溶液，皮下或肌肉注射。

(3)磷酸伯氨喹啉。剂量每千克体重 0.75 mg，每天灌服 1 剂，连服 3 剂。对泰勒虫病有特效。

(4)黄色素。剂量每千克体重 3～4 mg，配成 0.5％～1％水溶液，静脉注射，必要时 24 h 后重复注射 1 次。

(5)阿卡普林。剂量每千克体重 0.6～1 mg，配成 5％水溶液，皮下或肌肉注射。48 h 后再注射 1 次。

(6)台盼蓝(锥兰素)。剂量每千克体重 2～4 mg，配成 1％水溶液静脉注射，必要时第二天可重复用药 1 次，对大型羊巴贝西虫病有效。

⑭ 附红细胞体病

本病是由立克次氏体引起的猪、绵羊、牛和其他哺乳动物的一种散发、热性、溶血性疾病。

○ 诊断要点

1. 流行特点

该病主要由虱等吸血昆虫传播，但未经消毒的手术器械和注射针头也可传播本病。

2. 临床症状

病羊呈现不同程度的溶血性贫血,发热、食欲减退、衰竭和黄疸。多数病例经过轻微、暂短,常继发其他感染,严重病例常与各种应激有关。

3. 剖检变化

急性死亡病例,血液为水样,皮下组织干燥,脾脏肿大,胆囊膨大,腹水增多。常以全身,特别是胸腔、腹腔脂肪及肝脏等处黄染为特征。

4. 实验室检查

取病羊末梢血涂片,姬姆萨染色镜检,可见呈淡紫红色多形态的点状小体(立克次氏体),小体游离于胞浆、血小板周围或红细胞表面。此外,还可见异常红细胞增多,呈皱缩凹凸不平的星芒状,有的红细胞中央淡色区扩大,甚至只能见到红细胞的边缘呈环状。这些异常红细胞的出现常与病理原因和人为因素有关。

○ 防治措施

除及时驱除媒介昆虫和防止人为感染外,在流行季节,使用金霉素以每吨饲料 48 g 剂量混饲,或混入饮水中,可预防羊只的自然感染。

对已感染附红细胞体的病羊,用土霉素、四环素等大环内酯类抗生素有效。此外也可试用贝尼尔(血虫净)治疗,用法、用量详见羊梨形虫病。

⑮ 羊球虫病

羊球虫病是由艾美耳属的多种球虫寄生于绵羊或山羊小肠内引起的,以拉稀、便血为主要症状的原虫病。我国南方和北方的羊球虫病比较常见,但未引起重视。

○ 病原

图 12-12　羊球虫卵囊

寄生于绵羊和山羊的球虫种类很多(达13～15 种)。从新鲜粪便内分离出的卵囊大多为椭圆形或卵圆形,黄褐色,卵囊外膜光滑。多数有卵膜孔和极帽。卵囊的大小相差悬殊,最大的虫种,卵囊可达 47 μm×32 μm,较小的卵囊直径仅为 14～17 μm,见图 12-12。

○ 诊断要点

1. 流行特点

各品种的绵羊、山羊对球虫均有易感性。羔羊极易感染,时有死亡。成年羊一般都是带虫者。流行季节多为春、夏、秋潮湿季节。冬季气温低,不利于卵囊发育,很少感染。

2. 临床症状

成年羊多为带虫者,感染不发病。2～6 月龄小羊容易发病。主要经口感染,轻者出现软便(似牛粪样)。重者发病初期体温升高,后下降。主要症状为急剧下痢,排出黏液血便,恶臭,并含有大量卵囊。病羊贫血,消瘦,食欲不振,疝痛等。一般发病后 2～3 周恢复,耐过羊可产生免疫力,不再感染发病。

3. 剖检变化

仅小肠有明显病变,肠道黏膜上有淡白、黄色圆形或卵圆形结节,大小如粟粒到豌豆大。十二指肠和回肠有卡他性炎症,并有点状或带状出血。尸体消瘦,后肢及尾根部常沾染有稀粪。

4. 实验室检查

应用饱和盐水漂浮法检查新鲜羊粪能发现大量球虫卵囊。结合临床症状和病理剖检,可做出诊断。

○ 防治措施

1. 预防

羊球虫已孢子化卵囊对外界的抵抗力很强，一般消毒药很难将其杀死。对圈舍和用具，最好使用70～80℃以上的热水或热碱水(3%)消毒，也可应用火焰进行消毒；经常保持圈舍及周围环境的通风干燥；成年羊是球虫的散播者，最好将成羊与幼羊分群饲养管理；提前使用抗球虫药物预防。

2. 治疗

①氨丙林。剂量以每天每千克体重145 mg混饲2～3周，对预防、治疗有效。

②盐霉素。剂量以每天每千克体重0.33～1 mg，连喂2～3周有效。

③磺胺二甲氧嘧啶。以每天每千克体重50～100 mg剂量，连服3～5天，对急性病例有效。

④磺胺5-甲氧嘧啶＋增效剂(TMP)。按5∶1比例配合，以每天每千克体重0.1 g剂量内服，连用2天有治疗效果。

第 13 章　羊的主要普通病

❶ 口炎

本病是口腔黏膜表层或深层组织的急性炎症。又可分为卡他性、水疱性和溃疡性口炎 3 种。

○ 发病原因

原发性口炎多因吃了粗糙和尖锐的饲料和异物，以及误食了高浓度的刺激性药物、有毒植物、霉败饲料或维生素缺乏等原因所致。继发性口炎多发生某些传染病，如口蹄疫、羊痘、羊口疮和霉菌感染等。

○ 诊断要点

病羊食欲减少，口内流涎，咀嚼缓慢，欲吃而不敢吃，当继发细菌感染时有口臭。卡他性口炎，表现口黏膜发红、充血、肿胀、疼痛，特别在唇内、齿龈、颊部明显；水疱性口炎，在上下唇内有很多大小不等的充满透明或黄色液体的水疱；溃疡性口炎，在黏膜上出现有溃疡性病灶，口内恶臭，体温升高。上述各类型可以单独出现，也可相继或交错发生。在临床上以卡他性（黏膜的表层）口炎较为多见。继发性口炎常伴随出现有关疾病的其他症状。

○ 防治措施

1. 预防

防止饲草霉变，注意牙齿的磨灭不整。防止化学、机械及草料内异物对口腔的损伤。饲喂青嫩柔软的干草，对幼龄羊适当增加富有维生素（维生素 B 或维生素 C）的饲料。饲槽经常使用 2%碱水消毒。

2. 治疗

轻度口炎可分别选用 0.1%高锰酸钾水、3%硼酸水、0.1%雷夫诺尔水溶液、10%浓盐水、2%明矾水溶液冲洗口腔；口腔黏膜溃疡时，可用碘甘油、龙胆紫溶液、磺胺软膏、四环素软膏等涂拭患部。病羊体温升高，继发细菌感染时，用青霉素 40 万～80 万 U，链霉素 100 万 U，肌肉注射，每天 2 次，连用 2～3 天；也可服用或注射磺胺类药物。

中药可用青黛散（青黛 9 g、黄连 6 g、薄荷 3 g、桔梗 6 g、儿茶 6 g，研为细末）或冰硼散，装入长形布袋内口衔或直接散布于口腔，效果也很好。

❷ 羊食道阻塞

是羊的食道被食团或异物突然阻塞，以吞咽障碍为特征的疾病。

○ 发病原因

主要是因为羊过于饥饿，吃草太急，吞咽过猛，一些块根、块茎类饲料（如胡萝卜、甘薯、马铃薯、玉米棒等），未经咀嚼而吞咽引起本病。

○ 诊断要点

患羊突然停止采食，头颈伸直，不时做吞咽动作，口腔流涎，骚动不安。阻塞部位如在颈部食道，可在左侧食道沟处摸到硬物。如在胸部食道，病羊疼痛明显，可继发瘤胃臌气。

诊断本病的可靠方法是投送胃管，探查有无阻塞物存在。并注意与咽炎、急性瘤胃臌气和食道痉挛、扩张和食道狭窄相区别。

○ 防治措施

1. 加强饲养管理

防止羊偷食块根、玉米棒等未加工的饲料；饲料中注意补充各种无机盐，以防异嗜癖。经常清理牧场及圈舍周围的废弃杂物。

2. 治疗

当阻塞物接近咽部食道时，可给患羊装上开口器用手或肠钳取出异物；阻塞物近贲门部食道时，可先用胃管向阻塞部灌入含2%普鲁卡因的 30 mL 石蜡油混合液，然后再用胃管将阻塞物用力推入瘤胃；当阻塞物位于颈部食道时，用手固定阻塞物，在相应部位外边用手或借助木锤打碎。以上各种方法均不能奏效时，可进行手术切开，取出异物。如继发瘤胃臌气，可于左侧肷部施行瘤胃穿刺进行放气。

❸ 前胃弛缓

是前胃兴奋性和收缩力降低导致羊的消化机能紊乱的疾病。本病在冬末、春初饲料缺乏时最为常见。

○ 发病原因

饲料单一，长期饲喂秸秆、麸皮等过硬难以消化的饲料或长期给予精料和柔软饲料，以及饲喂霉败、冰冻、缺乏矿物质和维生素类饲料等均可引起本病。此外，患有瘤胃积食、瘤胃臌气、胃肠炎和其他多种内科、产科和某些寄生虫病时也常继发前胃弛缓。

○ 诊断要点

急性病例，食欲、饮欲消失。反刍和瘤胃蠕动次数减少或消失，触压瘤胃内容物较空虚。病初体温、脉搏、呼吸及全身症状变化不明显。若不及时治疗，常可转为慢性，病羊精神沉郁，无力，喜卧，食欲减退，瘤胃蠕动无力或停止。反刍、嗳气减弱或停止，排出的气体带有臭味。有时便秘与下痢交替发生，并常附着有未消化的饲料颗粒。若为继发性前胃弛缓，常伴有原发病的特征性症状，在诊断时应加以区别。

○ 治疗

治疗的目的是消除病因，原则是：缓泻、止酵、兴奋瘤胃的蠕动。先禁食 1～2 天，每天人工按摩瘤胃数次，每次 10～20 min，并给以少量易消化的多汁饲料；当瘤胃内容物过多时，可投服缓泻剂，常内服石蜡油 100～200 mL 或硫酸镁 20～30 g 等；为加强胃肠蠕动，恢复胃肠功能，可施用瘤胃兴奋剂：病初分别选用 10％氯化钠溶液 20～50 mL 静脉注射。还可内服吐酒石 0.2～0.5 g、番木别酊 1～3 mL 等前胃兴奋剂；防止酸中毒，可加服碳酸氢钠 10～15 g；后期选用各种健胃剂，如灌服人工盐 20～30 g 或用大蒜酊 20 mL、龙胆末 10 g、豆蔻酊 10 mL，加水适量 1 次内服，以便尽快促进食欲的恢复。

❹ 瘤胃积食(胃食滞)

羊瘤胃积食是瘤胃内充满过量的饲料，而至容积扩大，胃壁过度伸张，食物滞留于胃内的严重消化不良性疾病。多在夏收及秋收时节发病。

○ 发病原因

主要是采食过量的粗硬易膨胀的干性饲料（如大豆、豌豆、麸皮、玉米和霉败性饲料等)而引起。加之在饮水不足、缺乏运动的情况下极易发病。也可继发于前胃弛缓、真胃炎等病。

○ **诊断要点**

病初食欲、反刍、嗳气减少或停止。鼻镜干燥,排粪困难,腹痛不安摇尾,弓背,回头顾腹,呻吟哞叫。呼吸急促,脉搏增数,结膜发绀。听诊瘤胃蠕动音减弱、消失。触诊瘤胃胀满、坚实。后期由于过食,胃中食物腐败发酵,导致酸中毒和胃炎,精神极度沉郁,全身症状加剧,呈现昏迷状态。

○ **治疗**

治疗原则是:下泻、止酵、纠正酸中毒、强心补液、健胃。泻下消积,内服硫酸镁或硫酸钠,剂量成年羊 50～80 g(配成 8%～10%溶液)1 次内服,或石蜡油 100～200 mL 1 次内服;纠正酸中毒,可使用 5%碳酸氢钠 100 mL、5%葡萄糖 200 mL,静脉 1 次注射,也可用 11.2%乳酸钠 30 mL,静脉注射;强心补液对症治疗,心脏衰弱时,可用 10%樟脑磺酸钠或 0.5%樟脑水 4～6 mL 1 次皮下或肌肉注射;中药以消积化滞,健脾开胃为治则,可选用加减大承气汤:大黄 12 g、芒硝 30 g、枳壳 9 g、厚朴 12 g、槟片 1.5 g、香附 9 g、陈皮 6 g、千金子 9 g、木香 5 g、二丑 12 g,水煎候温 1 次灌服。

❺ 羊瘤胃臌气

是瘤胃中的食物迅速发酵产生而引起的疾病。常发生于春末、夏初放牧的羊群。

○ 发病原因

原发瘤胃臌气，主要是由于羊在短时间内吃了大量易发酵的饲料。如幼嫩的麦草、紫花苜蓿等最容易致病。此外，采食了酒糟和霜冻、霉败变质等饲料也可发病。继发性臌气，可见于食道阻塞、食道麻痹、前胃弛缓、瓣胃阻塞及慢性腹膜炎等。

○ 诊断要点

一般呈现急性发作，明显的症状是腹围增大，左肷部显著隆起，叩诊发出臌音，瘤胃蠕动音初期增强，后转弱直至完全消失。病羊呼吸困难，可视黏膜呈紫红色，站立不稳，不久倒地，呻吟、痉挛，可于 1 h 后死亡。

○ 治疗

本病应以排气、制酵、泻下为治则，具体方法如下：

对初发病例或病情较轻者，可立即单独灌服来苏儿 2.5 mL、福尔马林 1～3 mL、鱼石脂 2～5 g(先少加些酒精溶解)或硫酸镁 30 g，加水适量，1 次内服。病情较重者，用石蜡油 100 mL，鱼石脂 2 g，酒精 10 mL，加水适量 1 次内服。必要时于 15 min 后重复用药 1 次。对急性病例可先插入胃导管放气，以缓解瘤胃内的压力，后灌服药液。泡沫性臌气，应先使用杀沫剂，如二甲基硅油(片) 0.5～1 g 或食用油、石蜡油、松节油等。

必要时也可进行瘤胃穿刺放气。首先在左侧肷部剪毛消毒，然后以细套管针或兽用 16 号针头刺破皮肤，向前右侧肘部方向插入瘤胃内进行放气。在放气过程中要压紧腹壁，使之与瘤胃壁紧贴，边放气边用力下压，以防胃内容物流入腹腔造成腹膜炎。

❻ 瓣胃阻塞(百叶干)

○ 发病原因

本病多因长期饲喂过量粗糙干硬的饲料，而且饮水不足，或饲料内泥沙过多，长期沉积胃内等，而导致羊的瓣胃收缩力降低，食物不能后移，胃内水分被吸收，内容物变干而致病。此外，前胃弛缓、瘤胃积食，真胃阻塞和瓣胃、真胃与腹膜粘连时也可继发本病。

○ 诊断要点

病羊初期鼻镜干燥，食欲、反刍减少。粪便干小，色黑；后期反刍排粪停止。听诊瘤胃蠕动音减弱，瓣胃蠕动音消失，常可继发瘤胃积食和臌气。触诊瓣胃区(羊右侧第 7～9 肋的肩关节水平线上)病羊表现疼痛不安。随着病情发展，瓣胃小叶可发生坏死，引起败血症，体温升高，呼吸脉搏加快，全身症状恶化，最后归于死亡。

○ 治疗

治疗原则，应以软化瓣胃内容物，促进胃肠蠕动为主。

瓣胃注射：注射部位在羊右侧第 8～9 肋间与肩关节水平线交界处下方 2 cm 处。剪毛消毒后，用 12 号 7 cm 长的注射针头，向对侧肩关节方向刺入 4～5 cm 深。先注入生理盐水 20～30 mL，随即吸出一部分，如液体中有食物或液体被污染时，证明已刺入重瓣胃内。然后注入 25％硫酸镁 30～40 mL、石蜡油 100 mL，再以 10％氯化钠溶液 50～100 mL、10％氯化钙 10 mL、5％葡萄糖生理盐水 150～300 mL，混合 1 次静脉注射。待瓣胃内容物松软后，可皮下注射 0.025％氨甲酰胆碱 0.5～1 mL。

此外，可用大黄 15 g、人工盐 25～30 g、植物油 100 mL，加水适量 1 次灌服。

❼ 创伤性网胃及心包炎

本病是羊误食了尖锐及坚硬物刺穿了网胃壁、心包等而引起的化脓性炎症。

○ 发病原因

本病主要由于混入饲料内的钢丝、缝针、注射针头、铁钉、大头针、铁片等尖锐物被羊误食，进入网胃以后，因网胃的收缩，使异物刺破胃壁所致。如果异物较长，往往可穿透横膈膜，刺伤心包，引起创伤性心包炎，或累及脾、肝、肺等处，而引起各部的化脓性炎症。

○ 诊断要点

该病以急性前胃弛缓、胸壁疼痛、间歇性臌气、白细胞总数增多及核左移等症状为特征。

本病一般发病缓慢，初期无明显变化，日久则表现精神不振，食欲反刍减少，瘤胃蠕动减弱或停止，并常出现反刍性臌气。病情较重时患羊行动小心，常有弓背、呻吟等疼痛表现。用手顶压网胃区或用拳头顶压剑状软骨左后方时，病羊表现有疼痛、躲闪。站立时，肘关节张开，起立时先起前肢。体温一般正常，但有时升高。

当发生创伤性心包炎时，病羊全身症状加重，体温升高，心跳明显加快，颈静脉怒张，颌下、胸前水肿。叩诊心区扩大，有疼痛感。听诊心音减弱，混浊不清，常出现摩擦音及拍水音。病后期常导致腹膜粘连，心包化脓和脓毒败血症。

血液检查，白细胞总数增多，核左移，淋巴细胞显著减少。

有条件可配合使用金属探测仪或 X 射线透视检查。但是正常情况下羊的瘤胃及网胃内也常存有一些金属碎物，应注意鉴别。

○ 防治措施

1. 预防

平时应注意清除饲料中的异物，严禁在牧场或羊舍内堆放铁器，饲养员和兽医注意不要把尖细铁器、针头遗落在饲料中。

2. 治疗

早期确诊后可行瘤胃切开术，将手伸入瘤胃内，从网胃中取出异物。也可不切开瘤胃而将手伸入腹腔从网胃内取出异物。同时配合抗生素和磺胺类药物及其他对症治疗。如病已到晚期，并累及心包或其他器官，则预后不良，常以淘汰告终。

❽ 胃肠炎

是指真胃和肠道黏膜及其深层组织的炎性变化，致使胃肠的分泌和运动机能发生紊乱。

○ 发病原因

该病多因饲喂不当，采食了大量冰冻或霉败饲料、饲草或吃了有毒的植物和刺激性强的药物，以及误食了化肥等均可致病。此外，其他前胃疾病和某些传染病，如炭疽、副结核、巴氏杆菌病、羔羊大肠杆菌病及某些寄生虫病等也常伴发本病。

○ 诊断要点

临床表现以消化机能紊乱、腹痛、发热、腹泻、脱水和毒血症为特征。初期病羊多呈急性消化不良，表现磨牙、弓背、口渴喜饮、出现前胃弛缓症状。相继食欲、反刍停止，体温升高，口腔干燥发臭有黄白色舌苔。肠音初期增强，后期减弱、消失，不时排出稀粪或水样稀便，并伴有腹痛。严重病例，结膜黄染，粪中带血，色黑恶臭，似煤焦油样。由于下泻脱水和肠内毒物的大量吸收，常引起自家中毒。病羊消瘦，呈极度衰竭状态，脉搏微弱，四肢俱凉，昏睡，最后搐搦死亡。

○ 防治措施

1. 预防

消除病因，加强饲养管理，给予优质干草和易消化的饲料和清洁的饮水。

2. 治疗

治疗原则是抗菌消炎、止酵，保护胃肠黏膜，解毒，强心补液。

可使用磺胺胍 4～8 g，碳酸氢钠 3～5 g；或药用炭 10 g、次硝酸铋 3 克，加水适量，1 次灌服。肠道消炎可选用土霉素 0.5 g，口服，每天 2 次。也可用庆大霉素 20 万 U 肌肉注射，每天 2 次。

脱水严重时，可用复方生理盐水或 5% 葡萄糖溶液 200～300 mL，10% 樟脑磺酸钠 4 mL，维生素 C 100 mg 混合后静脉注射，每天 1～2 次。

此外，也可配合中药治疗，黄连 4 g、黄芩 10 g、黄柏 10 g、白头翁 6 g、枳壳 9 g、砂仁 6 g、猪苓 9 g、泽泻 9 g，水煎去渣，候温灌服。

❾ 支气管肺炎（小叶性肺炎）

是细支气管与个别肺小叶或小叶群肺泡的炎症，一般由支气管炎症蔓延所引起的。

○ 发病原因

主要是由于受寒感冒，机体抵抗力降低，受条件性病原菌的感染或直接吸入含有刺激性的有毒气体、霉菌孢子、烟尘等。此外，也可继发于口蹄疫、子宫炎、乳房炎和羊肺线虫病等。

○ 诊断要点

初期病羊表现咳嗽，体温升高到40℃以上，呈弛张热型。鼻液初为浆液性，后期转为灰白脓性，呼吸困难，呈现低弱的痛咳。胸部叩诊，出现局灶性浊音区。听诊，病初为干性啰音，后期转为湿性啰音、捻发音。若并发肺脓肿，病区呼吸音消失。

血液检查，白细胞总数可达1.5万个/mm^3，嗜中性白细胞增多，其中分叶核细胞增加。

○ 防治措施

1. 预防

加强饲养管理，增强机体抗病能力，每个圈舍要严格控制头数，防止密度过大。圈舍应通风良好，干燥向阳；冬季保暖，春季防寒，以防感冒的发生。

2. 治疗

为控制感染，可用抗生素和磺胺类药物。常以青霉素40万～80万U，链霉素0.5 g，1次肌肉注射，每天2次，连用2～3天。也可使用青霉素直接进行气管内注射。此外，可用新霉素、土霉素、四环素、卡那霉素及磺胺类药物治疗。同时配合对症疗法，当体温过高时，可肌肉注射安乃近2 mL或安痛定2～4 mL，每天2次。镇咳祛痰，可使用氯化铵2～5 g、吐酒石0.4～1 g、杏仁水2～3 mL，加水混合，1次灌服。心脏衰弱时，可用10％樟脑磺酸钠注射液2～3 mL，1次肌肉或皮下注射。

⑩ 酮病

本病又称酮尿病、醋酮血病、绵羊妊娠病。是由于蛋白质、脂肪和糖代谢发生紊乱，血内酮体蓄积所引起。多见于妊娠绵羊，死亡率很高。绵羊多发生于冬末、春初；山羊发病无季节性。

○ 发病原因

原发性酮病，目前普遍的论点是“糖缺乏理论”，羊在妊娠或大量泌乳时，机体糖耗过高，需动员自身脂肪和蛋白质的降解来满足机体的需求。在机体代谢过程中，部分生酮氨基酸可直接变成酮体进入血液。此外，由于饲料搭配不当，碳水化合物和蛋白质含量过高，饲料粗纤维不足，特别是产羔期母羊过肥，体内大量储存的脂肪容易引起过度动员分解，可加速体内酮体的合成。因此，过肥也常是酮病的诱因。本病的继发原因为微量元素钴的缺乏和多种疾病引起的瘤胃代谢紊乱，而导致体内维生素 B_{12} 的不足，影响机体对丙酸的代谢。此外，机体内分泌机能紊乱等因素，均可促进酮病的发生。

○ 诊断要点

病羊先出现运动失调，掉群，行走摇摆，共济失调，食欲减退，前胃蠕动音减弱，黏膜苍白、黄染，体温正常或偏低，呼出的气体及尿液中有丙酮气味。后期意识紊乱，视力消失。常出现神经症状，流涎，磨牙，眼球震颤，颈部、肩部不随意收缩，呆立或做转圈运动，全身痉挛，突然倒地死亡。

化验检查，血液中蛋白质、糖含量减少，酮体增多，尿中酮体呈强阳性反应。

○ 防治措施

1. 预防

改善饲养条件，冬季防寒，并补饲胡萝卜和甜菜根等；春季补饲青干草，适当补饲精料（以豆类为主）、骨粉、食盐及多种维生素等。

2. 治疗

为了提高血糖含量，静脉注射 25％葡萄糖 50～100 mL，每天 1～2 次，连用 3～5 天。也可与胰岛素 5～8 U 混合注射；调节体内氧化还原过程，可口服柠檬酸钠或醋酸钠，每天口服 15 g，连服 5 天有效。

⓫ 羔羊白肌病

又称肌营养性不良症。本病无季节性，一般是在冬天和早春缺乏青饲料时发病率最高。尤其对 2～6 周龄的羔羊危害较大。

○ 发病原因

该病主要是由于饲料中缺乏足量的硒和维生素 E 或饲料内含钴、银、锌、钒等微量元素过高，影响动物体对硒的吸收。当饲料、饲草内硒的含量低于 0.1×10^{-6}时，就可发生硒缺乏症。一般饲料内维生素的含量都比较丰富，但维生素 E 是一种天然的抗氧化剂，因此，当饲料保存条件不好，高温、湿度过大、淋雨或曝晒以及存放过久，酸败变质，则维生素 E 很容易被分解破坏。动物的缺硒病可呈区域性分布，一般在北纬 35°～60°。在缺硒地区，羔羊发病率很高。由于机体内硒和维生素 E 缺乏时，使正常生理性脂肪发生过度氧化，细胞组织的自由基受到损害，组织细胞发生退行性病变和坏死，并可钙化。病变可波及全身，但以骨骼肌、心肌受损最为严重。引起运动障碍和急性心肌坏死。

○ 诊断要点

病羊精神委顿,食欲减退,常有腹泻,运动无力,站立困难,卧地不起,出现血尿,心律不齐,脉搏每分钟 150～200 次。有时发生强直性痉挛,随即呈现麻痹,于昏迷中死亡。也见有的羔羊病初不见异常,往往在放牧过程中因惊动而剧烈运动,或过度兴奋而突然死亡。该病常呈地方性群羊发病,而且依靠药物治疗不能控制病情。

○ 防治措施

1. 预防

对缺硒地区,每年所生新羔,于出生后 20 天左右,开始用 0.2%亚硒酸钠液 1 mL,皮下或肌肉注射,间隔 20 天后再注射 1.5 mL。注射开始日期最晚不得超过 25 日龄。给怀孕母羊皮下注射 1 次亚硒酸钠,剂量为 4～6 mg,能预防新生羔羊白肌病。

2. 治疗

对发病羔羊每只应立即用 0.2%亚硒酸钠 1.5～2 mL、维生素 E 100～500 mg,1 次皮下或肌肉注射,每天 1 次连用数次。

⑫ 佝偻病

是羔羊发育期间,钙、磷代谢障碍的一种慢性疾病,多发生于冬末、春初。

○ 发病原因

该病主要是由于饲料中维生素 D 的含量不足或日光照射不足,导致羔羊体内维生素 D 缺乏,直接影响钙、磷的吸收和血内钙、磷的平衡。此外，即使维生素 D 能满足羔羊的需要，但母乳及饲料中钙、磷比例不当或缺乏，以至多原因的营养不良均可诱发本病。

○ 诊断要点

病羊初期表现生长缓慢，有异嗜癖，喜卧，不愿活动，起卧缓慢，跛行。下颌骨肿胀，长骨变形，两前后肢常呈"O"形腿，软弱无力。关节肿大(特别是腕关节、跗关节)，肋骨近胸骨端呈念珠状肿大，触诊有痛感。后期常表现腕关节着地爬行，脉搏呼吸次数增多。体温一般正常。

○ 防治措施

1. 预防

加强怀孕母羊的饲养管理，供给充足的青绿饲料和青干草，补喂骨粉，增加运动和日照时间。

2. 治疗

可用维生素 D_2 胶性钙 5 000～20 000 U 肌肉或皮下注射，每周 1 次，连用 3 次；精制鱼肝油 3～4 mL，灌服或肌肉注射，每周 2 次；维生素 A、维生素 D 注射液 3 mL，肌肉注射等。补钙可使用 10％葡萄糖酸钙注射液 5～10 mL，1 次静脉注射。

中药可喂服三仙蛋壳粉即：焦山楂、神曲、麦芽各 60 g，蛋壳粉(经烘干后为末)120 g，混合后每只羔羊每天 12 g 灌服，连用 1 周。

⑬ 绵羊食毛症

绵羊食毛症多发生于冬季舍饲的羔羊，由于食毛量或破碎塑料薄膜过多，影响消化，严重时因毛球或破碎塑料薄膜阻塞肠道造成肠梗阻而死亡。

○ **发病原因**

多数学者认为，该病与缺乏无机盐特别是微量元素铜、钴、镁有关；也有人认为是羊的恶癖。发病区外环境缺硫，导致牧草含硫量不足也是原因之一。加之农区废旧破碎地膜的大量污染等因素。可见于长期饲喂块根类饲料的羊群。

○ **诊断要点**

初期，羔羊啃食母羊被毛，有异食癖，喜食污粪或舔土以及田间破碎塑料薄膜碎片等物。当毛球形成或异物团块，其横径大于幽门或嵌入肠道，可使真胃和肠道阻塞，羔羊呈现消化不良，便秘、腹痛及胃肠臌气，严重者表现消瘦贫血。成年羊食毛，常可使整群羊被毛脱落，全身或局部缺失被毛。

○ **防治措施**

增加维生素或无机盐等微量元素；加强饲养管理，改换放牧地，特别是不在塑料碎片污染严重的地方放牧。适当补饲精料和饲料添加剂。

对病羊应注意清理胃肠，维持心脏机能，防止病情恶化。

⑭ 光敏症

该病是指由于皮肤含有光动力物质，使浅色皮肤对太阳的照射反应过强造成的皮肤损伤。各种动物均可发生，但以牛和绵羊最常见。

○ **发病原因**

光敏疾病可分为原发性和继发性（肝源性）光敏症。

1.原发性光敏症

光动力物质可经皮吸收,也可经胃肠道吸收入体内,并以原有的分子结构分布到皮肤组织内。如来源于植物的金丝桃素、荞麦素以及伞形科和芸香科植物等均含有光活性物质,可致家畜与禽类的光敏症。如白芷可致牛和绵羊的光敏症。三叶草、苜蓿、牛八苗以及芸薹也与光敏症有关。此外,某些煤焦油衍生物如酚噻嗪及磺胺类药物和四环素等也可诱发光敏症。

2.继发性(肝源性)光敏症

该型是目前羊的光敏症中最常见的类型。由于肝胆的分泌功能受损,光敏物质叶红素(一种卟啉)蓄积于血浆中,而导致本病的发生。叶红素是叶绿素经反刍动物前胃中的微生物厌氧降解生成的。正常情况叶红素被吸收进入血液循环,经肝有效地分泌到胆汁中。如多种原因所造成的肝功能衰竭或胆管受损(双腔吸虫病、多种致肝脏损伤的植物毒素以及磷、四氯化碳等)均可导致肝脏对叶红素的分泌功能障碍,增加血液循环中叶红素的含量,而到达皮肤,吸收释放光能,激发光损害反应。

○ 诊断要点

当患光敏症的羊暴露于太阳光下时,立即产生惧光现象,表现辗转不停、不安,挠擦暴露的浅色皮肤区,如面部、耳朵、眼睑和鼻端,迅速出现红斑并很快水肿,如继续暴露于阳光下,可见血浆明显渗出,皮肤结痂坏死。如为肝源性光敏症,可视黏膜出现黄疸。

诊断本病除根据典型的临床症状外,应结合血清分析、肝组织活检,以查明肝脏有无疾病发生。此外,还应检查血、粪及尿中有无卟啉,有助于揭示真正的病因。

○ 防治措施

对光敏症继续发展的动物应饲养在蔽阴处,只能在晚上采食。

早期注射肾上腺皮质激素或苯海拉明（羊每次 40 mg）有效，体表喷洒 1%过锰酸钾。为减少渗出可使用 2%～3%的明矾水冷敷患部皮肤和静脉注射 10%葡萄糖酸钙。如水泡已被细菌感染，可使用过锰酸钾液冲洗后，涂以氧化锌软膏或消炎软膏，并配合青霉素、链霉素肌肉注射。此外，还应防止蝇类袭扰。如为继发性感光过敏症，应及时治疗和预防原发性疾病。

⑮ 有机磷中毒

是由于羊接触、吸入或食入某种有机磷制剂，进入机体组织而引起的中毒性疾病。

○ 发病原因

有机磷农药种类很多，常用的剧毒类有：对硫磷（1605）、甲基对硫磷（甲基 1605）和内吸磷（1059）；强毒类有：敌敌畏、乐果和甲基内吸磷（甲基 1059）等；弱毒类有：敌百虫和马拉硫磷等。本类杀虫剂多具有较高的脂溶性，可经皮肤渗入机体内，通过消化道和呼吸道也可较快吸收。所以羊的中毒常发生在采食喷洒有机磷杀虫剂的农作物、牧草、青菜等以后；应用有机磷杀虫剂防治羊体外寄生虫，剂量过大或使用方法不当；误饮被有机磷杀虫剂污染的饮水，以及接触已用过有机磷杀虫剂洗涤的各种工具器皿等，而发生中毒。

○ 诊断要点

临床以流涎、腹泻和肌肉强直性痉挛等副交感神经系统兴奋为特征。病羊表现不安，狂躁，流涎，流泪，咬牙，瞳孔缩小，眼球颤动，有饮欲而食欲消失，反刍停止，拉稀等。心跳、呼吸次数增加，体温一般正常。起初全身发抖、痉挛，后失去平衡，步态不稳，卧地不起，因呼吸肌麻痹而窒息死亡。

根据临床症状、毒物接触史和毒物分析以及测定胆碱酯酶的活性，可以确诊。

○ 防治措施

1. 预防

严格农药管理制度，不要在喷洒有机磷农药的地方放牧，拌过农药的种子不要再喂羊，接触过农药的器具不要给羊应用等。

2. 治疗

尽快清除胃内毒物，可灌服盐类泻剂，如硫酸镁或硫酸钠30～40 g，加水适量1次内服。并及时应用特效解毒剂，常用的有2类：一类是抑制植物神经性药物（即胆碱能神经抑制剂），如阿托品；另一类是胆碱酯酶复活剂，如解磷定、氯磷定和双复磷。解磷定，剂量以每千克体重15～30 mg，溶于5%葡萄糖溶液100 mL内，静脉注射；或用硫酸阿托品10～30 mg，肌肉注射。症状不减轻可重复应用解磷定和硫酸阿托品。

⑯ 子宫炎

属于子宫黏膜的炎症，是常见的一种母羊生殖器官疾病，也是导致母羊不孕的重要原因之一。

○ 发病原因

主要由于分娩、助产、子宫脱出、阴道脱出、胎衣不下、腹膜炎、胎儿死于腹中或由于配种、人工授精及接产过程消毒不严等因素导致细菌感染而引起的子宫黏膜炎症。

○ 诊断要点

该病依炎症过程可分急性和慢性 2 种;按其炎症的性质,又可分为卡他性出血性和化脓性子宫炎。

1. 急性

病羊体温升高,精神沉郁,反刍减少或停止。常见弓背、努责、时时做排尿姿势,从阴门中排出黏性或脓性分泌物。病重者分泌物呈污红色或棕色,具有臭味。严重时,呈现昏迷,甚至死亡。

2. 慢性

多由急性炎症转变而来,病情较轻,常无明显的全身症状。有时体温升高,食欲、泌乳减少。从阴门常排出透明、混浊或脓性絮状物。发情不规律或停止,屡配不育。如不及时治疗可发展为子宫坏死,全身症状恶化,发生败血症或脓毒败血症。有时可继发腹膜炎和相关脏器炎症。

○ 防治措施

1. 预防

注意保持圈舍和产房的清洁卫生,临产前后,对阴门及周围部消毒;在配种、人工授精和助产时,应注意器械、术者手臂和外生殖器的消毒。及时正确的治疗流产、难产、胎衣不下、子宫脱出及阴道炎等疾病,以防损伤和感染。

2. 治疗

冲洗子宫,常用的冲洗液有 1%氯化钠溶液、1%～2%碳酸氢钠溶液、0.1%～0.2%雷夫诺尔溶液、0.1%高锰酸钾溶液及 0.1%复方碘溶液等。药液温度 40～42℃(急性炎症期可用 20℃的冷液)每天或隔日冲洗 1 次子宫,连做 3～4 次,至排出的液体透明为止。方法是将羊站立保定,术者左手撑开生殖器,暴露子宫颈口，右手持橡皮管（一端圆头）或子宫洗涤器，将其慢慢插入子宫内。如子宫颈口闭锁，可在局部涂少量 2% 碘酊，一般即可开张（有时羊的子宫颈口过于狭窄，术者可用手掌握住导管进入阴道，以五指控制管的一端，慢慢通过子宫颈口插入子宫内）。由助手将上述冲洗液用漏斗灌进子宫，待液体充分与子宫壁接触后，取下漏斗，令橡皮管下垂，使子宫内液体尽量排出。消炎可在冲洗后向羊子宫内注入碘甘油 3～4 mL 或将青霉素 40 万 U，链霉素 0.5～1 g，用生理盐水或注射用水 20～30 mL 稀释后注入子宫内。也可投放土霉素（0.5 mg）胶囊，必要时用青霉素 80 万 U，链霉素 50 万 U，肌肉注射，每天 2 次。为了缓解自体中毒，可应用 10% 葡萄糖溶液 100 mL、复方氯化钠溶液 100 mL、5% 碳酸氢钠溶液 30～50 mL，1 次静脉注射，同时肌肉注射维生素 C 200 mg。

中药治疗：急性病例，可用银花 10 g、连翘 10 g、黄芩 5 g、赤芍 4 g、丹皮 4 g、香附 5 g、桃仁 4 g、薏苡仁 5 g、延胡索 5 g、蒲公英 5 g，水煎候温，1 次灌服。慢性者，可用蒲黄 5 g、益母草 5 g、当归 8 g、五灵脂 4 g、川芎 3 g、香附 4 g、桃仁 3 g、茯苓 5 g，水煎候温，加黄酒 20 mL，1 次灌服，每天 1 次，2～3 天 1 个疗程。

⑰ 乳房炎

本病是乳腺、乳池和乳头局部的炎症。以舍饲的高产羊和经产羊多发，其中干乳期或分娩期的感染率又高于泌乳期。

○ 发病原因

引起羊乳房炎的病原微生物常见的细菌以金黄色葡萄球菌为主。该病多因挤乳时损伤乳头、乳腺体或使乳房受到感染所致。也见于结核病、口蹄疫、子宫炎、脓毒败血症等过程。

○ 诊断要点

轻者不显临床症状，仅乳汁有变化。一般多呈急性经过，表现局部红、肿、热、痛、乳量减少。乳汁变性常混有血液、脓汁和絮状物，呈淡红色或黄褐色，严重者体温升高。如转为慢性，乳房内常有大小不等的硬块，挤不出乳汁，甚至出现化脓或穿透皮肤形成瘘管。山羊可患坏疽性乳房炎，常呈地方性流行。

○ 防治措施

注意挤乳卫生，防止人为损伤乳房。在产羔期间应经常注意检查母羊乳房。对急性乳房炎要及早发现及时治疗，转为慢性者则难以治愈。

病初可选用青霉素 40 万 U，链霉素 0.5 g，用注射用水 5 mL 溶解后注入乳孔内。注射前应挤净乳汁，注射后轻揉乳房腺体部，使药液分布于乳房腺体中，每天 1 次，连用 3 天。或采用青霉素普鲁卡因溶液，于乳房基部进行多点封闭疗法。也可内服或注射磺胺类药、红霉素、先锋霉素等；为促进炎症吸收消散，除在炎症初期可应用冷敷外，2～3 天后可采用热敷疗法。常用 10％硫酸镁水溶液 1 000 mL，加热至 45℃左右，每天热敷 1～2 次，连用 2～4 天，每次 5～10 min。

中药疗法：急性期可试用金银花 8 g、蒲公英 9 g、紫花地丁 8 g、连翘 6 g、陈皮 4 g、青皮 4 g、甘草 3 g，水煎候温加黄酒 10～20 mL，1 次灌服，每天 1 剂。或用蒲公英 15 g、金银花 10 g、板蓝根 10 g、黄芩 10 g、当归 10 g，加水适量煎候温 1 次灌服。每天 1 剂，视病情可连用 2～3 天。

对化脓性乳房炎及开口于深部的脓肿，宜先排脓再用 3％过氧化氢（双氧水）或 0.1％高锰酸钾溶液冲洗，消毒脓腔，再以 0.1％～0.2％雷夫诺尔纱布条引流，同时配合抗生素全身治疗。

附 表

附表 1 羊体温、脉搏、呼吸、瘤胃蠕动、尿量

项目	体温(直肠)(±5℃)	脉搏/(次/min)	呼吸/(次/min)	瘤胃蠕动/(次/2 min)	每天每千克体重尿量/mL
绵羊	39.1	75(60～120)	12～20	3～6	10～40
山羊	39.1	90(70～135)			10～40

附表 2 羊血沉速度正常值

项目	红细胞沉降速度/mm			
	15 min	30 min	45 min	60 min
绵羊	0.2	0.4	0.6	0.8
山羊	3	8	20	30

附表 3 羊的常用疫(菌)苗

名　称	预防的疾病	使用方法及用量说明	免疫期
无毒炭疽芽孢苗	绵羊炭疽病	绵羊颈部或后腿皮下注射 0.5 mL。注射 14 天后产生免疫力	1 年
无毒炭疽芽孢苗(浓缩苗)	绵羊炭疽病	用时以 1 份浓苗加 9 份 20%氢氧化铝胶液稀释后，绵羊皮下注射 0.5 mL	1 年
第Ⅱ号炭疽芽孢苗	绵羊、山羊炭疽病	绵羊、山羊均皮下注射 1 mL。注射后 14 天产生免疫	1 年
布氏杆菌猪型 2 号菌苗	山羊、绵羊布氏杆菌病	山羊、绵羊臀部肌肉注射 0.5 mL(含菌 50 亿)，3 月龄以内的羔羊和孕羊均不能注射；饮水免疫时按每只羊内服 200 亿菌体计算，于 2 天内分 2 次饮服	绵羊:1.5 年 山羊:1 年

续附表 3

名 称	预防的疾病	使用方法及用量说明	免疫期
布氏杆菌羊型5号弱毒冻干菌苗	山羊、绵羊布氏杆菌病	用适量灭菌蒸馏水,稀释所需的用量。皮下或肌肉注射,羊为10亿活菌;室内气雾,羊每只剂量为25亿活菌;室外气雾(露天避风处)羊每只剂量50亿活菌。羊可饮服或灌服,每只剂量250亿活菌	1.5年
布氏杆菌无凝集原(M—Ⅲ)菌苗	绵羊、山羊布氏杆菌病	无论羊只年龄大小(孕羊除外),每只羊皮下注射1 mL(含菌250亿)或每只羊口服2 mL(含菌500亿)	1年
破伤风明矾沉降类毒素	破伤风	绵羊、山羊各颈部皮下注射0.5 mL。第二年再注射1次,免疫力可持续4年	1年
破伤风抗毒素	紧急预防和治疗破伤风病	皮下或静脉注射,治疗时可重复注射1至数次。预防量:1万～2万U;治疗量:2万～5万U	2～3周
羊快疫,猝狙、肠毒血症三联菌苗	羊快疫、羊猝狙、肠毒血症	临月前每头份干菌用1 mL20%氢氧化铝胶盐水稀释,充分振匀,无论羊的年龄大小,一律肌肉或皮下注射1 mL	1年
羊梭菌病四防氢氧化铝菌苗	羊快疫、羊猝狙、肠毒血症、羔羊痢疾	无论羊年龄大小,一律肌肉或皮下注射5 mL	暂定0.5年
羊黑疫菌苗	羊黑疫	皮下注射,大羊3 mL,小羊1 mL	1年
羔羊痢疾菌苗	羔羊痢疾	怀孕母羊在分娩前20～30天皮下注射2 mL,第二次于分娩前10～20天皮下注射3 mL	母羊5个月,乳汁可使羔羊被动免疫
羊黑疫、快疫混合苗	黑疫、快疫	羊不论大小,一律皮下或肌肉注射3 mL	1年
羊厌气菌氢氧化铝甲醛五联苗	羊快疫、猝狙、羔羊痢疾、肠毒血症、羊黑疫	羊无论年龄大小,一律皮下或肌肉注射3 mL	0.5年

续附表 3

名　称	预防的疾病	使用方法及用量说明	免疫期
羔羊大肠杆菌病菌苗	羔羊大肠杆菌病	3 月龄至 1 岁羊，皮下注射 2 mL；3 月龄以内的羔羊皮下注射 0.5～1 mL	0.5 年
C 型肉毒梭菌苗	羊肉毒梭菌中毒症	绵羊、山羊颈部皮下注射 4 mL	1 年
C 型肉毒梭菌透析培养菌苗	羊 C 型肉毒梭菌中毒症	用生理盐水稀释，每毫升含原菌液 0.02 mL，羊颈部皮下注射 1 mL	1 年
山羊传染性胸膜肺炎氢氧化铝苗	山羊传染性胸膜肺炎	山羊皮下或肌肉注射：6 月龄山羊 5 mL；6 个月以内羔羊 3 mL	1 年
羊肺炎支原体氢氧化铝灭活苗	山羊、绵羊由绵羊肺炎支原体引起的传染性胸膜肺炎	颈侧皮下注射，成羊 3 mL，6 个月以内羊 2 mL	1.5 年以上
羊流产衣原体油佐剂卵黄囊灭活苗	羊衣原体性流产	注射时间应在羊怀孕前或怀孕后 1 个月内进行，每只羊皮下注射 3 mL	暂定 1 年
羊痘鸡胚化弱毒苗	绵羊、山羊痘病	用生理盐水 25 倍稀释，振匀，不论羊大小，一律皮下注射 0.5 mL。注射后 6 天产生免疫力	1 年
羊口疮弱毒细胞冻干苗	绵羊、山羊口疮病	按每瓶总头份计算，每头份加生理盐水 0.2 mL，在阴暗处充分摇匀，采取口唇黏膜注射法，每只羊于口唇黏膜内注射 0.2 mL，注射是否正确，以注射处呈透明发亮的水泡为准	暂定 5 个月
羊链球菌氢氧化铝菌苗	绵羊、山羊链球菌病	背部皮下注射，6 月龄以上羊每只 5 mL；6 月龄以下羊 3 mL；3 月龄以下的羔羊，第 1 次注射后，最好到 6 个月以后再注射 1 次，以增强免疫力	暂定 0.5 年

续附表 3

名　称	预防的疾病	使用方法及用量说明	免疫期
羊链球菌弱毒菌苗	羊链球菌病	用生理盐水稀释，气雾菌苗用蒸馏水稀释，每只羊尾部皮下注射 1 mL(含 50 万活菌)，0.5～2 周岁羊减半。露天气雾免疫，每只羊按 3 亿活苗，室内气雾免疫每只按 3 0C0 万活菌计算(每平方米 4 只羊计 1.2 亿菌)	1 年

参 考 文 献

1. 李建国,田树军. 肉羊标准化生产技术. 北京:中国农业大学出版社,2003.
2. 道良佐. 肉羊生产技术手册. 北京:农业出版社,1996.
3. 胡万川. 养羊手册. 石家庄:河北科学技术出版社,1997.
4. 李志农. 中国养羊学. 北京:农业出版社,1993.
5. 谷子林. 畜禽繁育新技术. 石家庄:河北科学技术出版社,2010.
6. 孔繁瑶. 家畜寄生虫学. 北京:中国农业大学出版社,2010.
7. 沈正达,等. 羊病防治手册. 北京:金盾出版社,1993.
8. 兰兴昌. 实用牛羊常见病防治手册. 北京:人民军医出版社,1989.
9. 中国农业科学院哈尔滨兽研所. 家畜传染病学. 北京:农业出版社,1989.
10. 韩谦,等. 默克兽医手册. 7 版. 北京:中国农业大学出版社,1997.
11. 田树军. 羊的营养与饲料配制. 北京:中国农业大学出版社,2003.